DK星座大百科

探寻宇宙和星座的秘密

英国DK出版社◎编著　　EasyNight◎译

北京科学技术出版社

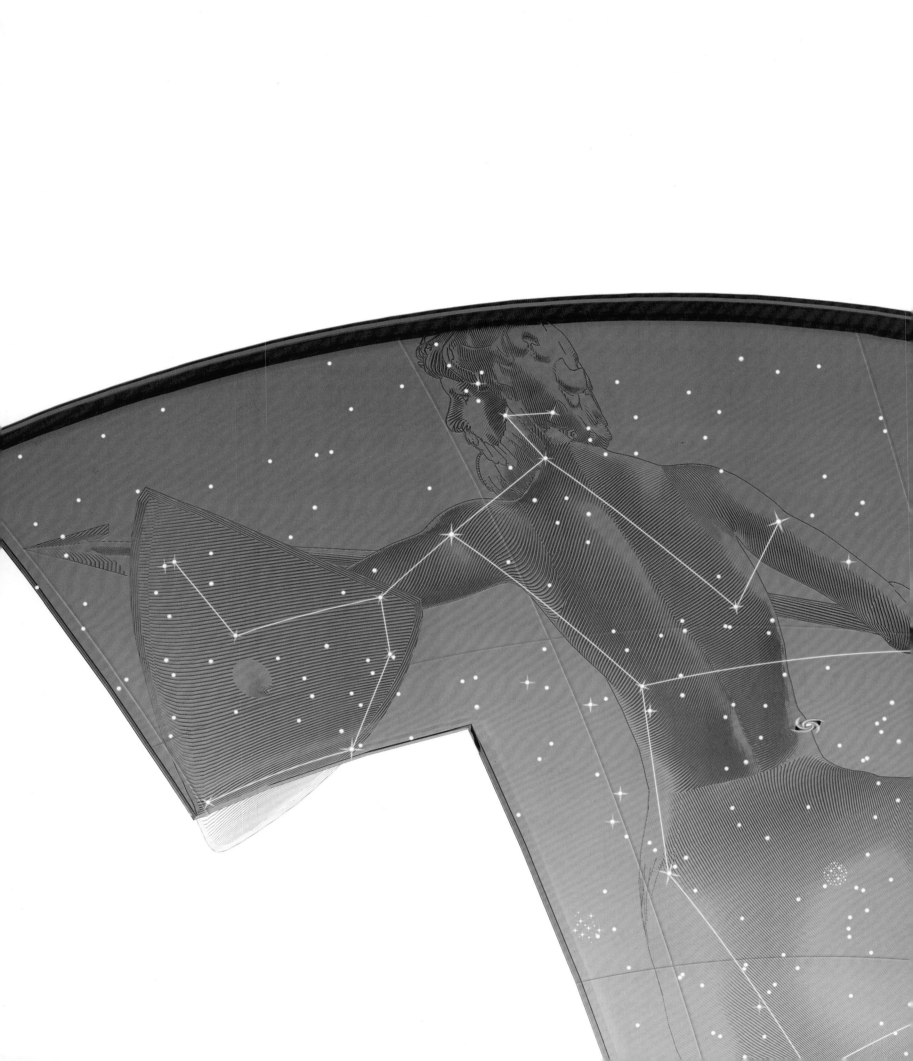

DK星座大百科

探寻宇宙和星座的秘密

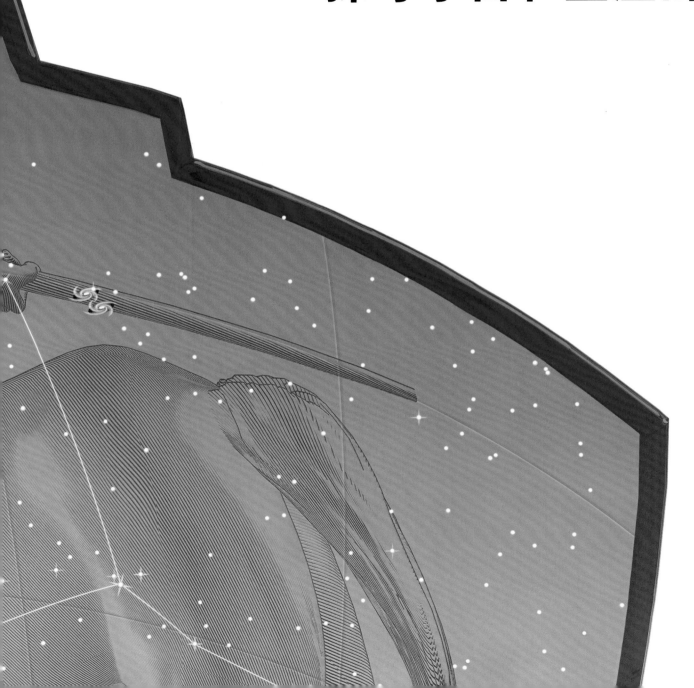

Original Title: The Stars: The Definitive Visual Guide to the Cosmos
Copyright©Dorling Kindersley Limited, London, 2016
A Penguin Random House Company
Chinese simplified translation copyright©2022 Beijing Science and Technology Publishing Co., Ltd.

著作权合同登记号　图字01-2017-2609

图书在版编目（CIP）数据

DK星座大百科：探寻宇宙和星座的秘密 / 英国DK出版社编著；EasyNight译. —北京：北京科学技术出版社，2022.7
书名原文：The Stars The Definitive Visual Guide to the Cosmos
ISBN 978-7-5714-1955-4

Ⅰ.①D… Ⅱ.①英… ②E… Ⅲ.①宇宙—青少年读物 Ⅳ.①P159-49

中国版本图书馆CIP数据核字(2021)第252445号

策划编辑：李　丹
责任编辑：王　晖
封面设计：异一设计
图文制作：天露霖文化
出 版 人：曾庆宇
出版发行：北京科学技术出版社
社　　址：北京西直门南大街16号
邮政编码：100035
电　　话：0086-10-66135495（总编室）
　　　　　0086-10-66113227（发行部）
网　　址：www.bjkjpress.com
印　　刷：北京华联印刷有限公司
开　　本：930 mm × 1050 mm　1/12
字　　数：280千
印　　张：21.33
版　　次：2022年7月第1版
印　　次：2022年7月第1次印刷
ISBN 978-7-5714-1955-4

定价：198.00元

混合产品
源自负责任的森林资源的纸张
FSC® C018179

For the curious
www.dk.com

目　录

前言
玛吉·艾德琳·波科克（Maggie Aderin Pocock），大英帝国成员勋章获得者，空间科学家，伦敦大学学院名誉研究员，BBC电视节目Sky at Night联合主持人。

顾问
杰奎琳·米顿（Jacqueline Mitton），30多本太空和天文主题书籍的作者、联合作者或编辑，为很多的书籍做过顾问。在牛津大学和剑桥大学获物理学博士学位。

作者
罗伯特·丁威迪（Robert Dinwiddie），教育和科学图解参考类书籍专业作家。特别专注于地球和海洋科学、天文学、宇宙学、科学史等领域。

大卫·W.休斯（David W. Hughes），谢菲尔德大学天文学名誉教授。他在小行星、彗星、陨石和流星领域发表了超过200篇论文，在欧洲、英国和瑞典的航天局工作过。有一颗小行星以他的名字命名。

杰兰特·琼斯（Geraint Jones），天文学家、讲师、行星科学作家。伦敦大学学院玛拉德空间科学实验室行星科学组主管。

伊恩·里德帕思（Ian Ridpath），《DK恒星与行星手册》作者，《牛津天文学词典》编辑。因为在帮助公众了解和享受天文上做出了杰出贡献获得了太平洋天文学会的表彰。

卡萝尔·斯托特（Carole Stott），天文学家，作家，写过超过30本天文学和空间科学的书籍。曾经担任格林尼治皇家天文台的天文主管。

贾尔斯·斯帕罗（Giles Sparrow），天文学和空间科学领域作家和编辑，皇家天文学会研究员。

译者团队
EasyNight，诞生于2015年1月1日，是一个用漫画讲天文的新媒体科普团队。他们以一日一漫画的形式，呈现天文知识和星空热点，力求以最通俗、最有趣的方式引导大众仰望星空，欣赏既简单又美丽的天文现象。主创人员包括北京天文馆和果壳网的科普专家、清华大学天文学及物理学博士生、设计和传媒行业的天文爱好者等。　参与翻译本书的人员有：马劲（第一、二、四章）、黄滕宇（第一、二、四章）、法道（第一、二章）、王卓骁（第一、三章）、魏凡（第一章）。

前　言

　　小的时候，我总是仰望夜空，对美丽的星星充满好奇。就像儿歌里唱的："一闪一闪亮晶晶，满天都是小星星。"

　　儿时对星空的好奇促使我从事了一个仰望星空的职业。我想要制造出更好的仪器，帮助人们更好地了解星空。我们对附近天体的了解时刻都在更新，最近这些年来，我们对恒星也有了越来越深入的认识。

　　大多数人都想不到吧，恒星很像我们自己，它们也有生命周期：它们在星际温床中诞生，经历完整的一生，以不同的方式死亡。正因为有了恒星的死亡，才有了我们这些生命的今天。恒星用尽它们的一生，创造出了生命诞生所必需的原材料，创造出了组成我们身体的元素，乃至我们能看到的几乎所有元素。

　　这本书不仅带我们走近那些遥远而（看起来）宁静的邻居们，更为我们揭开它们的秘密。或许我们没有机会旅行到星星们的身边，但通过这本书，我们可以更好地了解它们。

玛吉·艾德琳·波科克，大英帝国成员勋章获得者，空间科学家

◁ 这张照片是哈勃空间望远镜拍摄的球状星团M15，其中既有炽热的蓝色星，也有冷一些的黄色星。它的年龄大约有120亿年，是已知的最古老的星团之一。M15距离地球35000光年，位于飞马座。

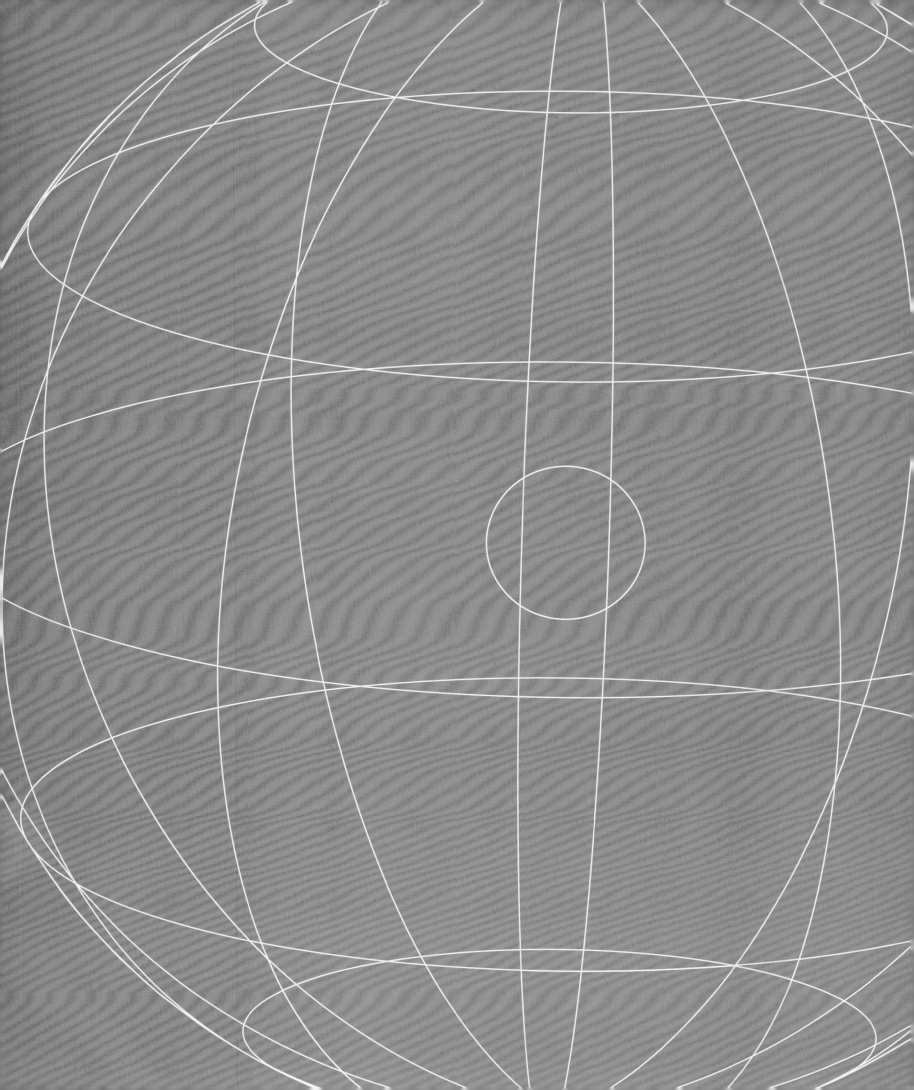

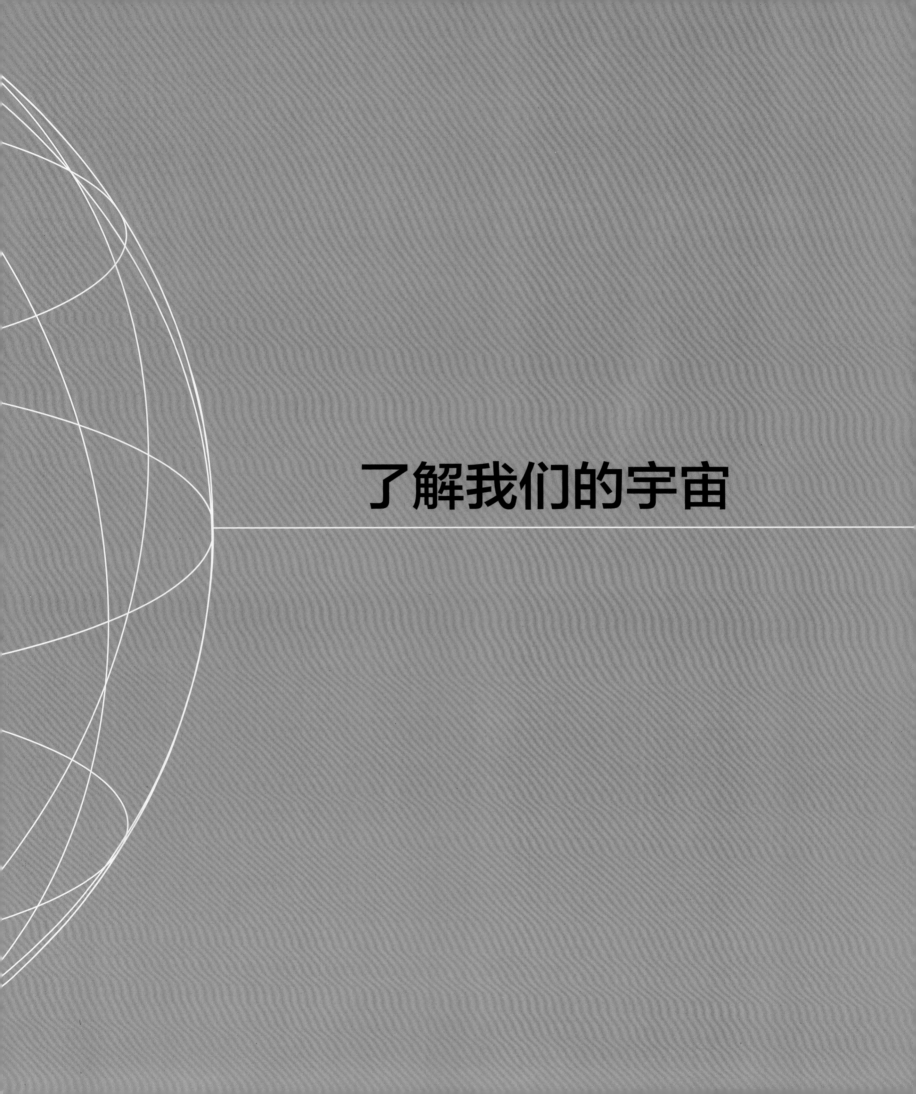

了解我们的宇宙

遂古之初，晦暗无边。138亿年前，我们的宇宙在一场大爆炸中诞生。这时的宇宙是一个完完全全黑暗的世界，因为还没有谁能发出一种叫"光"的东西。过了几亿年，一团团的物质不断凝聚、升温，须臾之间，宇宙便已沐浴在那些初生恒星的光芒之下。直至今日，以人们目之所及，恒星仍然是夜空中绝对的主角。

尽管在我们看来，恒星不过是一个个的光点，细如针孔一般，差别也只是或亮或暗；但实际上，不同的恒星却是千差万别的：它们的大小可能相去甚远，颜

冲出黑暗

色也可能种类繁多；有些恒星，则会以一场爆炸而告终，创造出不可思议的东西，如脉冲星和黑洞。我们还知道，宇宙中有许多像我们的太阳那样的恒星，它们周围有行星围绕着运行，说不定其中哪颗行星就孕育着生命。

在宇宙早期，初生的恒星被相继"点燃"，与此同时，最原始的星系初现端倪。恒星逐渐聚在一起，形成星团；星团逐渐聚在一起，形成星系；星系逐渐聚在一起，又形成更大的星系。例如，在夜空中，我们肉眼可见的恒星都属于一个巨大的星系——银河系。银河系是我们的母星系，它非常大，大得连光都要花上数十万年的时间才能穿过它。尽管如此，银河系却只是宇宙数十亿个星系中的一个。除此之外，宇宙还有一些神秘的存在——宇宙中似乎充满了"暗物质"，星系们就镶嵌在这些暗物质之中。

宇宙纵然神秘而不可捉摸，但天文学家对宇宙的探索却步履坚定。他们使用功能越来越强大的望远镜、越来越精密的传感器，一步步地尝试着去揭开宇宙、星系和那些神秘现象的奥秘。

◁ **恒星在这里诞生**

这是一张哈勃空间望远镜拍下的照片。照片中央这一群炽热的光点，是大约20000光年外的一个年轻而紧凑的星团，叫作"韦斯特隆德2"。这里面包含着一些我们已知的最热、最亮的恒星，表面温度都在37000℃以上。这个星团位于一个更大的叫"古姆29"的产星星云（气体和尘埃云）内部。

宇宙

"往古来今谓之宙，四方上下谓之宇"。浩瀚宇宙，蕴藏着万事万物的一切——所有的物质、所有的能量、所有的时间、所有的空间。宇宙之大，大到你能想象到的一切大尺度结构，都可能是更大尺度结构的"冰山一角"，着实令人难以置信。

宇宙的结构可以分成很多层次。我们生活的地球，是太阳系的一颗行星；太阳系，又处在银河系里面；银河系又是许多星系构成的"本星系群"中的一员；本星系群也只是一个叫作"室女座超星系团"的更大结构的一部分。

天文学家最近又发现了一个更大的空间，起名为"拉尼亚凯亚超星系团"（Laniakea，来自夏威夷语，意思是"不可测量的天空"），包含了室女超星系团和其他的超星系团。有意思的是，拉尼亚凯亚超星系团中的所有星系似乎都在朝着它中心的某个区域流动，这个地方被称作"巨引源"。

光：度量宇宙的尺子

光是宇宙中跑得最快的东西，于是，天文学家利用它来度量宇宙中的距离。1光年，即光在真空中跑1年的距离，大约是9.5万亿千米——这样巨大的长度单位，在我们已知的宇宙的大尺度下仍然是小巫见大巫。

其实，我们只能看到整个宇宙的一小部分，也就是从大爆炸以来的时间里光能够跑到地球的那一部分。宇宙真正有多大，甚至会不会是无限，我们仍然一无所知。

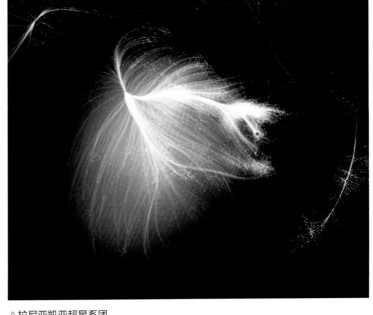

△拉尼亚凯亚超星系团
这幅图描绘了拉尼亚凯亚超星系团（黄色部分），白线表示其中的星系正在向中心附近的区域流动。红点表示了银河系的大致位置。拉尼亚凯亚的宽度大约是5亿光年，人们认为在它周围还有其他类似的区域存在（蓝色部分）。

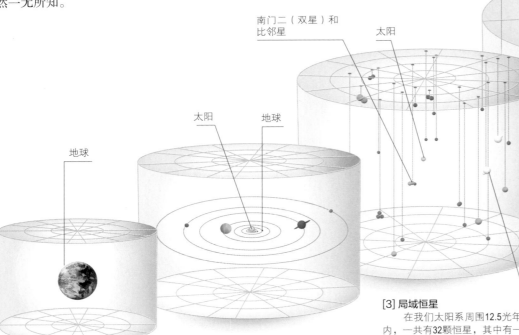

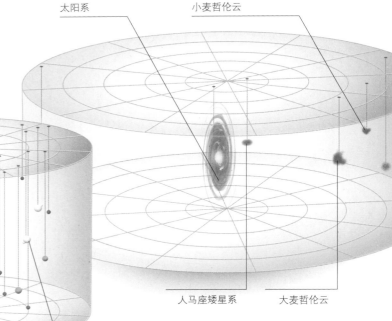

[1] 地球
我们的家园——地球，是漂浮在宇宙空间中的一个小小的岩石圆球，离地球最近的天体是月球。光从地球跑到月球平均需要1秒钟多一点，所以我们可以说月球离我们有一个光秒的距离。

[2] 太阳系
地球是太阳系的一部分。太阳系包括了我们自己拥有的一颗恒星——太阳，以及所有绕着太阳运行的天体。用光速来衡量，太阳系里最遥远的行星——海王星离我们约4.5小时的光速，但太阳系还包括远在1.6光年外的彗星。

[3] 局域恒星
在我们太阳系周围12.5光年的范围内，一共有32颗恒星，其中有一些聚在一起，形成恒星系统。这32颗恒星也大小不一，从肉眼看不到的暗淡的红矮星，到像太阳那样发出黄白色耀眼光芒的恒星，各不相同，其中还有几颗恒星疑似拥有自己的行星。

[4] 银河系
太阳系和它周围那些恒星，在巨大的银河系里仅有立锥之地。银河系是一个闪着耀眼光芒的巨大的旋转圆盘，包含了大约2000亿颗恒星，还有巨大的气体和尘埃云；它的中心则是一个超大质量的黑洞。银河系的宽度超过了10万光年。在它周围，还有几个较小的星系围绕它运行，称作"伴星系"或"卫星星系"。

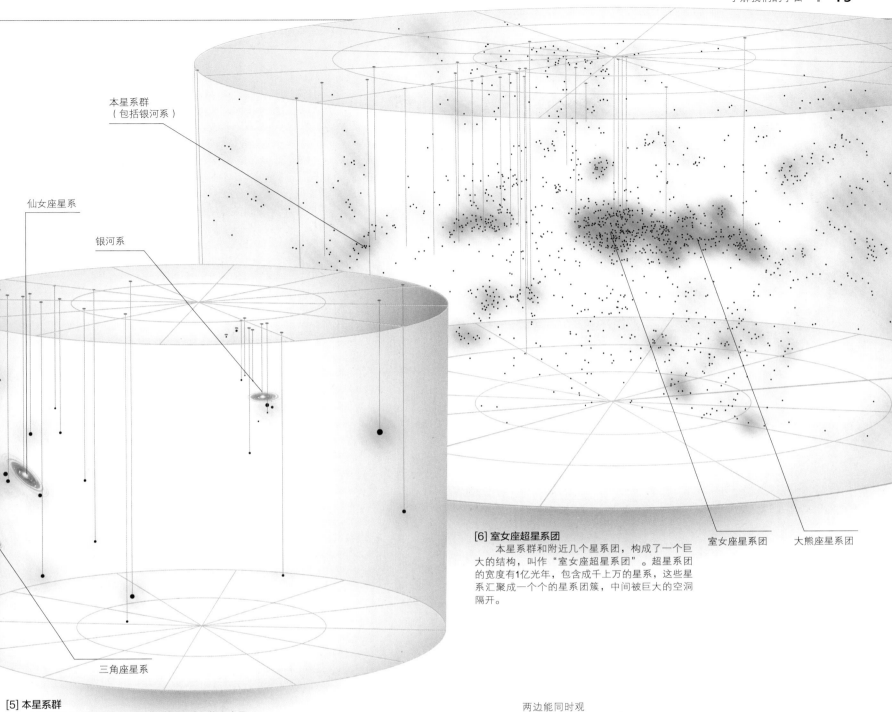

本星系群
（包括银河系）

仙女座星系

银河系

三角座星系

[5] 本星系群
　本星系群由一群星系组成，包括银河系、仙女座星系（离银河系最近的大旋涡星系）、三角座星系（也是一个旋涡星系），以及另外50多个更小的星系。所有这些加在一起，占据的空间宽度大约是1000万光年。

[6] 室女座超星系团
　本星系群和附近几个星系团，构成了一个巨大的结构，叫作"室女座超星系团"。超星系团的宽度有1亿光年，包含成千上万的星系，这些星系汇聚成一个个的星系团簇，中间被巨大的空洞隔开。

室女座星系团　　大熊座星系团

那些从人类已知的最遥远的星系发出的光，花了超过**130亿年**的时间才到达地球——这个时间已经和**宇宙的年龄**相当了

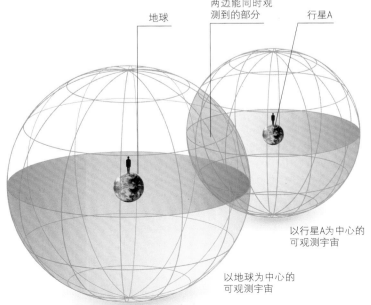

地球

两边能同时观测到的部分

行星A

以行星A为中心的可观测宇宙

以地球为中心的可观测宇宙

◁ **可观测宇宙**
　虽然宇宙无边无际，甚至可能无穷大，但我们可见的部分却是有限的，这部分叫作我们的"可观测宇宙"，也就是从大爆炸开始到现在的138亿年里，光有时间跑到地球的那些区域。实际上，可观测宇宙是一个大约930亿光年直径的球体，地球就位于这个球体的中心。位于我们的可观测宇宙之外的行星（如行星A）上的居民，会有一个与我们不同的可观测宇宙，但是两个可观测宇宙有一部分可能是重叠的。

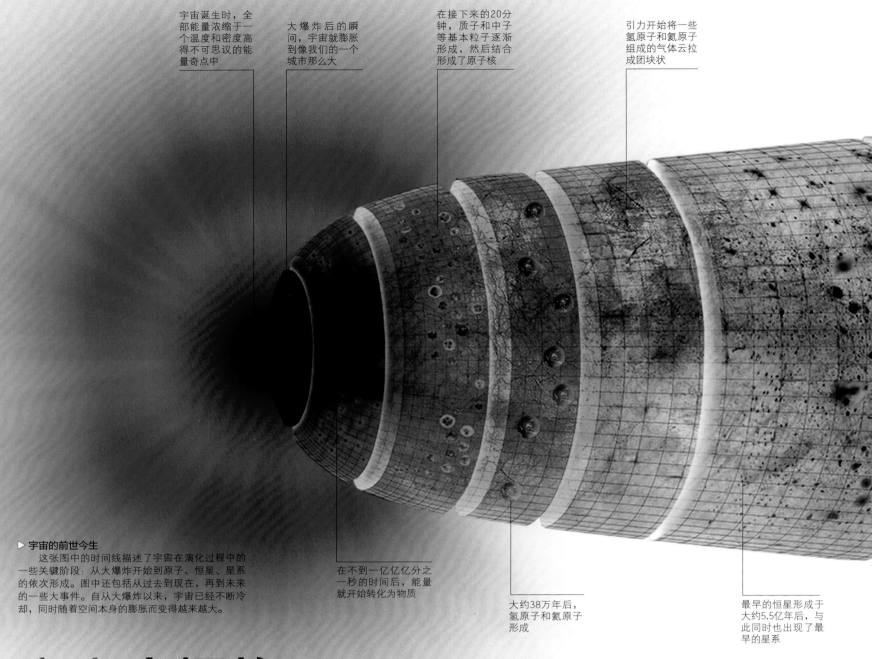

宇宙诞生时，全部能量浓缩于一个温度和密度高得不可思议的能量奇点中

大爆炸后的瞬间，宇宙就膨胀到像我们的一个城市那么大

在接下来的20分钟，质子和中子等基本粒子逐渐形成，然后结合形成了原子核

引力开始将一些氢原子和氦原子组成的气体云拉成团块状

▷ **宇宙的前世今生**

这张图中的时间线描述了宇宙在演化过程中的一些关键阶段：从大爆炸开始到原子、恒星、星系的依次形成。图中还包括从过去到现在，再到未来的一些大事件。自从大爆炸以来，宇宙已经不断冷却，同时随着空间本身的膨胀而变得越来越大。

在不到一亿亿亿分之一秒的时间后，能量就开始转化为物质

大约38万年后，氢原子和氦原子形成

最早的恒星形成于大约5.5亿年后，与此同时也出现了最早的星系

宇宙大爆炸

　　大约138亿年前，一场史无前例的大事件，开天辟地一般创造出了空间和时间。从零开始突然出现的宇宙，以纯粹的能量形式出现在一个极小的点上。

　　在被称作"大爆炸"的这次事件过后，几乎是瞬间，宇宙就膨胀了几亿亿亿倍。随着持续不断的膨胀，宇宙也从诞生之初的极高温开始逐渐冷却。接下来的几分之一秒内，爆炸时强烈的能量中诞生出了有相互作用的基本粒子，形成了早期滚烫而稠密的"宇宙汤"。然后，其中的一些基本粒子结合在一起形成了原子核；再过上数万年，原子核和电子结合形成了原子——也就是我们现在宇宙中形形色色物质的结构单元。最后，又过了上亿年的时间，物质逐渐聚集，诞生了最早的恒星和星系。

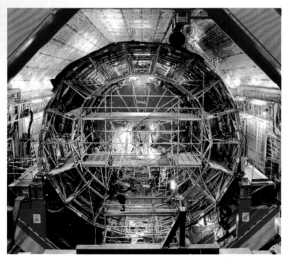

◁ **探索大爆炸**

这个巨大而复杂的机器是大型强子对撞机。欧洲核子研究组织（CERN）的科学家在对撞机里面将高能粒子束进行碰撞，然后研究此过程中生成的副产物，利用它来重现大爆炸后宇宙早期的环境。

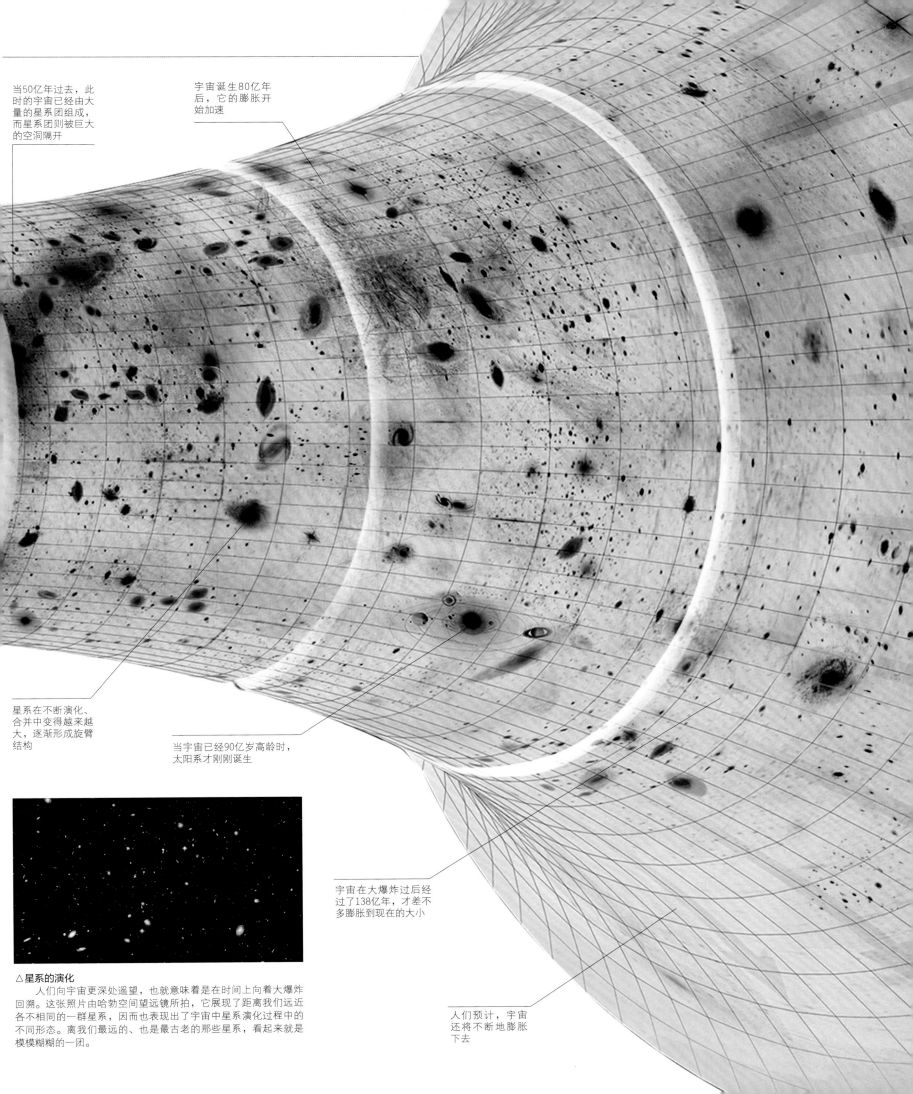

当50亿年过去，此时的宇宙已经由大量的星系团组成，而星系团则被巨大的空洞隔开

宇宙诞生80亿年后，它的膨胀开始加速

星系在不断演化、合并中变得越来越大，逐渐形成旋臂结构

当宇宙已经90亿岁高龄时，太阳系才刚刚诞生

宇宙在大爆炸过后经过了138亿年，才差不多膨胀到现在的大小

人们预计，宇宙还将不断地膨胀下去

△星系的演化

人们向宇宙更深处遥望，也就意味着是在时间上向着大爆炸回溯。这张照片由哈勃空间望远镜所拍，它展现了距离我们远近各不相同的一群星系，因而也表现出了宇宙中星系演化过程中的不同形态。离我们最远的、也是最古老的那些星系，看起来就是模模糊糊的一团。

宇宙的起源

宇宙学——一个将宇宙作为整体进行研究的学科——试图找出解开一些基本问题的钥匙：宇宙有多大？宇宙有多少岁了？宇宙的结构是什么？

哲学家和天文学家们已经与这些问题斗争了数千年，其中既有成功，也有失败。然而一个很关键的问题至今仍未得到解答：虽然宇宙看起来广袤无垠，但究竟是有限的还是无限的呢？如今我们已能够回答的基本问题包括以下几个：宇宙是何时、以何种形式产生的？它是否有中心或边界？除了银河系以外，宇宙中是否还有别的星系？

现代描绘的金胎

约前1500-前1200年
宇宙蛋
印度诗集《梨俱吠陀》中有一首赞美诗，描述了宇宙源起于一个被称作"金胎"的金色胚胎里。它悬浮在虚空之中，裂开后便诞生了人间、天堂和地狱。

前4世纪
亚里士多德——以地球为中心的宇宙
古希腊哲学家亚里士多德提出，地球是宇宙的中心，宇宙在空间上有限，在时间上无限。他所描绘的宇宙是一个拥有55层球壳的复杂系统，而最外一层就是宇宙的边界所在。

乔治·勒梅特

阿尔伯特·爱因斯坦

1931年
原初原子
比利时天文学家勒梅特（Georges Lemaitre）神父提出"原初原子假设"，认为宇宙已经从最初炽热致密的状态膨胀开来。他的模型也为"奥伯斯佯谬"提供了一个解答。

20世纪20年代
膨胀的宇宙
美国天文学家哈勃（Edwin Hubble）证明了在银河系外还有星系存在，他同时观测到遥远的星系正在远离我们，距离越远，远离我们的速度越快。其他的天文学家也得出类似的结论：整个宇宙都在膨胀。

1915年
广义相对论
爱因斯坦发表的广义相对论，到今天仍被认为是在宇宙尺度上对引力如何作用的最好解释。广义相对论指出质量会扭曲时空。爱因斯坦同时也设计了定义各种类型宇宙的方程。

阿尔诺·彭齐亚斯（左）和罗伯特·威尔逊（右）

1948年
第一元素
美籍俄裔的物理学家伽莫夫（George Gamow）等人研究出了最初炽热、致密同时急速膨胀的宇宙是如何从亚原子粒子（在这里就是质子和中子）形成轻元素的原子核的。

1949年
霍伊尔"大爆炸"理论
英国天文学家霍伊尔（Fred Hoyle）首次提出"大爆炸"理论，指出宇宙是在过去某个特殊的时刻，从一个极热致密的状态膨胀而来。这个术语很快流行起来，然而霍伊尔本人却不相信这个理论。

1965年
宇宙微波背景辐射
在新泽西贝尔实验室工作的两位天文学家彭齐亚斯（Arno Penzias）和威尔逊（Robert Wilson）发现了宇宙微波背景辐射。宇宙微波背景辐射（CMBR）是来自整个宇宙空间的微弱辐射光，这种辐射后来被认为是大爆炸的遗迹。

阿里斯塔克

乔尔丹诺·布鲁诺

前3世纪

以太阳为中心的宇宙

　　古希腊天文学家阿里斯塔克（Aristarchus）认为，太阳是宇宙的中心，地球围绕太阳旋转。阿里斯塔克还怀疑，星星和太阳的结构其实差不多，只是星星离得更远罢了。

1543年

一个有说服力的数学模型

　　波兰天文学家哥白尼（Nicolaus Copernicus）在其著作《天体运行论》中，详细地构造了一个有说服力的数学模型，模型中地球和其他天体围绕着太阳运行。

1584年

数不尽的繁星

　　意大利哲学家、数学家布鲁诺（Giordano Bruno）提出，太阳只是无尽繁星中的普通一员。他同时指出，宇宙是无限的，没有中心可言，也没有任何一个特殊的天体可以作为它的中心。

旋涡星系素描

1905年

时空连续体

　　德国物理学家爱因斯坦（Albert Einstein）在狭义相对论中提出，时间和空间是结合在一起的，也就是时空。这个理论假定宇宙间没有一个区域是特殊的，所以宇宙既没有中心，也没有边界。

1755年

银河系外的天体

　　德国哲学家康德（Immanuel Kant）提出夜空中那些模糊的天体可能来自银河系之外的星系——这意味着宇宙不只局限在我们的银河系，它比我们想象的大得多。

1610年

关于无限宇宙的争论

　　德国天文学家开普勒（Johannes Kepler）认为，任何一个认为宇宙是静止的、无限的、永恒的理论都是有缺陷的。因为在这样一个宇宙中，每一个方向都应该会有星星的存在，夜空因此会非常明亮。这个论点就是后来人们所熟知的"奥伯斯佯谬"。

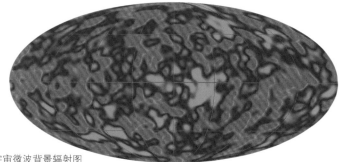

宇宙微波背景辐射图

引力波电脑模拟图

1980年

暴胀大爆炸理论

　　美国物理学家古斯（Alan Guth）及其同事认为，宇宙在经过大爆炸的极早期阶段后开始以极快的速度膨胀。这个理论有助于解释宇宙的大尺度结构。

1992年

宇宙微波背景辐射的变化

　　宇宙背景探测卫星测量出宇宙微波背景辐射的微小变化，由此回溯我们的大尺度宇宙在38万岁时的样子，那时的宇宙只是现在规模的很小一部分。

1999-2001年

暗能量的存在

　　对宇宙微波背景辐射的高精度测量，对不同距离的星系退行速度的准确计算，为暗能量的存在提供了依据。暗能量是一种可能导致宇宙加速膨胀的神秘能量。

2016年

引力波探测

　　美国物理学家宣布他们探测到了引力波。引力波的存在支持了暴胀理论，并且进一步证实了爱因斯坦广义相对论的正确性。

天体

宇宙中有很多种不同类型的天体：小到宇宙射线——一种带电的亚原子粒子，其飞行的速度接近光速；大到宏伟的星系团。

从目前的情况看来，恒星是这个宇宙中能够被观察到的数量最多的天体，原因很简单——它们自己就能发光。而其他能够被看到的天体，要么是由恒星组成的（星系或星团），要么是由于反射恒星的光（行星、卫星、彗星等）。除了这些之外，宇宙中还包含各种极其暗淡甚至是完全黑暗的天体，如褐矮星和黑洞，虽然它们就在那里，但你就是看不到，即使用仪器也很难探测到它们。

△彗星

彗星是由冰和石块组成的一团物体，它们的轨道在遥远的太阳系边缘。有少数彗星游荡到离太阳较近的地方（有些还会周期性地回归）。在冰中封存的化学物质吸收太阳的热量而蒸发，形成了发光的彗发（彗星的头部）和长长的由尘埃和气体组成的彗尾。

▽星云

星云是在恒星之间的广袤空间中，由气体和尘埃组成的云团。很多星云还是恒星诞生的温床。在一些星云中，新诞生的恒星的光芒激发了星云中的气体原子，星云便呈现出不同的颜色。这张色彩斑斓的照片是船底座星云，它在南半球是一个肉眼可见的漂亮星云。

△恒星

恒星就是一个大火球，它们是气态的，温度极高，能量来自氢的核聚变（有时也会有别的元素进行聚变）。我们附近的恒星都在银河系内部，在地球上看，银河系就是一条横贯夜空的亮带（如上图所示）。

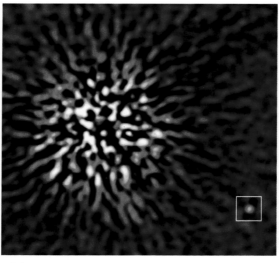

△褐矮星

褐矮星差一点就成了恒星。它们的质量比大部分行星大，但又没大到能够点燃氢的核聚变的程度。这幅图中白框里的亮点就是一颗暗淡的褐矮星，它围绕着一颗像太阳一样的恒星转动。

△星团

星团是很多恒星由于引力的作用聚集在一起的天体。在银河系里，已经发现了几千个星团，它们分为两类：球状星团（如上图这种）和疏散星团。

△恒星遗迹

当巨大的恒星死亡后，它们会留下不同类型的遗迹。相同的是，在原来恒星的核心部位都会留下一个高密度的遗体。图中这个幽灵一般的天体是一颗超新星爆发之后喷发出来的气体和尘埃。

◁**星系**

星系是一个包含了恒星、气体、尘埃、星云、恒星遗迹、行星和小天体的大集合。星系分为4种类型：旋涡星系、棒旋星系、椭圆星系和不规则星系。左边是一个旋涡星系的例子，它的名字叫"NGC 908"，在它内部正在以超乎寻常的速度诞生新的恒星。

△**行星**

行星是接近球形的天体，绕着一颗恒星公转。行星可以是岩态，也可以是气态的，但是它们不通过核聚变产生能量。这张图是我们太阳系中的火星。

△**卫星**

任何天然形成的、围绕行星或其他类似天体转动的天体都可以叫作"卫星"，太阳系中已经发现了几百颗卫星，包括上面这颗土星的卫星——土卫一。

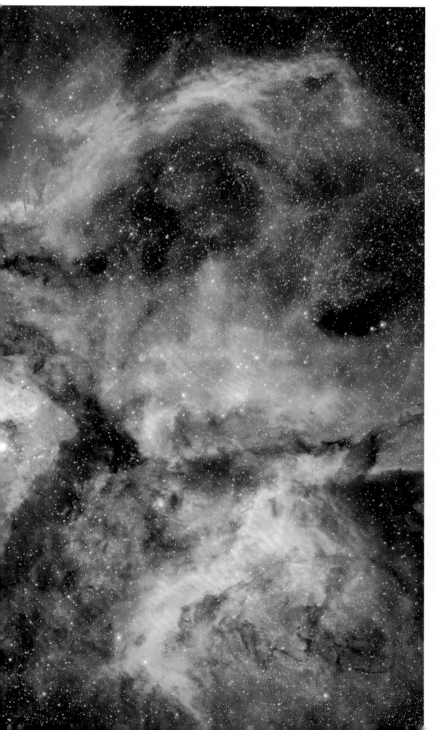

△**星系团**

很多星系聚集在一起就是星系团，星系团们又聚集成更大的集群，叫作"超星系团"。照片中的星系团叫作"艾贝尔2744"，包含几百个星系。整个星系团沉浸在一种看不见的神秘物质组成的茫茫海洋之中，它的名字叫作"暗物质"（见第74~75页）。

恒星是什么？

恒星是一个巨大的火球。在恒星的核心，极其炽热的气体产生了能量，并在恒星的表面将能量释放出来。

我们在夜空中看到的每一颗恒星都位于银河系内部。尽管天文学上它们被称为"局域恒星"，但事实上它们都相当遥远——最近的恒星距离我们大约40万亿千米，大多数恒星都遥远得多。银河系中一共有2000多亿颗恒星，其中肉眼能够看到的大约有10000颗。

恒星外观和类型

夜晚的时候我们抬头观察天上的星星，都是一颗颗小小的亮点。虽然有明有暗，但颜色看起来都差不多，基本上都是白色的。事实上，恒星之间的区别比第一眼看上去的要大得多。恒星的大小、温度、颜色、年龄和寿命都大相径庭。这些属性之间是互相联系的，如恒星的表面温度和颜色就有很大的关系——表面温度低的恒星是红色的，当温度增加时，则依次是橙色、黄色、白色和蓝色。

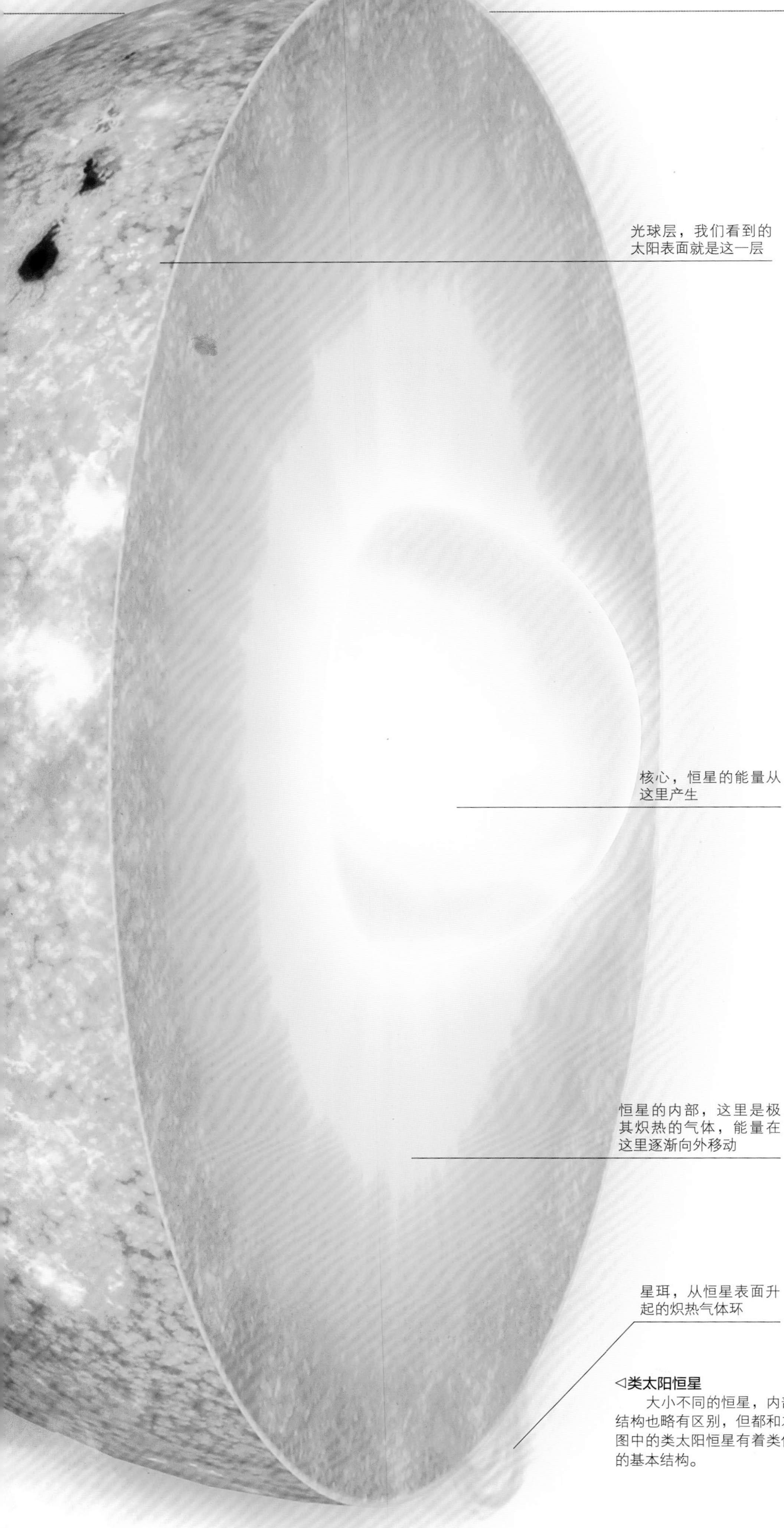

光球层，我们看到的太阳表面就是这一层

核心，恒星的能量从这里产生

恒星的内部，这里是极其炽热的气体，能量在这里逐渐向外移动

星珥，从恒星表面升起的炽热气体环

◁**类太阳恒星**
大小不同的恒星，内部结构也略有区别，但都和左图中的类太阳恒星有着类似的基本结构。

恒星的光谱分类

	类型	颜色	平均表面温度	例子
	O	蓝	30000℃以上	船尾座 ζ
	B	深蓝白	20000℃	参宿七
	A	浅蓝白	8500℃	天狼星
	F	白	6500℃	南河三
	G	黄白	5300℃	太阳
	K	橙	4000℃	毕宿五
	M	红	3000℃	参宿四

△**恒星的光谱型**
恒星的光谱中含有很多关于恒星的信息。通过研究光谱，科学家可以把任意一颗恒星归为某一类，这个类别就叫作"光谱型"。以上列出的是主要的光谱型。

恒星的分类

给恒星分类的方法有很多种，天文学家最爱用的是依据恒星的光谱，把大部分恒星分为7大类（从O到M）。光谱就是恒星发射出来的不同波长的光。一颗恒星的光谱中包含恒星的颜色、温度、成分以及其他一些信息。从1911–1913年，丹麦天文学家赫茨普龙（Ejnar Hertzprung）和美国天文学家罗素（Henry Norris Russell）尝试将所有的恒星放在一起寻找其隐藏的特征。他们各自将几百颗恒星画在一张散点图上，图的一个坐标轴代表光谱型，另一个坐标轴代表光度（恒星的真实亮度）。结果很有意思：大部分恒星都落在了一条带里，称为主星序，而且在恒星一生的大部分时间里，它们都在主星序内移动。红巨星（恒星的生命晚期）和白矮星（红巨星之后的产物）分别落在图中的其他区域。

▽赫罗图
　图中沿着对角线分布的一条恒星带叫作"主星序"，其中都是稳定的恒星，从冷的红矮星到炽热的蓝巨星。其他部分有红巨星和白矮星，它们都曾经位于主星序，随着恒星的演化，移动到了其他位置。

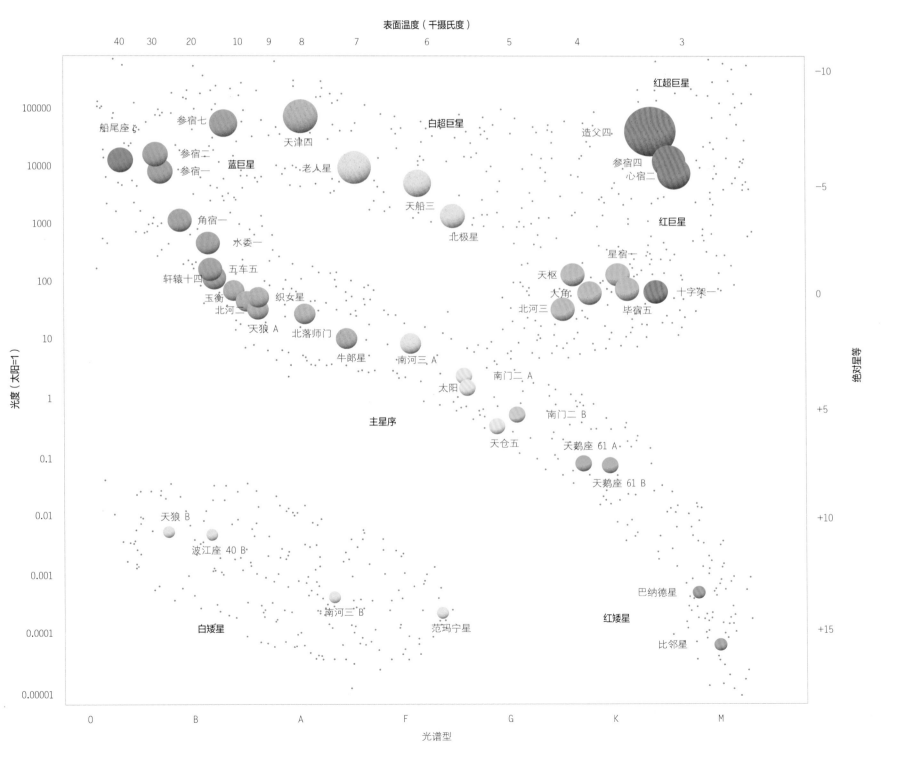

恒星的亮度与距离

　　除了离我们最近的太阳以外，虽然其他的恒星看起来都同样地遥不可及，但它们的亮度和距地球之间的距离却千差万别。从地球上看，一颗星星有多亮在一定程度上取决于它离我们究竟有多遥远。

　　因为恒星们都是如此地遥远，想要获得它们的观测数据可不是件容易事儿。大部分关于恒星的数据来自对它的光和其他辐射的研究，而离我们最远的恒星的距离，可以通过测量它们每年在天空中位置的细微变化而得知。

亮度

　　想要描述恒星的亮度有两种方法：一个是"视星等"，用来表示一颗星星从地球上看有多明亮；另一个是"绝对星等"，用来表示从一个特定的距离上看星星有多亮。从反映天体的真实发光程度上来说，绝对星等无疑是更好的指标。两种尺度下，数值加1就意味着亮度降低，数值减1就意味着亮度升高。因此，在视星等的尺度下，星星刚好肉眼可见的亮度仅为+6等或+5等，非常明亮的恒星可以达到+1等或0等的亮度，有4颗最明亮的恒星亮度可以达到负值。在绝对星等的尺度下，一些特别昏暗的红矮星亮度可以低至+20等，而最明亮的超巨星亮度则可以达到−8等。一颗星星的绝对星等与它的目视光度相关，目视光度测量了恒星每单位时间发出的光能。一颗恒星的光度经常用太阳光度的多少倍来表示。

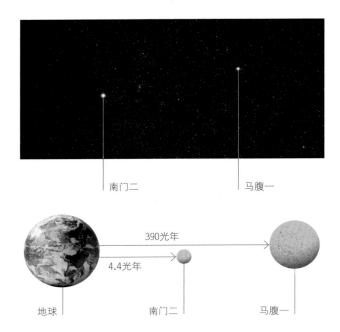

△视星等
　　图片中两颗最明亮的恒星，南门二和马腹一，看起来是同等的亮度。换句话说，它们有着相近的视星等。但实际上，马腹一的绝对星等要高很多，比南门二也亮得多。后者看起来和马腹一亮度一样，只不过是因为它到地球的距离是马腹一到地球距离的1/90罢了。

▽亮度对比
　　下表中比较了包括太阳在内的11颗恒星的视星等、绝对星等和目视光度。这些恒星中既有比邻星这样相对近的红矮星，也有参宿七这样虽然遥远却十分明亮的超巨星。

恒星的星等和光度

恒星（所在星座）	与地球的距离	视星等	绝对星等	目视光度（以太阳为基准）
太阳	1.496亿千米	−26.74	4.83	1
天狼星A（大犬座）	8.6光年	−1.47	1.42	23
南门二A（半人马座）	4.4光年	0.01	4.38	1.5
织女星（天琴座）	25光年	0.03	0.58	50
参宿七（猎户座）	780~940光年	0.13	−7.92	125000
马腹一（半人马座）	370~410光年	0.61	−4.53	5500
心宿二（天蝎座）	550~620光年	0.96	−5.28	11000
北极星（小熊座）	325~425光年	1.98	−3.6	2400
天权（大熊座）	58光年	3.3	1.33	25
仙王座μ（仙王座）	1200~9000光年	4.08	−7.63	96000
比邻星（半人马座）	4.2光年	11.05	15.6	0.00005

△比邻星
　　图片中的比邻星是一颗红矮星，离我们有4.2光年的距离。它是除太阳以外离我们最近的恒星。通过哈勃望远镜拍出来的比邻星非常亮，但它其实是一颗暗淡的恒星，它的绝对星等仅有15.6等，光度也比太阳小得多。

距离

除了我们的太阳，其他的遥远恒星都需要一个特殊的单位来描述它们的距离，那就是"光年"。光年是指光在空间中一年时间里走过的距离，约为9.5万亿千米。夜空中我们肉眼可见的100颗最明亮的恒星离我们的距离从4.4~2500光年不等。测算恒星的距离有多种方法：对于相对较近的恒星，我们可以使用视差法来计算（如右图）；对于更远一点的恒星，天文学家则不得不通过更复杂的方法来间接计算距离。由于这些方法通常都不太精确，很多恒星，甚至是夜空中一些最明亮的恒星，我们也只能得知它们的大致距离。

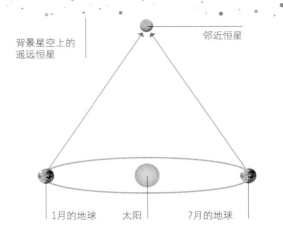

背景星空上的遥远恒星

邻近恒星

1月的地球　太阳　7月的地球

◁ **视差法**
我们在地球分别处于两个相对位置时观察同一颗邻近的恒星，当地球沿着公转轨道从太阳的一侧运行到另一侧，这颗恒星相对于背景星空的位置就会发生细微的变化。我们通过位置变化的多少就能计算出恒星的距离了。

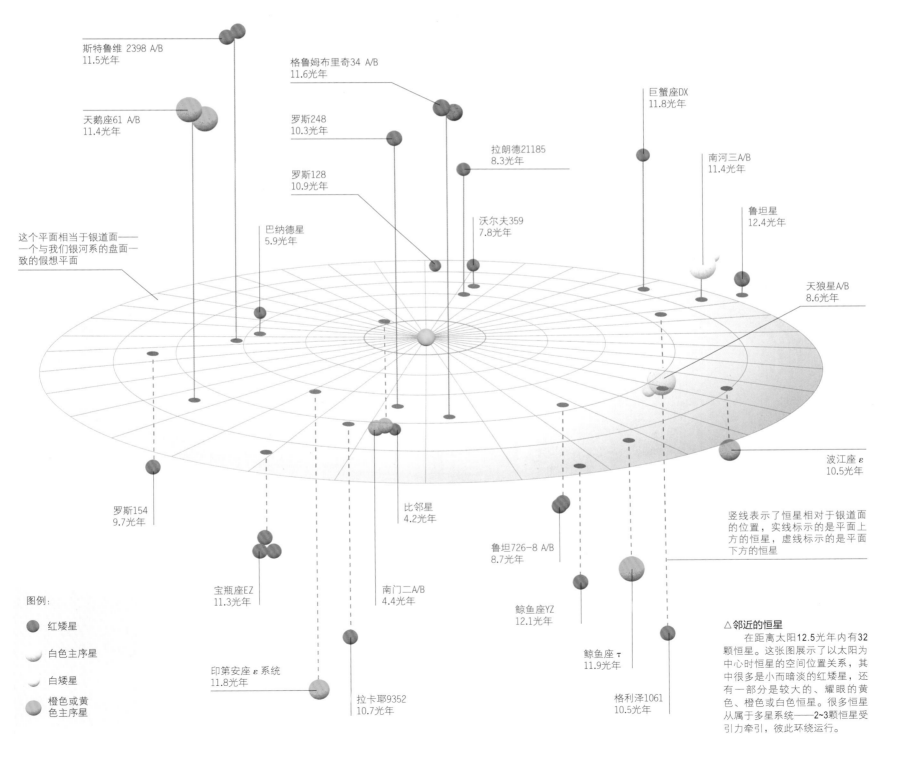

斯特鲁维 2398 A/B
11.5光年

格鲁姆布里奇34 A/B
11.6光年

巨蟹座DX
11.8光年

天鹅座61 A/B
11.4光年

罗斯248
10.3光年

拉朗德21185
8.3光年

南河三A/B
11.4光年

罗斯128
10.9光年

鲁坦星
12.4光年

这个平面相当于银道面——一个与我们银河系的盘面一致的假想平面

巴纳德星
5.9光年

沃尔夫359
7.8光年

天狼星A/B
8.6光年

波江座ε
10.5光年

罗斯154
9.7光年

比邻星
4.2光年

竖线表示了恒星相对于银道面的位置，实线标示的是平面上方的恒星，虚线标示的是平面下方的恒星

宝瓶座EZ
11.3光年

南门二A/B
4.4光年

鲁坦726-8 A/B
8.7光年

鲸鱼座YZ
12.1光年

△ **邻近的恒星**
在距离太阳12.5光年内有32颗恒星。这张图展示了以太阳为中心时恒星的空间位置关系，其中很多是小而暗淡的红矮星，还有一部分是较大的、耀眼的黄色、橙色或白色恒星。很多恒星从属于多星系统——2~3颗恒星受引力牵引，彼此环绕运行。

印第安座ε系统
11.8光年

拉卡耶9352
10.7光年

鲸鱼座τ
11.9光年

格利泽1061
10.5光年

图例：

● 红矮星

○ 白色主序星

○ 白矮星

● 橙色或黄色主序星

一颗**网球**大小的中子星，其质量相当于地球上所有人加起来的**40倍**

蓝超巨星
参宿七A
参宿七的主星参宿七A，耗尽了核心所有的氢，已经膨胀到太阳直径750倍的大小

红特超巨星
大犬座VY
这颗红特超巨星的半径大约是太阳的1420倍，寿命却比太阳短得多

红超巨星
参宿四
当大质量的恒星将核心的氢燃烧殆尽，它们就会膨胀成更大的超巨星

蓝特超巨星
手枪星云星
迄今为止发现的最亮恒星之一，手枪星云星在6秒之内就能释放太阳一年才能释放的能量

△大恒星
巨星、超巨星、特超巨星与有着同样表面温度的主序星相比要大得多、亮得多。蓝色星的体积比红色星小但亮度相当，这是因为蓝色星相比红色星的表面温度更高。

| 0 | 2000万 | 4000万 | 6000万 | 千米 |

| 0 | 2000万 | 4000万 | 英里 |

恒星的大小

　　尽管只是夜空中的小小星点，恒星的实际大小却是各不相同。有的恒星大到让我们的太阳相形见绌，有的则比太阳系的行星还小。

　　最小的恒星是一些巨大恒星坍缩后形成的超密度中子星，它们的直径仅有25千米。银河系中大部分的恒星是矮星，其中有的体积比太阳的千分之一还要小；而一些大的恒星，如超巨星或特超巨星，则可以达到太阳体积的80亿倍。我们将恒星按照颜色、大小和亮度等特性分门别类，颜色和亮度的组合标示了一颗恒星的大小。一颗明亮的蓝色星就比一颗同等明亮的红色星小，因为蓝色星比红色星更热，只需更少的表面积就能和红色星一样明亮。

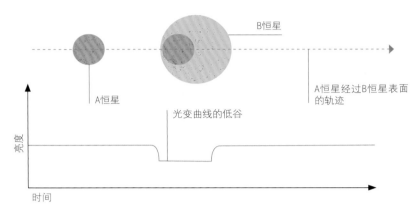

△恒星大小的测量
　　通过检验食变双星系统中一次掩食的光变曲线，我们可以确定一颗星星从另一颗星前经过需要多长的时间，再利用所经过的时间来计算出恒星的直径。

橙巨星
北河三
北河三的橙色说明它的表面温度低于太阳

蓝巨星
参宿五
参宿五已经2000万岁了，它的直径是太阳的6倍

黄矮星
太阳
这个类别的恒星都是主序星，它们的大小和太阳差不多

▷普通的恒星
　　银河系至少有2000亿颗行星，其中90%正处于生命周期的稳定阶段（主序星）。太阳就是一颗被归类为黄矮星的主序星，它的直径是139万千米，但当它耗尽了氢，就会膨胀变成一颗红巨星，然后失去外层，并最终变成一颗白矮星。

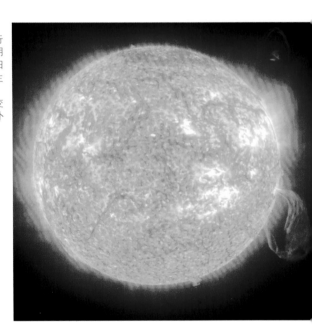

红巨星
毕宿五
毕宿五是一颗不规则变星，它的大小随着恒星的重力与向外的压力试图保持平衡而发生变化

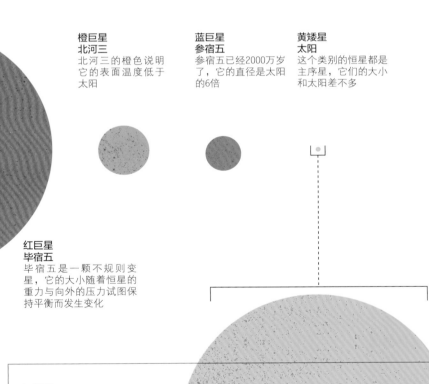

▷矮星
　　大多数恒星都是矮星，这种小而暗淡的恒星包括太阳大小的恒星，以及很多较小的红矮星和白矮星（失去外层的巨星遗迹）。褐矮星是没有足够的质量触发核聚变的恒星，换言之，它们并不能称为恒星。

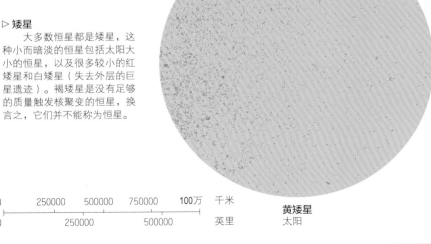

红矮星
比邻星
红矮星在银河系中是最普遍的，它们终将变成白矮星

褐矮星
EROS-MP
J0032-4405
并不是真正的恒星，大部分褐矮星都和太阳系中的木星一般大小

白矮星
天狼星B
天狼星B大约和地球一般大小，但它的质量却与太阳相当

黄矮星
太阳

| 0 | 250000 | 500000 | 750000 | 100万 | 千米 |
| 0 | | 250000 | | 500000 | 英里 |

恒星的内部

恒星是一个高效的能量传输机，在它的核心位置能产生极其巨大的能量，这些能量向恒星表面传输。能量从核心运送到表面，往往要花费10万年甚至更长的时间。

在恒星内部，从核心产生的能量源源不断地流向恒星表面，然后逃逸到太空中去。这种向外流动的能量产生了由内向外的压力，如果没有这个压力，恒星就将在重力的作用下坍缩。恒星核心的能量来源是核聚变，也就是原子核（原子的中心部分）聚合成更大的原子核。

能量是如何产生和传输的

核聚变让恒星失去一点点质量，转换成巨大的能量。在大部分恒星里，主要的核聚变过程是氢核结合成氦核的过程。能量从核心向外传输，主要通过辐射和对流两种方式。辐射是能量以光、辐射热、X射线等形式传输。这些形式都可以看作由一份份微小的能量单位——光子组成的。典型恒星内部的气体密度非常大，以至于光子走不了多远就会被原子吸收，再从别的方向发射出去。因此，能量通过这种方式向外传输的过程非常缓慢而曲折。对流指的是气体在恒星内部的环形流动，热气体携带着能量向恒星表面传输，冷而重的气体则向恒星中心运动。很多恒星都是分层的，每一层的密度不同，有的层通过辐射方式传输能量，有的层则是通过对流方式。

▷ **类太阳恒星的内部**
在一个和太阳大小差不多的恒星内部，核心的外面是辐射区。在这里，能量通过光子（辐射能量包）的发射和再吸收，曲折缓慢地逐渐向外传输。到达对流区之后，能量随着热气体上升、冷气体下降形成的环流向表面传输。到了恒星表面，能量便可以通过光、热和其他辐射形式飞向宇宙了。

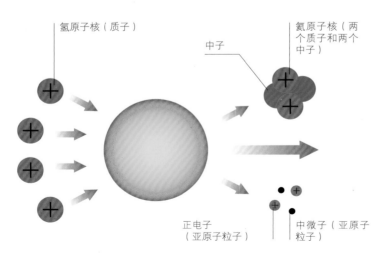

△ **类太阳恒星中的核聚变**
在和太阳差不多大小或者小一点的恒星中，主要的聚变过程称为质子-质子链反应。它的整体效果表现为4个质子（氢核）转换成1个氦核，同时释放出能量和一些亚原子粒子。

氢原子核（质子）

中子

氦原子核（两个质子和两个中子）

正电子（亚原子粒子）

中微子（亚原子粒子）

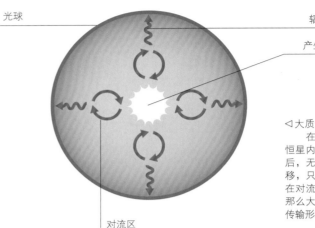

光球

辐射区

产生能量的核心

对流区

◁ **大质量恒星的内部**
在比太阳质量大很多的恒星内部，能量在核心产生之后，无法通过辐射形式向外转移，只能通过对流形式传输。在对流区之外，气体密度没有那么大了，辐射就成了主要的传输形式。

辐射区
在这个区域，光子通过发射和再吸收，缓慢而曲折地向外转移

核心
恒星的中心，在这里发生的核聚变反应产生了能量

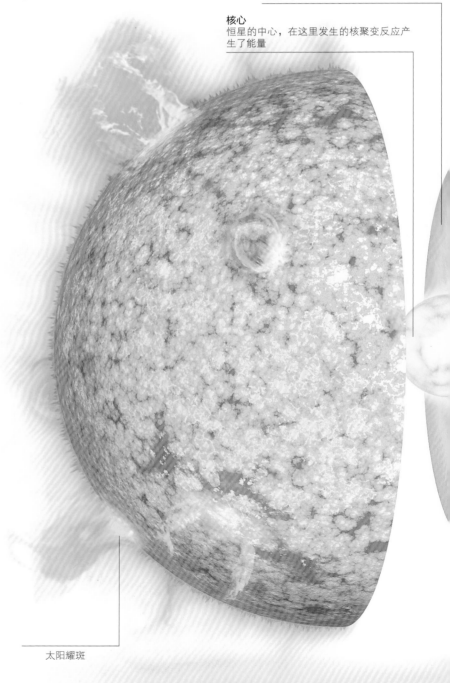

太阳耀斑

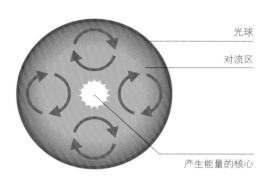

光球

对流区

产生能量的核心

△ **红矮星的内部**
小质量恒星（红矮星）的内部大部分密度都很大，光子总是走不了多远就被吸收。因此，能量主要通过对流的方式向外移动。

恒星内部的力

无论恒星的质量是大是小，它的内部都有两种方向相反的力以保持恒星的稳定：向内的重力和向外的压力。通常情况下，这两种方向相反的力是平衡的，这样恒星才能在很长的时间内保持大小不变。但是如果一些因素打破了两种力的平衡，恒星的大小就会改变。例如，大部分恒星在生命晚期，核心都会变热，向外的压力就会增加，恒星就膨胀成一颗巨星或超巨星了。

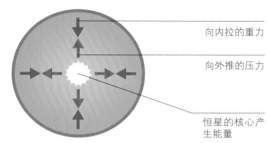

向内拉的重力

向外推的压力

恒星的核心产生能量

△ **处于平衡状态的恒星**
大部分恒星在生命的大部分时间里，向内的重力和向外的压力保持精确的平衡，恒星的大小保持不变。一旦这两种力失去了平衡，恒星就会收缩或者膨胀。

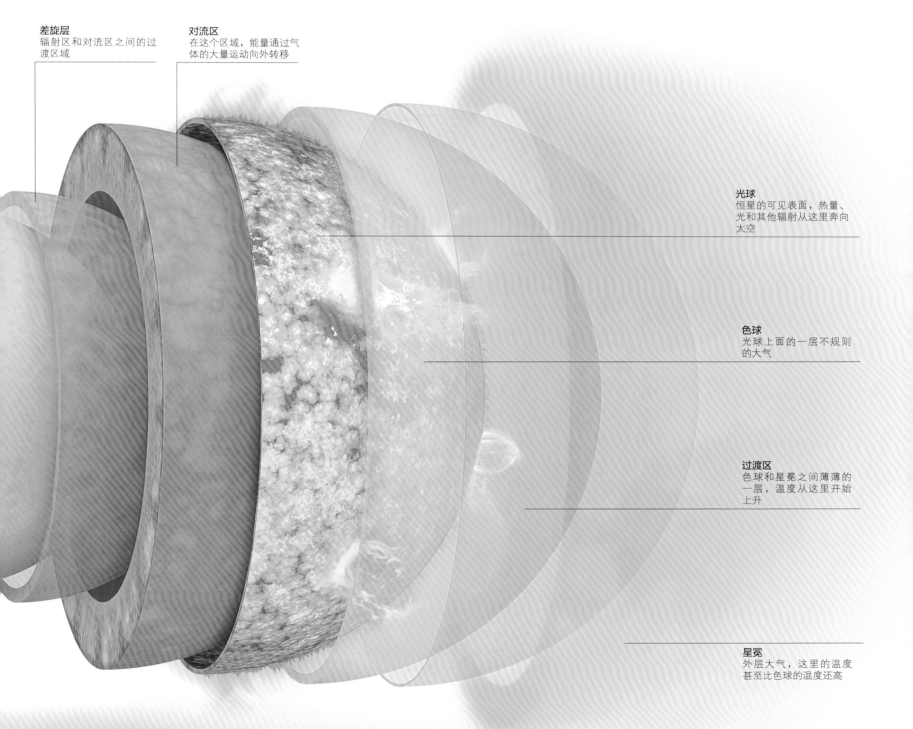

差旋层
辐射区和对流区之间的过渡区域

对流区
在这个区域，能量通过气体的大量运动向外转移

光球
恒星的可见表面，热量、光和其他辐射从这里奔向太空

色球
光球上面的一层不规则的大气

过渡区
色球和星冕之间薄薄的一层，温度从这里开始上升

星冕
外层大气，这里的温度甚至比色球的温度还高

恒星的一生

所有的恒星都起源于一团巨大的气体和尘埃云。在重力的影响下，气体和尘埃云向中心收缩，直至一颗火球被点燃，恒星就诞生了。接下来如何发展，则取决于恒星的初始质量有多大。

如果形成一颗恒星的气体和尘埃云团很小，则形成的恒星也相对较小、温度较低，称为"红矮星"。这是我们的银河系中最普遍的一类恒星，它们的寿命可以达到几百亿至上万亿年。在红矮星时期，它们的表面温度和亮度逐渐增加，直至变成蓝矮星，然后是白矮星。最终，它们变暗、变冷、死亡，成为一颗黑矮星。然而宇宙的年龄还没到那么老，尚未有一颗红矮星演化到蓝矮星的阶段。

中等质量和大质量恒星的一生

中等质量（和太阳差不多大）恒星的寿命比红矮星短，为几十亿至上百亿年。它们在生命的晚期膨胀为"红巨星"。一颗红巨星最终会将它的外层抛向宇宙，形成一个行星状星云，同时在中心留下一个热的、致密的恒星遗迹——白矮星。最大的恒星寿命反而最短，只有几百万到几亿年，因为它们很快就耗尽了氢燃料。随后，它们变成了红超巨星，然后在巨大的超新星爆发中结束生命。根据质量的不同，超新星遗留的核心收缩为两种奇怪的天体：中子星（见第36~37页）或恒星级黑洞（见第38~39页）。

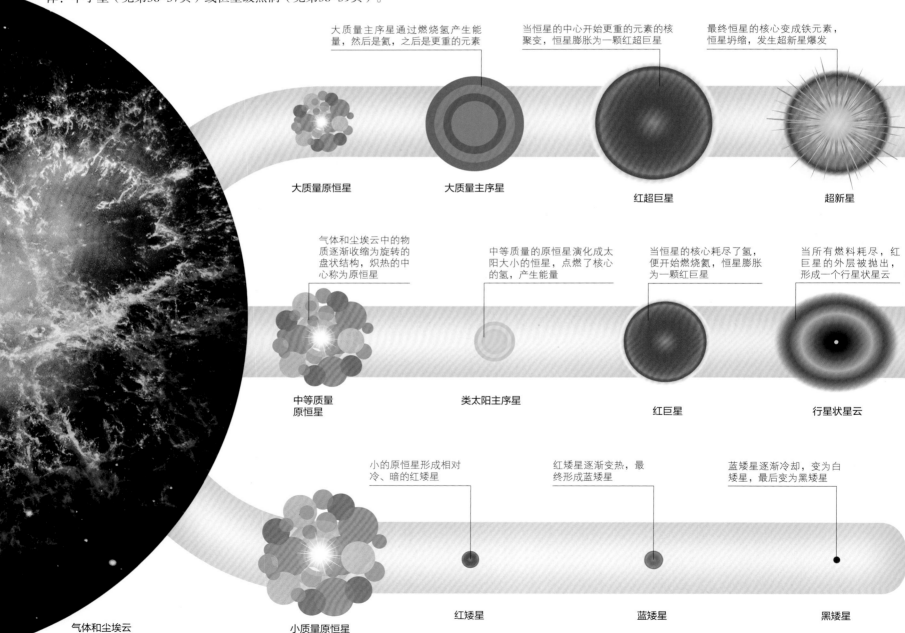

大质量主序星通过燃烧氢产生能量，然后是氦，之后是更重的元素

当恒星的中心开始更重的元素的核聚变，恒星膨胀为一颗红超巨星

最终恒星的核心变成铁元素，恒星坍缩，发生超新星爆发

大质量原恒星　　大质量主序星　　红超巨星　　超新星

气体和尘埃云中的物质逐渐收缩为旋转的盘状结构，炽热的中心称为原恒星

中等质量的原恒星演化成太阳大小的恒星，点燃了核心的氢，产生能量

当恒星的核心耗尽了氢，便开始燃烧氦，恒星膨胀为一颗红巨星

当所有燃料耗尽，红巨星的外层被抛出，形成一个行星状星云

中等质量原恒星　　类太阳主序星　　红巨星　　行星状星云

小的原恒星形成相对冷、暗的红矮星

红矮星逐渐变热，最终形成蓝矮星

蓝矮星逐渐冷却，变为白矮星，最后变为黑矮星

气体和尘埃云　　小质量原恒星　　红矮星　　蓝矮星　　黑矮星

最小的红矮星的寿命比最大的特超巨星长上**百万倍**

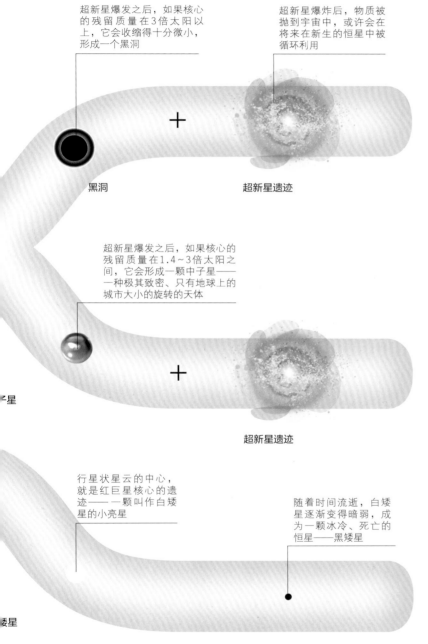

超新星爆发之后，如果核心的残留质量在3倍太阳以上，它会收缩得十分微小，形成一个黑洞

超新星爆炸后，物质被抛到宇宙中，或许会在将来在新生的恒星中被循环利用

黑洞

超新星遗迹

超新星爆发之后，如果核心的残留质量在1.4~3倍太阳之间，它会形成一颗中子星——一种极其致密、只有地球上的城市大小的旋转的天体

超新星遗迹

行星状星云的中心，就是红巨星核心的遗迹——一颗叫作白矮星的小亮星

随着时间流逝，白矮星逐渐变得暗弱，成为一颗冰冷、死亡的恒星——黑矮星

黑矮星

◁ **恒星的一生**

  这里对比了主要的3类恒星的生命演化历程，即（自上而下）大质量恒星、中等质量恒星（类似太阳）和小质量恒星。每一类恒星都是从产星星云形成的原恒星开始的，然而它们的生命历程却大不相同。

▷ **长期循环**

  形成恒星的一部分原材料就是上一代恒星抛出的物质。此外，大质量恒星在超新星爆发中死亡时，能够扰动星际介质——特别是在产星星云中——从而触发新恒星的形成过程。

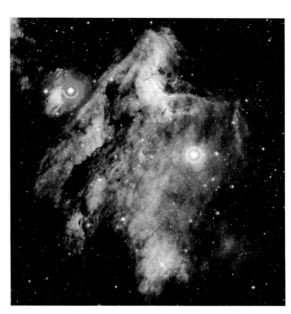

◁ **恒星形成区**

  这是一片强烈的恒星形成区，名为"鹈鹕星云"，因为它的一部分（图中靠近顶部）形似一只鹈鹕的头。它距离我们大约2000光年。明亮的蓝色天体是地球和星云之间的恒星。

恒星循环

  恒星死亡时抛出的物质成为了星际介质（太空中恒星与恒星之间气体和尘埃），这些物质参与到制造新恒星的循环之中。在大爆炸之后不久，宇宙中只包含最轻的元素，主要是氢和氦。几乎所有其他的重元素——例如，碳和氧——都是在恒星内部或在超新星爆发中才产生的。通过恒星的形成、演化和死亡，重元素在宇宙中越积累越多。天文学家用"金属度"衡量一颗恒星中含有重元素的多少。年轻的恒星往往有最高的金属度，因为形成它们的材料已经经历了好几代恒星的循环。

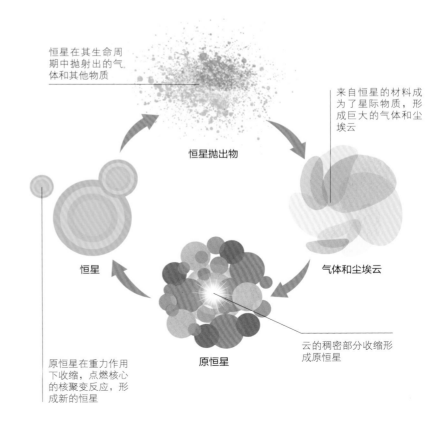

恒星在其生命周期中抛射出的气体和其他物质

来自恒星的材料成为了星际物质，形成巨大的气体和尘埃云

恒星抛出物

恒星

气体和尘埃云

原恒星

云的稠密部分收缩形成原恒星

原恒星在重力作用下收缩，点燃核心的核聚变反应，形成新的恒星

恒星的诞生

在茫茫的星际空间中，分布着很多冷的气体和尘埃云，称为分子云，恒星便诞生于此。这些云凝聚成恒星的过程要花上几百万年。

恒星诞生所在的分子云可以跨越几百光年的太空。形成恒星的区域就隐藏在这些密集的尘埃云内。然而在某些地方，新生的明亮恒星产生的辐射将尘埃一扫而光，并将周围的气体照亮。于是我们就在这些恒星形成区看到了亮星云，如巨蛇座的鹰状星云（见对页）、猎户座星云（见164~165页）等。有一些孤立的、暗的尘埃和气体聚集物称为博克球状体，它们最终多会形成"双星"或"聚星系统"（见第40~41页）。

恒星的形成

分子云要想形成恒星，需要一个触发事件。这个事件可以是附近的超新星爆发，也可以是分子云经过了空间中一个拥挤的区域，或是偶遇一颗从身边经过的恒星。当这些事件发生时，引潮力和压力波便发挥作用，在推拉气体的过程中，某些区域被压缩，当达到足够的密度，恒星就可以形成了。剩下的事情就交给重力去完成吧，越来越多的物质被拉向中心那个不断长大的结。当物质变得越来越致密，某个随机的运动变成了绕某个轴的匀速旋转。粒子间的碰撞使温度上升，尤其是在中心区域。新形成的恒星开始发出红外（热）辐射。

在这个阶段，原恒星（新形成的恒星）非常不稳定。它从两极喷射出气体和尘埃，失去一些质量。在它的核心，终于达到足够高的温度，此时核聚变便开始了。重力和向外的压力变得平衡，原恒星的演化尘埃落定，变身为一颗主序星。

天文学家已经计算出，在我们的银河系里，平均每年诞生7颗新的恒星，其中大部分都比太阳小

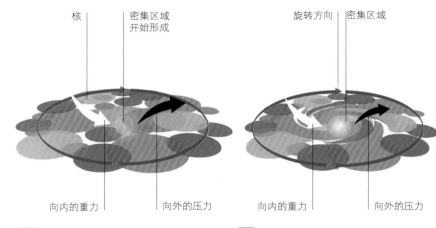

1 分子云内形成密集区域
附近的一些事件，如超新星爆发，引起分子云内多个密集区域在重力作用下聚集成簇。这些簇将来会形成星团。它们分离开来形成更小的区域，称为核。

2 核开始坍缩
每一个核开始在重力的影响下收缩，并开始缓慢旋转。经过上万年的时间，旋转逐渐聚集起更多的气体和尘埃，向内坍缩到不到1光年。

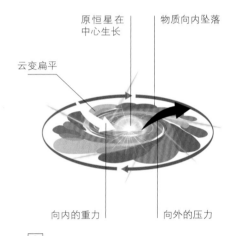

3 原恒星形成
不断收缩的云形成一个扁平的旋转的盘，宽度只有几个光日。其中心有一个球核，最终稳定下来，形成一个快速旋转的原恒星。云中的物质不断向中心的恒星上坠落。

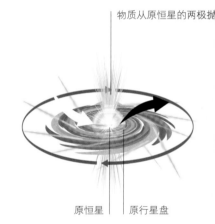

4 原恒星从两极喷射物质
最终原恒星旋转得太快，以致新落到它上面的物质被甩在后面。这些多余的物质形成了两条紧密的喷流沿着自转轴喷射出去。原恒星周围的盘状云形成了原行星盘。

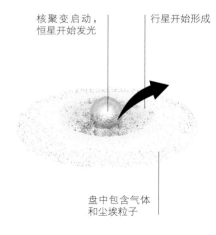

5 恒星点燃
当原恒星的核心变得足够热，核聚变反应便启动了，它开始像一颗成熟的恒星一样发光。再过几百万年，原行星盘中的尘埃和气体逐渐聚集成行星。

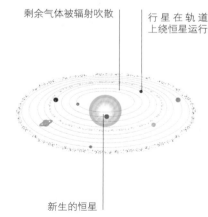

6 行星系统形成
新生恒星的辐射压力将剩余的气体吹散（一些气体聚集在气态巨行星上）。最终，只剩下一颗恒星、若干颗行星，可能还有一些小天体，如彗星和小行星。

鹰状星云

　　之所以这样称呼它，是因为它看起来有点像老鹰。鹰状星云（M16）是银河系中最令人叹为观止的恒星形成区之一。尘埃和寒冷的气体构成的柱状和球状区域，就是恒星形成的密集区。可以看到已经形成的一些明亮的年轻恒星，它们发出的光和星风正将纤维状的气体和尘埃暗带推向远方。

行星状星云

行星状星云仿佛天空中的烟圈。它们是类太阳恒星将死之时喷出的云或壳层，生命短暂却绚烂。

行星状星云是最好看的天体之一，但是和行星没有任何关系。它们只是恒星瓦解之后遗留的产物。之所以叫作"行星状星云"，是因为最初观察到的这类星云，形状近似圆形，看起来酷似行星。然而，现代望远镜已经揭示出，不同的行星状星云，形状实际上大相径庭。某些行星状星云看起来的确是完美的环形或圆形的气体壳层，但也有蝴蝶形、沙漏形，甚至可能是任何复杂的形状。所有行星状星云的共同点是它们都来自一颗将死的红巨星，在生命的末期抛出它的外层。当恒星的核心耗尽核聚变的燃料，这种不稳定性就开始了（核聚变是原子核聚集成更大的核，同时释放出能量的过程）。

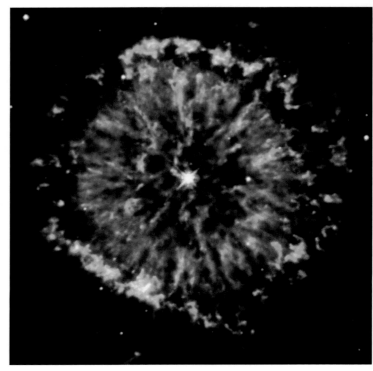

△ **亮眼星云**

这个行星状星云（NGC 6751）的形状——包含从中心明亮的白矮星向外扩散开来的气体彩带——很像一只闪烁的大眼睛。蓝色区域表示最炽热的气体，橙色区域表示最冷的气体。它的宽度大约0.8光年。

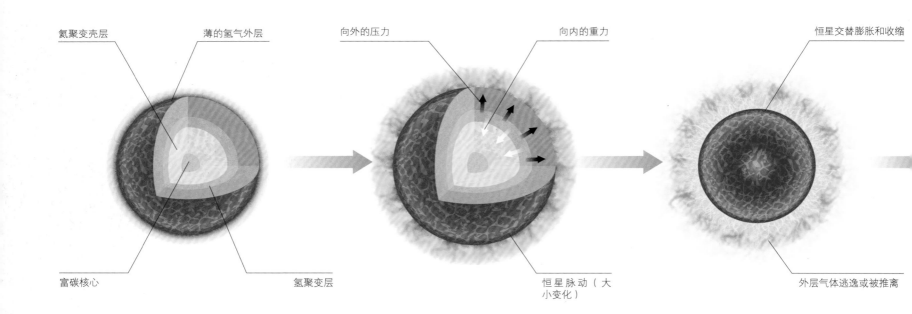

氦聚变壳层　　**薄的氢气外层**　　　　　　　**向外的压力**　　　　　　　　**向内的重力**　　　　　　　　　**恒星交替膨胀和收缩**

富碳核心　　　　　　**氢聚变层**　　　　　　　　　　　　**恒星脉动（大小变化）**　　　　　　　　　　**外层气体逃逸或被推离**

1 **年老的红巨星**

当一颗和太阳差不多大的恒星走到生命尽头时，它制造的能量会增加，同时膨胀成一颗红巨星。一颗年老的红巨星，它有一颗富碳的核心，外面包围着浓密的气体壳层，壳层中氢和氦在进行着核聚变，产生巨大的能量。

2 **恒星变得不稳定**

两种力保持着恒星的大小：向内的重力和能量输出产生的向外的压力。产生能量的核聚变对温度和压力的变化非常敏感，因此微小的变化就会造成恒星大小的不稳定，导致很大程度的脉动。

3 **恒星的外层失去物质**

每一次脉动，红巨星的高速膨胀都会使它的外层逃离重力，逃逸到太空。气体也会被来自恒星核心的粒子和光子（光的微小单位）的压力推离恒星。

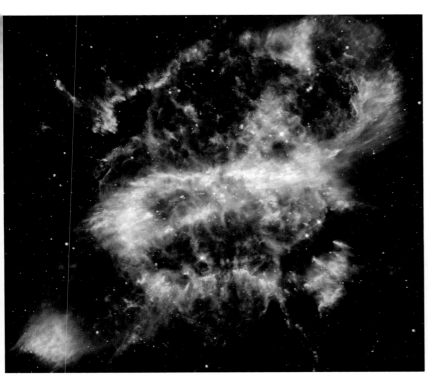

△ 复杂结构行星状星云

这个星云（NGC 5189）的结构很复杂，两部分分开的气体向不同方向扩张。这可能是由于另一颗恒星绕着中心的白矮星旋转造成的。这个星云距离我们大约3000光年。

白矮星

当一颗红巨星抛出它的外层，形成行星状星云，在中间就会留下一个炽热的由碳和氧构成（大部分情况下）的核。这个天体叫作"白矮星"，它十分致密，一茶匙的白矮星物质就有几吨重。白矮星一开始非常热，表面温度达到15万摄氏度，却不足以点燃内部的核聚变反应。经过漫长的岁月，白矮星逐渐冷却，最终（我们设想）它会变成一颗冷的黑矮星。然而，宇宙的年龄还没有老到让任何一颗白矮星冷却为黑矮星的程度。

◁ 弗莱明 1

这个行星状星云内部很不寻常。在它的中心有两颗白矮星近距离地绕转。它们的轨道运动造成了显著的对称喷流和交织的复杂结构。

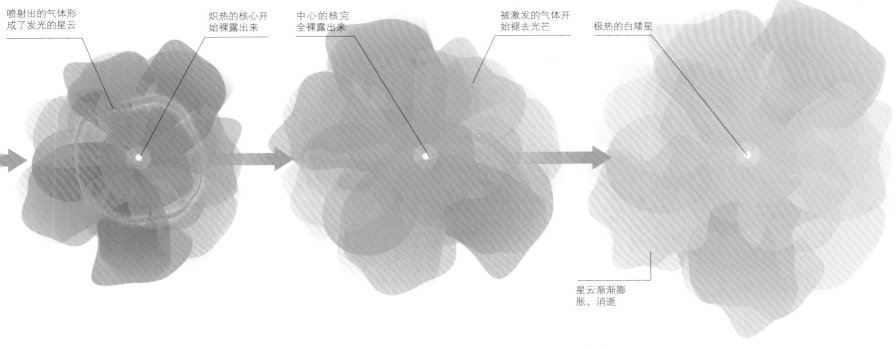

喷射出的气体形成了发光的星云

炽热的核心开始裸露出来

中心的核完全裸露出来

被激发的气体开始褪去光芒

极热的白矮星

星云渐渐膨胀、消逝

4 行星状星云形成

当恒星抛射出越来越多的气体，它的核心——在这个阶段通常包含大量氦核聚变产生的碳和氧——渐渐裸露出来。来自核心的强烈的紫外辐射加热了喷射出的云气，让它们开始发光，光芒的颜色也由于温度的不同而各异。

5 行星状星云膨胀

当星云在太空中展开时，受到来自中心恒星的激发开始逐渐减弱，气体的光芒慢慢褪去。一个行星状星云的典型寿命是几万年（相比之下，类太阳恒星的寿命是几十亿年），在这个过程中，星云在不断演化。

6 留下一颗白矮星

最终留下的是一颗耗尽了全部燃料的恒星内核——白矮星。尽管白矮星温度很高，但是并不亮，因为它太小了。星云物质飘散在太空，融入了星际介质——广泛存在于恒星间太空中的弥漫物质。

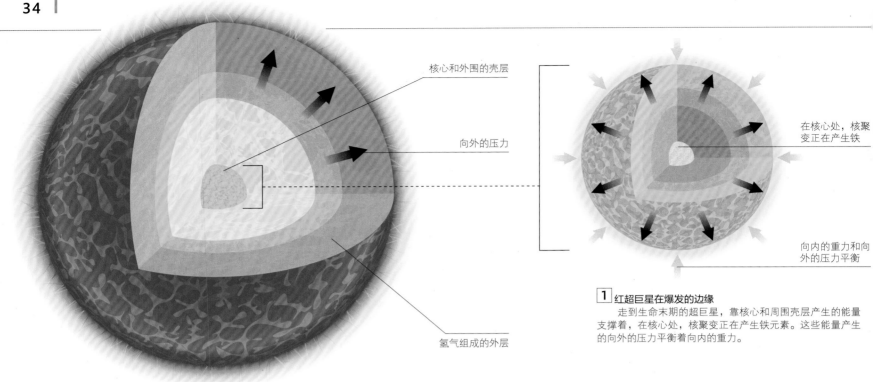

核心和外围的壳层

向外的压力

氢气组成的外层

在核心处，核聚变正在产生铁

向内的重力和向外的压力平衡

1 红超巨星在爆发的边缘

走到生命末期的超巨星，靠核心和周围壳层产生的能量支撑着，在核心处，核聚变正在产生铁元素。这些能量产生的向外的压力平衡着向内的重力。

超新星

多数情况下，超新星是大质量恒星在生命结束时发生的灾难性爆炸。超新星爆发时释放出极大的光和能量，在短时间内成为整个星系中最耀眼的明星。

在一个星系中，超新星是非常罕见的天文现象。尽管20000光年范围内的超新星爆发都可以用肉眼看到，但上一次明确观测到的银河系内超新星还是在1604年。在其他星系中却找到越来越多的超新星，包括1987年在大麦哲伦云（银河系的一个卫星星系）中发现的超新星。

类型和成因

超新星根据光谱型分为不同的类型，如Ia、Ib、II型等。II型和Ib型都是大质量恒星爆炸形成的。当恒星到了生命的末期，膨胀为超巨星，能量来源于核心以及核心外面一系列壳层中的核聚变。最终，核心开始聚变为铁，这个过程非常短暂，不久就耗尽了燃料。由于铁不再能通过核聚变产生能量，核心的能量输出就停止了，这导致了接下来猛烈的爆炸。

Ia型超新星

大部分超新星的形成原理都是大质量恒星迅速坍缩，然后猛烈地爆炸。但有一种类型，也就是Ia型超新星，爆发的机制却不同。这类超新星诞生于双星系统（一对相互绕转的恒星）中，其中至少有一颗白矮星。伴星的物质转移到白矮星上，或者两颗白矮星相撞，都会发生Ia型超新星爆发。这种爆发释放能量都是一样的，因此观测遥远星系中的Ia型超新星，能够方便地测量那些星系的距离。

一些化学元素只有在超新星爆发的超高能环境中才会产生

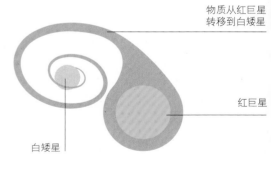

1 物质在双星间转移

一颗老年恒星，膨胀成一颗红巨星后，开始将外层的一些气体转移到它绕转的白矮星身上。这会导致白矮星表面亮度爆发，这叫作"新星"。

物质从红巨星转移到白矮星

红巨星

白矮星

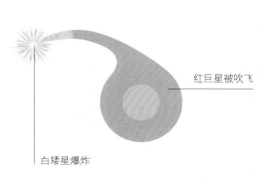

2 白矮星爆炸

白矮星不断从伴星获取气体，质量逐渐增加。最终它变得不稳定，爆炸成一颗Ia型超新星。这个爆炸或许会把红巨星炸飞。

红巨星被吹飞

白矮星爆炸

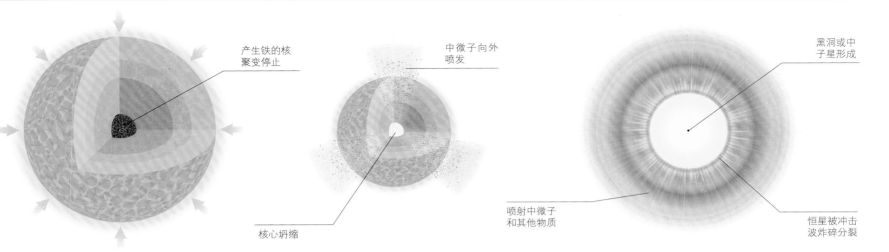

产生铁的核聚变停止

中微子向外喷发

黑洞或中子星形成

核心坍缩

喷射中微子和其他物质

恒星被冲击波炸碎分裂

2 核心的核聚变停止
当产生铁的核聚变速度降下来，核心的能量输出和压力就会突然停止，因为铁不能再通过核聚变产生能量。整个恒星注定要坍缩。

3 核心坍缩，中微子喷发
恒星以1/4光速向中心坍缩，铁核瓦解成中子。这个过程伴随着短暂但极其猛烈的中微子（一种亚原子粒子）喷发。

4 恒星爆炸
恒星坍缩后撞击到压缩的核心反弹，灾难性的冲击波再将外层压缩加热。物质被抛出，核心变成了黑洞或中子星。

超新星爆发
当一颗超巨星爆炸时，温度可以达到几十亿摄氏度。在这种极端条件下，亚原子粒子的碰撞锻造出了各种重元素。就如铅和金这样的重元素，只有在超新星爆发时才能自然产生。可以说，超新星是宇宙中所有重元素的缔造者。（译者注：新的研究认为，即使超新星爆发也不足以制造宇宙中全部重元素，铅、金等重元素需要能量更大的事件——比如中子星的并合——才能制造出来。）

中子星

中子星是一种极度致密和炽热的恒星遗留物，它诞生于大质量恒星（4~8倍太阳质量）核心坍缩所引发的超新星爆发。

中子星非常小，直径只有10~25千米，相当于地球上一个大城市的大小。中子星的密度相当大，如果把一颗沙粒大小的中子星物质带到地球上，它的重量相当于一架大型客机。极高的密度让它们拥有极强的重力：把一个物体放到中子星表面，它的重量相当于在地球上的1000亿倍。普通物质是由原子组成的，原子内部基本上是空的；而中子星则由更加致密的物质组成，基本上是一种叫作"中子"的亚原子粒子。

自转轴
中子星的自转速度很快，有些中子星可以达到每秒700圈

表面
中子星的重力非常强，它的表面被拉成几近完美的光滑球形，比金属还坚硬百万倍

磁场
中子星拥有极强的磁场，磁场和中子星一同旋转

辐射束
中子星从它们的两个磁极向外发出电磁辐射束

△ **中子星的特性**
中子星是一种极其致密的、旋转的球形天体，它的表面温度约为600000℃。中子星的表面极其光滑，最高的"山"不超过5毫米。中子星的电磁辐射束可以是可见光、无线电波、X射线或γ射线。

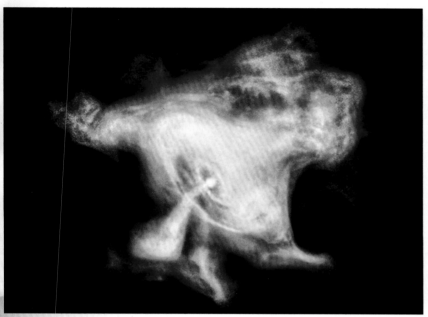

△ 蟹状星云的中心

蟹状星云的中心是一颗中子星，它的旋转速度是每秒30圈。中子星从它表面爆发出暴风雪般的粒子，同时从它的两极喷发出辐射束。这幅图像由钱德拉X射线天文台拍摄，中子星（中心的蓝白色的点）周围的环状结构是高速的粒子风撞击星云形成的冲击波。

△ 脉冲星 3C58

这是一台X射线相机拍摄到的图像，是一颗古老超新星的遗迹。中间模糊的明亮区域是发出X射线的气体（蓝色），其中有一颗脉冲星。它发出的X射线束向两端延伸上万亿千米，在超新星遗迹的其他部分制造出很多环形和旋涡（蓝色和红色）。

脉冲星

随着中子星的旋转，辐射束会在太空中一遍遍地扫过，仿佛宇宙中的灯塔。如果有一条辐射束在旋转过程中扫过地球，在地球上就能探测到周期性的辐射脉冲。用这种方式探测到的中子星称为"脉冲星"，它们的信号周期像原子钟一样精确。第一颗脉冲星是1967年发现的，至今人们在银河系和临近星系已经发现了2000多颗脉冲星。

中子星的重力是如此之强，以至于弯曲了从它自己表面射出的光。因此，如果你有机会看到一颗脉冲星，就能够同时看到它正面和背面的某些部分

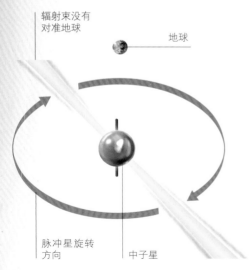

△ 脉冲星关闭

脉冲星旋转时，它的辐射束连续扫过太空。在图中的这个瞬间，两条辐射束都没有指向地球，从地球上的观测者的角度，脉冲星"关闭"了。

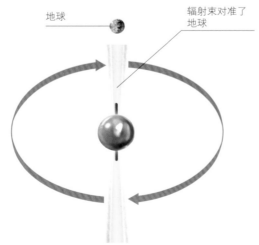

△ 脉冲星开启

过一会，一条辐射束指向地球。使用合适的仪器就能够在地球上探测到一个短暂的信号脉冲，可能是可见光，也可能是无线电波、X射线或其他辐射。

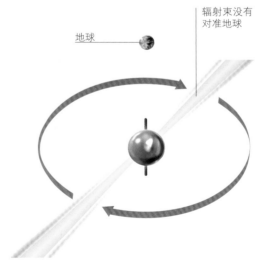

△ 脉冲星关闭

瞬间过后，辐射束就不指向地球了，脉冲信号又"关闭"了。这种关—开—关的脉冲以非常规律的间隔出现，就是脉冲星的典型特征。

黑洞

黑洞，是宇宙中最奇特的天体之一。它是空间中的一个区域，物质在那里被挤压成一个密度无穷大的微小的点或环——称为"奇点"。

在奇点附近的一个球形范围内，向中心的引力强大到任何东西都不能逃脱，甚至光也不行。这个区域的边界叫作"视界"，任何进入视界的物体，都绝无可能再逃离出来。黑洞主要分为两种：一种是恒星级黑洞，由大质量恒星在生命末期发生超新星爆发，核心坍缩而形成；另一种是超大质量黑洞，这种黑洞要大得多，被认为存在于大部分星系的中心。

探测黑洞

因为黑洞不发出任何光线，所以我们无法直接看到它，但可以通过它对其他物质强大的引力而间接探测到。黑洞有可能吸引气体和尘埃在它周围形成盘状物，它们一边旋转着进入黑洞，一边抛射出大量X射线或其他辐射。最容易探测到的是那些能够从两极喷射出高能粒子流的黑洞。

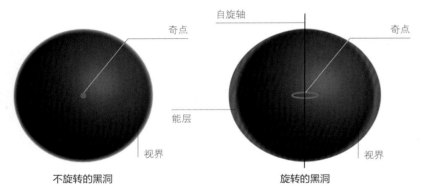

不旋转的黑洞   旋转的黑洞

△ **不旋转的黑洞和旋转的黑洞**
黑洞有旋转的和不旋转的两种，天文学家认为大部分黑洞都是旋转的。不旋转的黑洞，奇点是黑洞中心一个密度无穷大的点。而旋转的黑洞，奇点是环形。两种黑洞的视界，也就是不可逃逸的边界，都是球形。但是在旋转的黑洞的视界周围有一个额外的区域，叫作"能层"。在能层之内，物质会沿着黑洞转动的方向被拖拽。

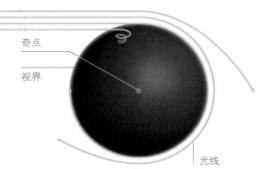

▷ **光线的引力弯曲**
黑洞的引力是如此之强，以至于附近的时空（见73页）都被扭曲，从附近经过的光线也发生了弯曲。图中显示4条原本平行的光线，经过黑洞附近时，前两条光线的路径被彻底改变了，第三条光线最终只能贴着视界绕着黑洞转圈，第四条光线进入了视界，并盘旋着坠落到黑洞中去。

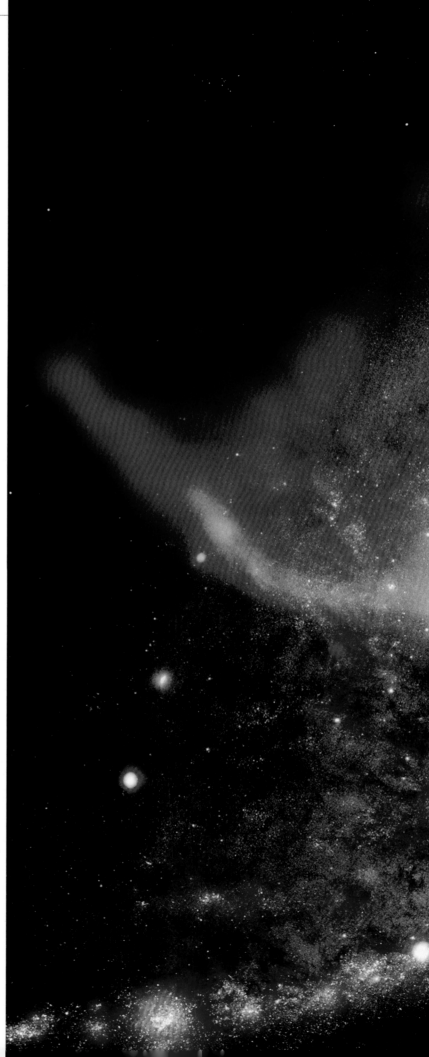

超大质量黑洞

　　NGC 4258的中心是一个巨大的黑洞，周围的物质旋转着坠入这个黑洞。与此同时，黑洞喷发出强烈的高能粒子流。这些喷流撞击到星系盘，将气体加热到上千摄氏度。因此，星系的中心才会看起来是明亮的而不是黑的。这幅图像是不同波段辐射的照片合成的，包括可见光（黄色）、红外线（红色）和X射线（蓝色）。

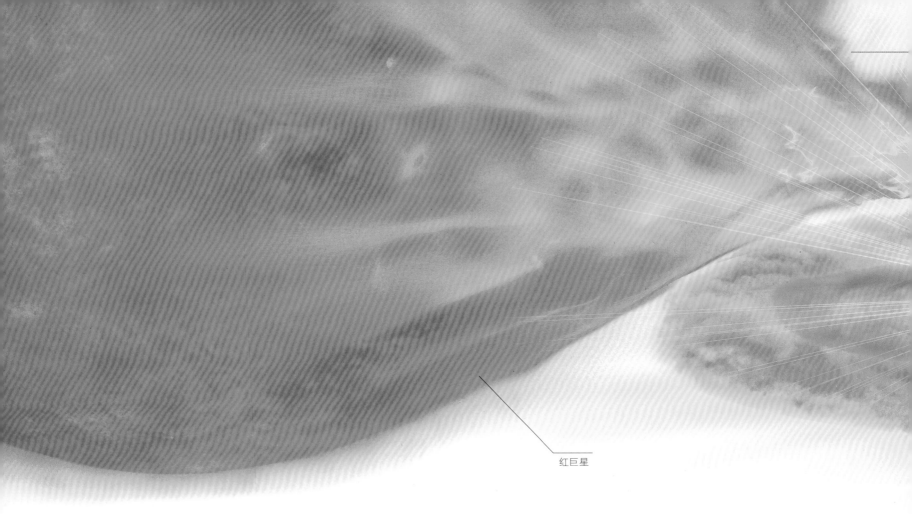

红巨星

聚星

我们的太阳是一颗单独的恒星，没有伴星存在。然而，夜空中我们能看到的大多数恒星都属于多恒星系统，或称聚星——也就是在引力束缚下，由两颗或多颗相互绕转的恒星组成的系统。

在聚星系统中，恒星相互绕转的轨道多种多样。一对恒星围绕它们共同的引力中心运动，叫作"双星系统"。如果这两颗恒星具有相同的质量，引力中心就在二者的中点。通常，两颗恒星质量不尽相同，于是它们也运行在大小不同的两个轨道上。对于3颗或更多颗恒星系统而言，还可能出现多种复杂的轨道。例如，两颗恒星紧密的绕转，第三颗恒星在较远的距离围绕这两颗恒星运动。总体来说，银河系超过一半的恒星都处在聚星系统中。这些恒星系统不同于星团（见第44~45页），后者是指由引力束缚成的一团松散的恒星。

真实双星和光学双星

夜空中一颗看起来是点光源的星，实际上可能由两颗相距很近的恒星组成。那些不仅在视觉上很近，而且已经由引力束缚在一起——围绕对方相互运动——的双星，是真实的双星。位于天鹅座 β 的辇道增七就是一个例子（见124~125页）。相比之下，碰巧有一些恒星看起来相距很近，但却没有引力相互束缚——它们只是从地球上看，恰巧位于同一个方向。这种类型的双星被称作"光学双星"。例如，牛宿二，即摩羯座 α 星（见第186~187页），其中的两颗星实际相距超过600光年。

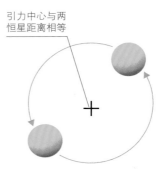

引力中心与两恒星距离相等

△ 质量相同

两颗质量相同的恒星组成的双星，它们围绕位于两星中点的共同引力中心运动。

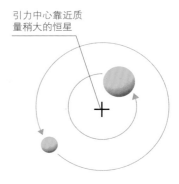

引力中心靠近质量稍大的恒星

△ 质量不相同

如果双星其中一颗质量稍大于另一颗，系统的引力中心则位于靠近大质量恒星的地方。

引力中心位于大质量恒星内部

△ 质量相差显著

在某些双星系统中，一颗恒星的质量远大于另一颗，引力中心可能位于较大质量恒星的表面，甚至内部。

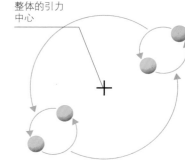

整体的引力中心

△ 双双星

在双双星或者四合星系统中，通常每一颗都会有其相互绕转的伴星，这两对双星整体围绕它们整体的引力中心运动。

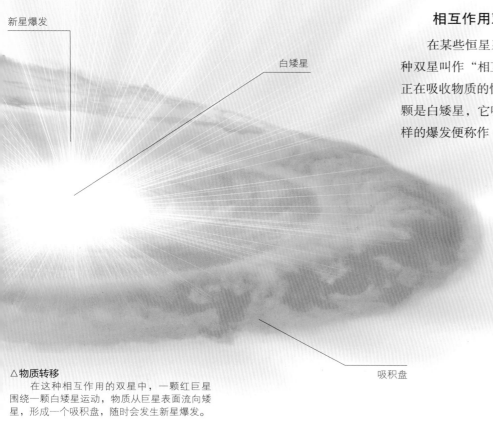

新星爆发

白矮星

吸积盘

△**物质转移**
在这种相互作用的双星中，一颗红巨星围绕一颗白矮星运动，物质从巨星表面流向矮星，形成一个吸积盘，随时会发生新星爆发。

相互作用双星

在某些恒星系统中，两颗恒星相距过近以至于产生了相互之间的物质交换。这种双星叫作"相互作用双星"。正在转移的物质形成一个盘，叫作"吸积盘"，向正在吸收物质的恒星螺旋掉入，同时可能释放 X 射线。如果在这种双星系统中有一颗是白矮星，它吸积的物质将会在表面积累，然后持续发生一次又一次的爆发，这样的爆发便称作"新星"。

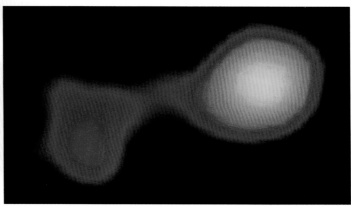

△**刍藁增二双星系统**
位于鲸鱼座的刍藁增二恒星系统，由一颗红巨星（亮度会不断变化）和一颗白矮星组成，人们在X射线波段能够清晰分辨出这两颗星，并观察到了中间有一些物质连接着它们。

▷**HD 98800 系统**
一幅HD 98800 恒星系统的艺术想象图，呈现了两对双星。这4颗星整体由引力束缚在一起，但是两对双星之间的距离大约有75亿千米。其中一对双星周围存在一个气体尘埃盘，它由分隔的两条环带组成，并且被认为有一颗行星运动在这两条环带之间的沟中。

◁**真实双星**
在这幅望远镜拍摄的图片中清晰地呈现了两颗明亮的恒星——一颗金色，一颗蓝色。在星空中，这两颗星相距非常近，以至于用肉眼观察时它们就像一颗单独的恒星——这正是著名的辇道增七（天鹅座 β）。天文学家普遍认为，辇道增七的两颗恒星是相互绕转的，构成一对真实双星，纵然它们运行一圈需要花费大约10万年。

▷**鹿豹座DI 恒星系统**
这个复杂的恒星系统，距离我们大约520光年，拥有4颗恒星，并且分属于两对双星。但是在哈勃空间望远镜拍摄的图像中，人们也只能清晰分辨出两颗明亮的恒星。另外，这4颗星都比较年轻，被一些纤细缠绕的尘埃所包裹。

变星

大多数恒星并非稳定地发光，有些会突然地变暗或闪亮，另外一些则是规律性地缓慢变化。这些亮度发生改变的例子都被称作"变星"。

站在地球上观察，亮度变化的恒星可以分为两大类：内因变星和外因变星。内因变星，是指恒星本身发光的量规律地周期性变化，或是脉动，或是突然地暴胀；而外因变星，是某些因素导致到达地球的星光发生了变化。

脉动变星

这是一类内因变星，因为内部力平衡的涨落而影响了它们的大小，于是它们的直径在一个常规的周期内持续变化（见第26~27页）。其中有一种被称作造父变星，它的平均发光量和脉动周期有紧密的关系。这种关系能够指导天文学家确定这颗变星所在星系与我们所处星系的距离。

△ 造父变星

这颗恒星，叫作"船尾座RS"，是一颗造父变星。它在持续41.4天的周期内，亮度会变化5倍。在上面这张哈勃空间望远镜拍摄的图像中，可以看到它被一团浓厚的尘埃云包裹。

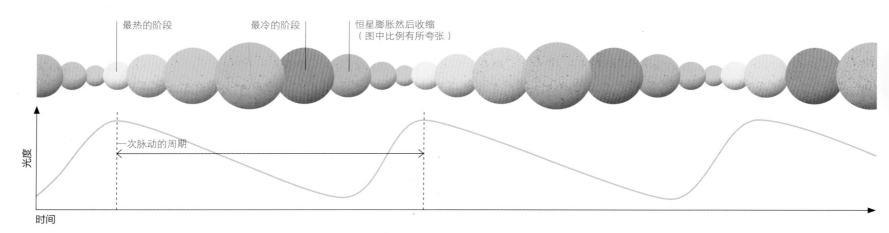

最热的阶段　　最冷的阶段　　恒星膨胀然后收缩（图中比例有所夸张）

一次脉动的周期

光度

时间

△脉动变星的光变曲线

脉动变星发光的量在一个周期内涨落，而这个周期由恒星本身决定，持续几小时到数百天。光度涨落的幅度和恒星大小的变化紧密相关。

耀星或激变变星

激变变星是另一种内因变星，是双星系统（两颗相互绕转的恒星，见第41页）中突然增亮的白矮星。这种变化可能源于白矮星表面的核爆炸，而这正是由于白矮星的伴星——通常是一颗巨星——膨胀得过大，使得外围的气态氢不再受自己的引力束缚，转而落向白矮星。随着白矮星表面氢的不断积累，核反应开始发生，最终超过一定阈值触发了失控的核爆炸。在爆发之前，这对双星可能是肉眼不可见的；而随着爆发，这个恒星系统变得可见，于是被称作"新星"（英文nova来自拉丁文"新"）。还有些双星系统能够不断地产生新星爆发，它们通过平静期的长短来区分，短则只有几天，长则有数千年。

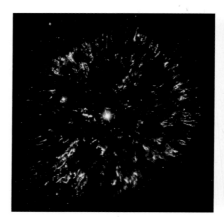

△ 英仙座GK 新星

自1980年开始，英仙座GK每3年出现一次新星爆发。围绕在其周围正在膨胀的气体云和尘埃被称作"焰火星云"。

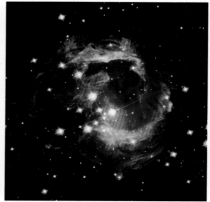

△ 明亮的红色新星

麒麟座恒星 V838 的爆发，起初被认为是一颗典型新星爆发，但是现在科学家怀疑它源自两颗恒星的碰撞。

双星系统

外因变星源于其他原因造成的表观亮度变化，而不是恒星本身发光量的改变。最重要的一种外因变星叫作"食双星"。这种双星的轨道平面和从地球观察的视线方向重合。在地球上观察，有时一颗恒星会掩食另一颗恒星（遮挡另一颗恒星的光），造成整体亮度的变化。当较亮的恒星遮挡较暗的恒星时，整体会微弱变暗，而当较暗的恒星遮挡较亮的恒星时，整体亮度则会出现显著的下降。历史上发现的第一颗食双星是位于英仙座的大陵五。这颗星实际上由3颗恒星组成，造成掩食的是其中两颗。每2.86天，较暗的一颗会掩食较亮那颗，亮度下降约70%，大约持续10小时。

当一个双星系统中两颗恒星轨道过于靠近对方时，它们会扭曲变形成椭球状，这种双星发生掩食会产生不同的有点反常的亮度变化。它们被称作"旋转椭球变星"（见右图）。位于室女座的角宿一（实际是一对恒星）就是一个例子。

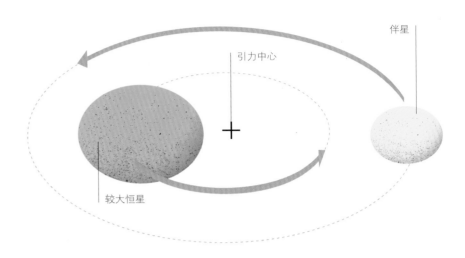

△ 椭球双星的掩食
　　在这种变星中，两颗围绕共同引力中心绕转的恒星扭曲变成了椭球状（蛋型）。有时它们侧面并排面对地球（如上图），有时又变成头尾端点面对地球（更小、更圆），这种变化影响了我们观察到的亮度。

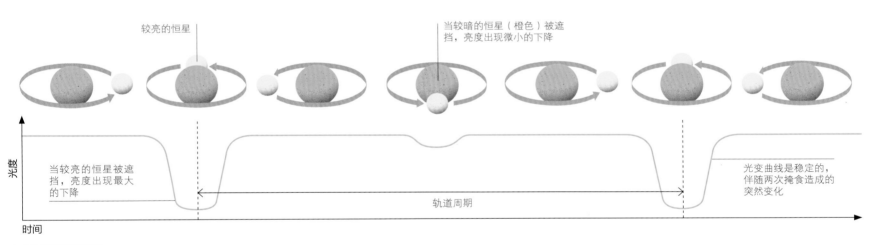

△ 食双星的光变曲线
通过观察恒星亮度规律性的变暗，可以搜寻食变双星。在地球上看，当一对双星中一颗恒星部分遮挡另一颗恒星的光时，我们就可以发现亮度的下降。亮度最大限度的下降发生在暗恒星掩食亮恒星的时候。

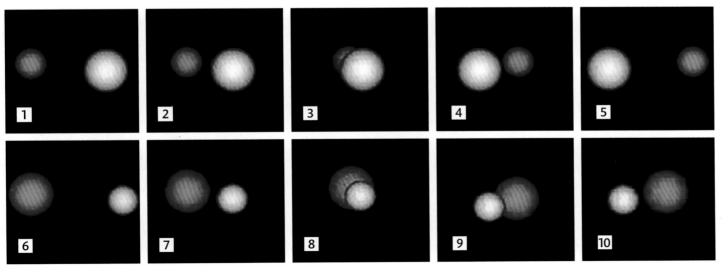

◁ 双星运动顺序图
　　这10帧图像由特殊的红外敏感相机拍摄，展示了两颗年轻恒星围绕共同的引力中心运动。这些图像采用位于智利拉西亚的欧洲南方天文台的近红外自适应光学系统（Adaptive Optics Near Infrared System, ADONIS）拍摄。

星团

　　一大群恒星——几十颗到数百万颗恒星——由引力束缚在一起，称作"星团"。银河系包含了数以千计的这种壮观的恒星集群。

　　星团分为两大类型：球状星团和疏散星团。球状星团是古老的、致密的恒星"城市"，某些球状星团包含的恒星数量甚至超过了一个小星系。相反，疏散星团则更为年轻，拥有恒星的数量也少得多，通常是新恒星创生的温床。在夜空能够直接用肉眼看到许多疏散星团和几个球状星团。如果通过双筒望远镜或天文望远镜观察，这两种星团更是无比壮丽的目标。

球状星团

　　球状星团拥有一万到数百万颗年老的恒星，大体排布成球状。在我们银河系中有超过150个球状星团，而且每一个都可以存在上百亿年。其中的恒星们趋向于在中心聚集，以随机的圆轨道围绕中心运动。

　　大多数球状星团由一个单一的星族组成，这些恒星具有相同的起源、相似的年龄和化学组成。然而，某些球状星团则包含了两个或更多的星族，它们在不同时期形成——初始星族中一些大质量恒星死亡后，物质循环重新演化而形成第二代恒星。

疏散星团

　　疏散星团最多拥有数千颗恒星，它们大体上由同一团气体尘埃云在相同的时间内形成，但是相较球状星团，引力束缚程度更松散。它们存在的时间也稍短，从几亿年到几十亿年。球状星团出现在所有类型的星系中，疏散星团则不同，只能在恒星形成的活跃的旋涡星系和不规则星系中看到它们。在我们银河系中，迄今已经确认了大约1100个疏散星团。

我们星系中最大的球状星团，半人马座ω星团，拥有大约1000万颗恒星

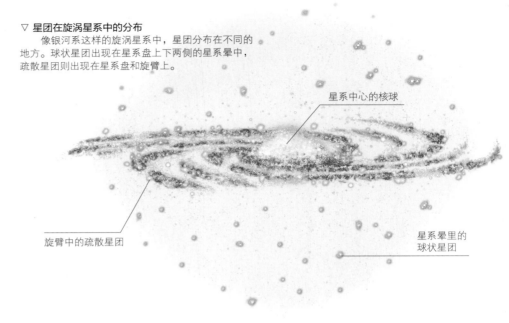

▽ 星团在旋涡星系中的分布
　　像银河系这样的旋涡星系中，星团分布在不同的地方。球状星团出现在星系盘上下两侧的星系晕中，疏散星团则出现在星系盘和旋臂上。

星系中心的核球

旋臂中的疏散星团

星系晕里的球状星团

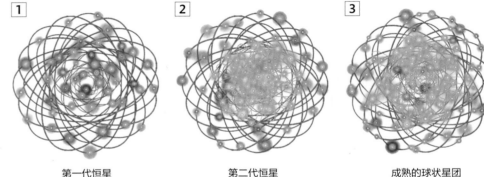

第一代恒星　　第二代恒星　　成熟的球状星团

△ 球状星团的演化
　　在上面这个星团演化的例子中，某些第一代恒星（红色）死亡，剩余的物质随后形成第二代恒星（蓝色），更紧密地聚集在星团中心。渐渐地，它们的轨道改变，和年老的红色恒星混合在一起。

△疏散星团M7
　　疏散星团M7也称作"托勒密星团"，包含大约80颗恒星，位于天蝎座。虽然该星团距离我们980光年，但是用肉眼可以轻松观察到它。

球状星团——杜鹃座47

　　作为夜空中最大最亮的球状星团之一，杜鹃座47位于南天区的杜鹃座。通过肉眼观察，它就像一个模糊的亮斑挂在夜空中，然而用望远镜观察，却能够展现出一个囊括数百万颗恒星的巨大群体。这个星团中心区域过于拥挤，以至于会发生很多恒星碰撞的事件。

系外**行星系统**

一群围绕太阳以外的其他恒星运动的行星，就叫作"系外行星系统"。在系统中围绕其恒星运动的各个行星叫作"系外行星"。

截至目前有超过5000颗【译者注：截至出版时间超过5000颗，原文为超过2000颗】系外行星被发现，绝大多数发现于过去的10年间。其中有数百颗气态行星，它们的大小与太阳系中的木星或海王星相当，但是处在很靠近宿主恒星的轨道上。这些气态行星被称作"热木星"或"热海王星"。此外还发现很多稍小的、可能是岩质的系外行星，其中一些大小与地球相当——当然也发现了冷的气态巨行星。系外行星围绕的母恒星也多种多样，从红矮星到类太阳恒星、红巨星，甚至脉冲星。

也许关于系外行星最不可思议的事情，就是它们居然能够被探测到。在数光年远的地方，寻找一个自身不发光的小天体，而且它还围绕一个巨大又明亮的物体（恒星）运动，这面临着很多挑战。到目前为止，只有极少数的系外行星能够通过望远镜直接观测成像，但是科学家们想出了十几种间接探测系外行星的方法。下面我们介绍其中3种最成功的方法。

平均来说，银河系中**每一颗恒星**周围都**至少有一颗行星**

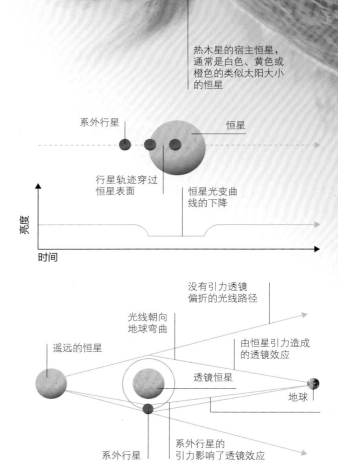

热木星的宿主恒星，通常是白色、黄色或橙色的类似太阳大小的恒星

▷ **凌星法**

这种方法是通过观察行星在恒星前面经过时，造成恒星亮度的微小下降，来探测行星的。想要达到这样的精度，必须使用极其敏感的测光仪器。

系外行星　　　恒星

行星轨迹穿过恒星表面　　恒星光变曲线的下降

亮度

时间

▷ **微引力透镜**

恒星的引力能够弯曲背后遥远恒星的光。也就是说，这颗恒星就像透镜一样，当我们在地球上观察时，前面的恒星可以放大背后恒星的亮度。若有一颗系外行星围绕着前景透镜恒星，它同样也可以造成能被探测到的亮度放大。

没有引力透镜偏折的光线路径

光线朝向地球弯曲

由恒星引力造成的透镜效应

遥远的恒星　　透镜恒星　　地球

系外行星

系外行星的引力影响了透镜效应

▷ **多普勒光谱学**

有一颗系外行星绕转，其宿主恒星就会发生摇摆运动。因此，来自恒星的光波将会交替地被轻微拉长（使星光看起来更红）和缩短（使星光看起来更蓝）——这也是可以测量到的。

系外行星

发生摇摆的恒星　　　恒星

当恒星远离地球运动时，光波被拉长

地球

系外行星的轨道

当恒星朝向地球运动时，光波被缩短

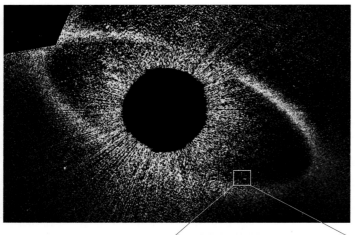

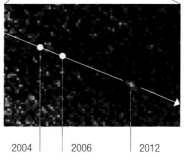

| 2004 | 2006 | 2012 |

△ **直接成像**

恒星北落师门的周围有一个气体尘埃盘，如上图所示（恒星本身已被遮挡扣除）。尘埃盘中有一颗行星被哈勃空间望远镜直接成像所观察到。这颗行星和它的轨迹如右图所示。

△ 热木星
这一类型行星的轨道与其母星的距离小于7500万千米，远远小于木星轨道与太阳的距离。在其母星炽热的炙烤下，它的大气中会产生非常极端的天气。

宜居带

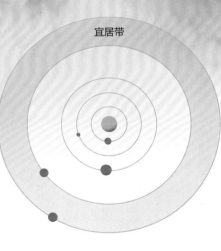

▷ 开普勒-62 系统
　　2013年，开普勒空间望远镜发现了位于1200光年外的开普勒-62 恒星拥有5颗行星。其中两颗轨道位于宜居带中（或者叫"金发姑娘区"）【译者注：源于《金发姑娘与三只小熊》的故事：金发姑娘到三只小熊家做客，发现一只小熊的床太硬、饭太冷；一只小熊的床太软、饭太热；一只小熊的床不软不硬、饭不冷不热刚刚好】，这里的温度刚好能让水稳定存在于行星表面。

系外行星系统的性质

　　已知的系外行星系统中，超过一半由一颗单独的恒星和单独的行星组成（其中大多数还可能存在第二颗行星，虽然目前还未发现）。不过，截至2016年2月，也发现了超过500个"多行星系统"，即包含两颗或更多颗行星。一些系统拥有5颗或6颗行星，还有少数几个系统有7颗行星。对于任何一个系外行星系统，大家尤其感兴趣的是它的宜居带。宜居带是中央恒星周围温度适宜的带状区域，能够适合液态水——众所周知水是地球生命所必需——在任何具有岩石表面的行星上聚集。一颗处在宜居带并且可能是岩质的行星会非常吸引人，因为它可能孕育着生命。

▽ 开普勒-62 的行星
　　下面是一幅描绘了5颗开普勒-62的行星的艺术家想象图，它们太过遥远以致无法拍摄。右侧的两颗可能是岩质行星，并且有液态水存在于表面。除了大小和炽热的表面，我们对其他行星的性质所知甚少。

被太阳炙烤　　火星大小　　最大的行星　　类地行星　　寒冷的地球

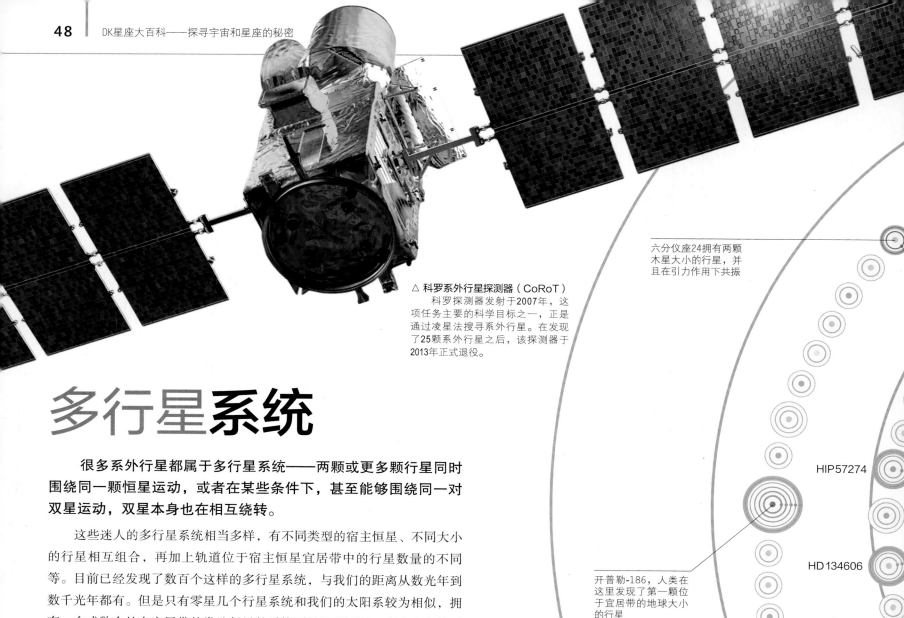

△ 科罗系外行星探测器（CoRoT）

科罗探测器发射于2007年，这项任务主要的科学目标之一，正是通过凌星法搜寻系外行星。在发现了25颗系外行星之后，该探测器于2013年正式退役。

多行星**系统**

很多系外行星都属于多行星系统——两颗或更多颗行星同时围绕同一颗恒星运动，或者在某些条件下，甚至能够围绕同一对双星运动，双星本身也在相互绕转。

这些迷人的多行星系统相当多样，有不同类型的宿主恒星、不同大小的行星相互组合，再加上轨道位于宿主恒星宜居带中的行星数量的不同等。目前已经发现了数百个这样的多行星系统，与我们的距离从数光年到数千光年都有。但是只有零星几个行星系统和我们的太阳系较为相似，拥有一个或数个处在宜居带的类地行星的系统更是屈指可数，存在生命的可能性很低。然而，不时有新的行星系统被发现，已发现的行星数据会定期更新，所以宜居行星较少的情形也将持续不断地改变。

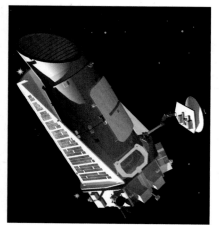

◁ 开普勒空间望远镜

自2009年发射起，美国国家航空航天局的开普勒空间望远镜使用凌星法开始了系外行星的搜寻工作，尤其致力于发现地球大小的行星。直到2016年年初，它已经发现了84个多行星系统，每一个系统包含2~7颗行星，当然还发现了诸多单行星系统。

▷ 行星种类

这个柱状图展示了直到2016年年初发现的所有系外行星（包含确认和未确认的），按大小分类各种行星的数量。大小的不同由半径来定义，并以地球半径为参考（如超级地球，是半径处在1.25~2倍地球半径之间）。

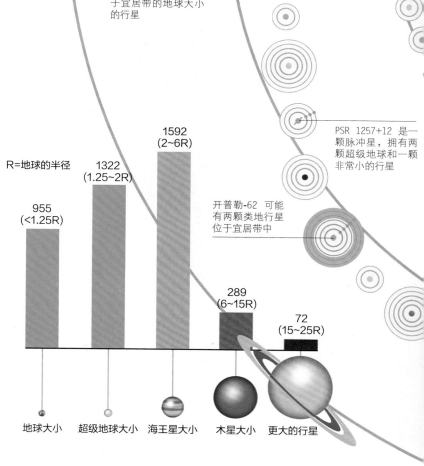

六分仪座24拥有两颗木星大小的行星，并且在引力作用下共振

HIP 57274

HD 134606

开普勒-186，人类在这里发现了第一颗位于宜居带的地球大小的行星

PSR 1257+12 是一颗脉冲星，拥有两颗超级地球和一颗非常小的行星

开普勒-62 可能有两颗类地行星位于宜居带中

R=地球的半径

955
(<1.25R)

1322
(1.25~2R)

1592
(2~6R)

289
(6~15R)

72
(15~25R)

地球大小　　超级地球大小　　海王星大小　　木星大小　　更大的行星

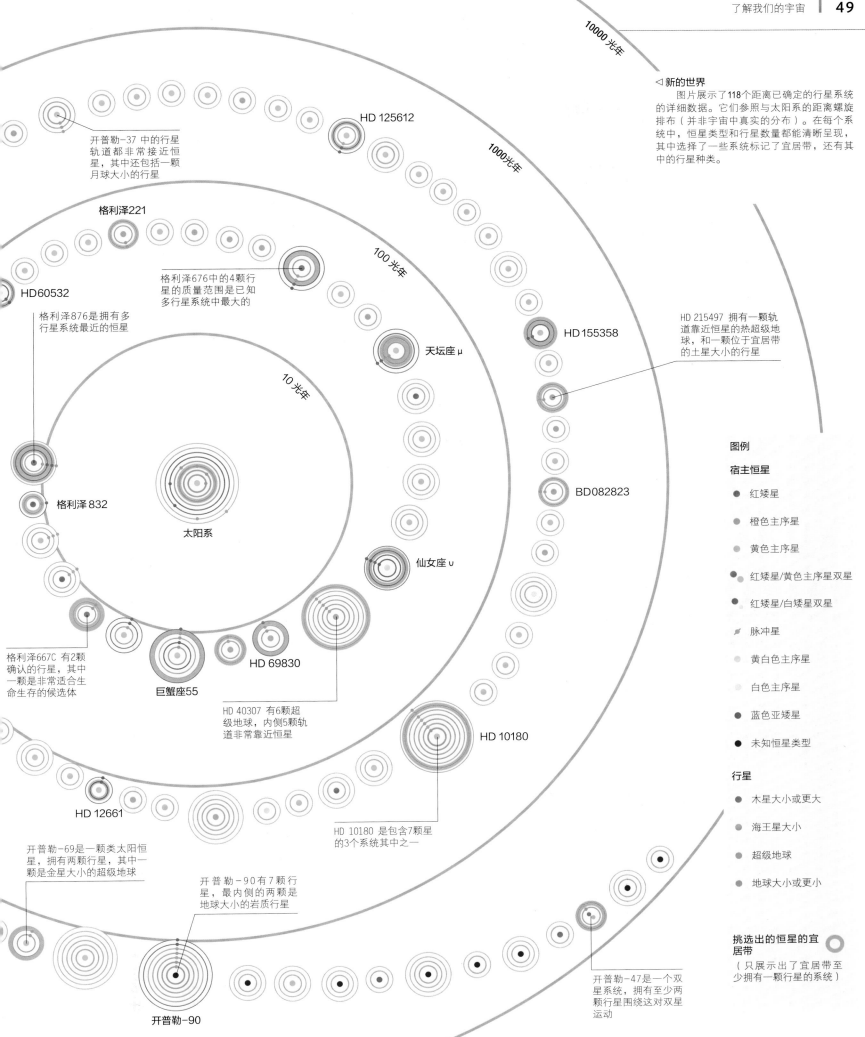

⊲ 新的世界
　图片展示了118个距离已确定的行星系统的详细数据。它们参照与太阳系的距离螺旋排布（并非宇宙中真实的分布）。在每个系统中，恒星类型和行星数量都能清晰呈现，其中选择了一些系统标记了宜居带，还有其中的行星种类。

10000光年
1000光年
100光年
10光年

HD 125612
格利泽221
HD60532

开普勒-37 中的行星轨道都非常接近恒星，其中还包括一颗月球大小的行星

格利泽676中的4颗行星的质量范围是已知多行星系统中最大的

格利泽876是拥有多行星系统最近的恒星

天坛座 μ
HD 155358

HD 215497 拥有一颗轨道靠近恒星的热超级地球，和一颗位于宜居带的土星大小的行星

格利泽 832
太阳系
仙女座 υ
BD082823

格利泽667C 有2颗确认的行星，其中一颗是非常适合生命生存的候选体

巨蟹座55
HD 69830
HD 10180

HD 40307 有6颗超级地球，内侧5颗轨道非常靠近恒星

HD 12661

开普勒-69是一颗类太阳恒星，拥有两颗行星，其中一颗是金星大小的超级地球

开普勒-90有7颗行星，最内侧的两颗是地球大小的岩质行星

HD 10180 是包含7颗星的3个系统其中之一

开普勒-90

开普勒-47是一个双星系统，拥有至少两颗行星围绕这对双星运动

图例
宿主恒星
● 红矮星
● 橙色主序星
● 黄色主序星
● 红矮星/黄色主序星双星
● 红矮星/白矮星双星
✦ 脉冲星
○ 黄白色主序星
○ 白色主序星
● 蓝色亚矮星
● 未知恒星类型

行星
● 木星大小或更大
● 海王星大小
● 超级地球
● 地球大小或更小

挑选出的恒星的宜居带
（只展示出了宜居带至少拥有一颗行星的系统）

星系

　　宇宙中的星系不仅形态多样，而且大小不一；既有像银河系这样复杂的旋涡结构，也有由红色和黄色的老年恒星组成的巨大球体。除此之外，还有由气体、尘埃和新生恒星组成的无定形云状结构。

　　星系是宇宙中唯一一个物质能密集到足以形成恒星的地方，这里也是大部分恒星一生的家园。星系受引力影响结合在一起，所以人们认为大部分星系的中心都有一个超大质量的黑洞。

星系的类型

　　20世纪20年代，美国天文学家哈勃（Edwin Hubble）证实了银河系以外也有星系存在。他用字母和数字，将星系划分为几个不同的类型。椭圆星系（E0至E7型）大部分都呈圆扁不一的球状，有的形似圆球，有的则像细长的雪茄。如今我们了解到，它们都被红色和黄色的老年恒星所主导。旋涡星系（S和SB型）是扁平的圆盘状，圆盘的旋臂中是恒星形成的密集区域，圆盘的中心则是红色和黄色的老年恒星。透镜状星系（S0型）也有一个被圆盘包裹的核心，但是没有旋臂。不规则星系（Irr I型和II型）则是相当不成形的云状结构，其中含有丰富的产星原料。

△椭圆星系

　　诸如M60这样的椭圆星系（上图左边为M60，右边为旋涡星系NGC 4647），就是由无数的恒星形成的球状恒星系统，恒星的椭圆轨道彼此交叠，倾斜的角度各有不同，从而形成了一个椭球。由于仅有少量的气体来支持新恒星的形成，所以在椭圆星系中，绝大部分都是低质量而长寿的红色和黄色恒星。椭圆星系的大小差别很大，小到稀疏的矮星系，大到巨大的巨椭圆星系——那是宇宙中最大的一种星系。

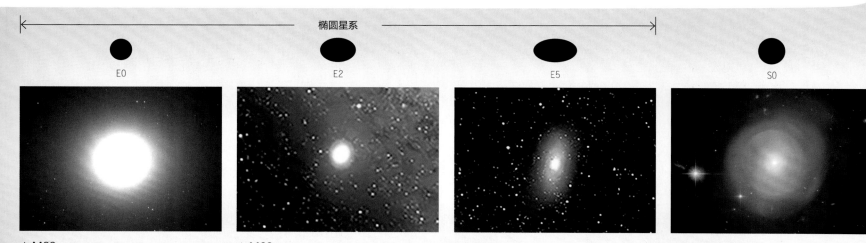

椭圆星系

E0　　　　　E2　　　　　E5　　　　　S0

△ M89
　　位于室女座的M89这样的E0型星系，它们是近乎完美的球形星系。这其中包括了最明亮和最大的巨椭圆星系。

△ M32
　　仙女座星系的卫星星系M32是E2型星系，这类星系的长轴明显长于短轴，而且往往比最明亮的E0型星系暗淡。

△ M110
　　M110也是一个仙女座星系的卫星星系，这种较细长的E5型星系其实已经趋于圆盘状。它们的恒星轨道由于旋转而扁平到了同一个平面。

△ ESO 381-12
　　透镜状（S0型）星系有一个核心，还有一个由恒星组成的扁平盘状结构，与旋涡星系相似。但是透镜状星系中没有足够的气体可以支持恒星形成。

△哈勃音叉图
　　哈勃用一个音叉的形状来对不同的星系类型进行排列。他认为这揭示了星系随时间不断演化的方式，尽管真实的情况比这要复杂得多（见62~63页）。椭圆星系是根据它们的形状来编号的，其中E0型的形状最圆。旋涡星系有两种不同的类型：一种是正常旋涡星系（Sa至Sc或Sd型），其旋臂直接从中央展开；另一种是棒旋星系（SBa至SBc型），有一根穿过中心的短棒，旋臂自短棒的两个末端展开。

天文学家认为，宇宙中星系的数量就像银河系中的恒星一样多

不规则星系

不规则星系是由相对无定形的气体、尘埃云和恒星组成的。其中最著名的例子就是大小麦哲伦云了，它们是银河系中最明亮的伴星系。不规则星系富含制造恒星的原材料，且经常由于恒星诞生的剧烈爆发而显得异常明亮。较大的不规则星系呈现出一些细微的内部结构，如暂且算不上旋臂的棒状或条状结构。哈勃将它们归类为Irr I型星系，以区别于完全没有形状的Irr II型不规则星系。

▷ NGC 1427A

不规则矮星系在星系演化中扮演了重要的角色。它们的恒星有相对较少的重元素，可能保留着宇宙早期历史遗留下来的原材料，并且最近才刚刚开始形成恒星。NGC 1427A就是一个例子，它被新生的明亮恒星所照亮，而这些新生恒星，就是在NGC 1427A冲进天炉座星系群时，受到触发才诞生的。

旋涡星系

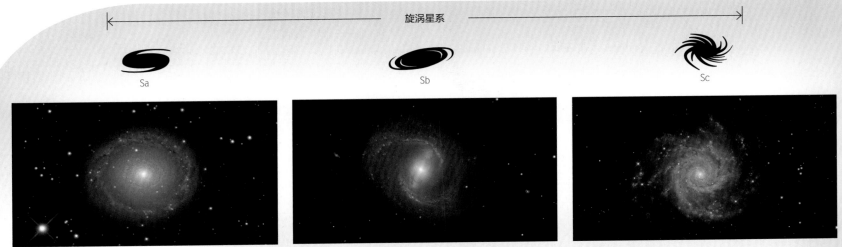

Sa

Sb

Sc

△NGC 7217

位于飞马座的NGC 7217，是Sa型的旋涡星系。这类星系有一个由老年恒星组成的核心，周围被恒星和气体盘所围绕。密集的恒星形成使得它的旋臂最紧密，与核心紧贴在一起。

△ M91

Sb型旋涡星系中，直接从核心伸出的紧密旋臂相对较少。例如，位于后发座的M91就有着较弱的旋臂结构。

△ M74

位于双鱼座的M74是Sc型的旋涡星系。这类星系的旋臂通常更舒展，却与Sa、Sb型星系一样明亮。至于最舒展的Sd型旋涡星系，它们大多都很暗淡。

SBa

SBb

SBc

△NGC 4921

棒旋星系也遵循旋涡星系的分类方式。位于后发座的NGC 4921是一个SBa型棒旋星系，这类星系的旋臂比较紧密。

△NGC 7479

位于飞马座的NGC 7479是一个SBb型的棒旋星系，这类星系的旋臂更舒展，但它们的核心两侧伸出了明显的棒状结构。

△M95

SBc型星系的旋臂最为舒展。上图中美丽的M95，就是位于狮子座的一个3800万光年外的SBc型棒旋星系。

1

星系的类型

1 旋涡星系

2100万光年之外的风车星系（M101）离地球相对较近，比银河系大50%。这些特点使它成为了为数不多的能让我们研究其独立区域的星系。风车星系有着极其大的旋臂，看起来有点儿偏离星系的核心，这也许是过去和其他星系相互作用的结果。

2 棒旋星系

NGC 1300是棒旋星系的一个典型例子。它的两条旋臂并非直接从星系的核心张开，而是从一根穿过核心的竖棒两端伸出。从这张由哈勃空间望远镜拍摄的精细图片可以看出，这个星系的核心也有它自己的螺旋结构。气体在旋转汇入星系核心之前先收缩汇聚，形成了棒状。

3 椭圆星系

除去简单的圆球形状，椭圆星系还有更细致的结构。IC 2006是一个巨大的椭圆星系，哈勃空间望远镜在可见光波段拍下了它的照片。IC 2006形成于数十亿年前，人们认为它在吸收其卫星星系的过程中变得更加巨大了。考虑到IC 2006的年龄，它应该是由年老的小质量恒星组成，其中没有或少有新恒星形成的活动。

4 透镜状星系

这类型的星系以其整体酷似透镜的形状而命名。NGC 2787是离地球最近的透镜状星系之一。从这张可见光波段的照片中，能看到它那紧紧贴合、几乎集中到一起的尘埃带环绕着明亮的星系核心。在星系的边缘可以看到几个明亮的光斑。实际上，每一个光斑都是一个围绕NGC 2787运行的、由数十万颗恒星汇聚而成的星团。

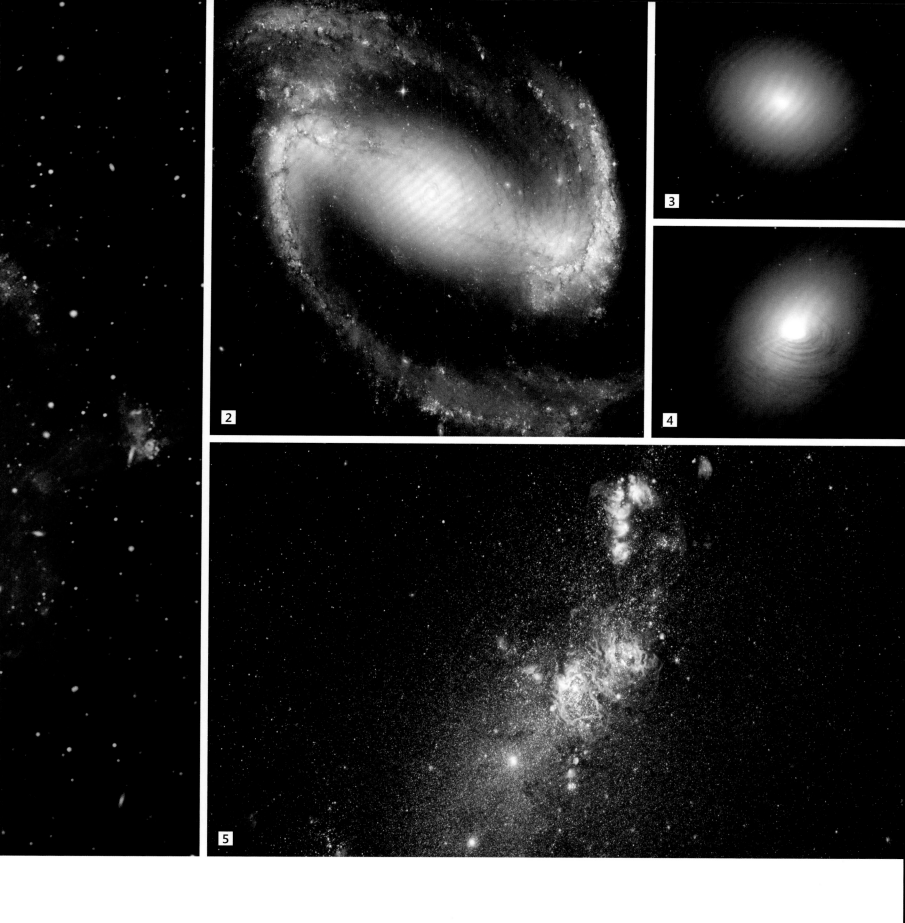

5 | 不规则星系

很多不规则星系也被天文学家称为"星暴星系"，这是因为它们会不断产生大量的新恒星。NGC 4214就是这样一个星系。它丰富的氢元素气体供应促使明亮的新恒星成团出现；而年老的红色恒星的存在，又为恒星曾在早期阶段诞生提供了证据。

宇宙中最大的星系被称为**巨椭圆星系**，它们中的每一个，都可能包含了**数万亿颗恒星**

银河系

凡是夜空中我们所能看到的恒星，都是银河系大家庭的一员。这个庞大的星系直径约为12万光年，囊括了上千亿颗恒星，是一个结构复杂的棒旋星系。

银河系中可见的恒星组成了一个盘状结构，围绕着中心凸起的核球。尽管银河系的直径巨大，银盘的平均厚度却只有1000光年。因此，从我们地球上看过去，沿着银盘平面方向所看到的星星，比起"向上"或"向下"看，也就是往银盘外面的星系际空间所看到的，要多得多。这就是为什么我们看到的银河是一条由无数微弱的遥远恒星汇聚而成的白色光带。

银河系的核球以低质量、高金属性的红色和黄色老年恒星（见第29页）为主，而周围的银盘，却都是气体、尘埃和年轻的恒星。与所有的旋涡星系一样，银河系里的恒星散落在银盘上，而最明亮的那些都集中在其中的旋臂上。恒星们根据它与银核间的不同距离，以各自的周期在轨道上运行。所以旋臂的结构并不能永久保持。反过来说，之所以能形成旋臂，正是因为这里是恒星诞生的活跃区域。恒星在这里诞生，而其中最大最亮的那些，在还未来得及运行到银盘更远处时，就结束了它们短暂的生命周期。

旋臂

天文学家刚刚确认，银河系是个棒旋星系。一个长度约为27000光年的长条形恒星棒穿过了它的核心。银河系旋臂的形成，是因为星系中的恒星、气体和尘埃在绕着核心旋转的过程中，会像道路上时而堵塞、时而畅通的车流一样，产生疏密和快慢相间而流动的"波"，称为"密度波"（见对页图）。

最新的证据显示，**银河系有4条旋臂**——两条主旋臂和两条次旋臂——每条旋臂里的恒星都有着明显的差异

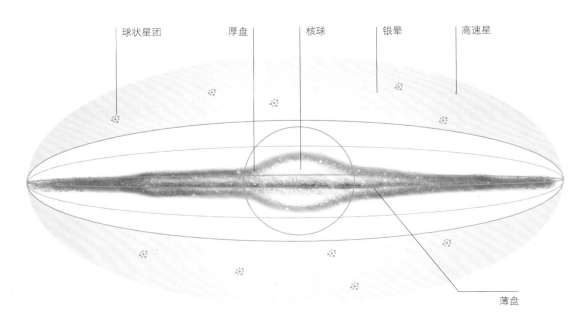

球状星团　厚盘　核球　银晕　高速星

薄盘

◁ **银河系的剖面图**
从侧面看，银河系由一个环绕着核球的恒星盘组成，核球的两极直径约为8000光年。在银河系的周围，有一片广阔的银晕区域，这片区域大体是空旷的，但它同时也是球状星团、流浪的高速恒星的所在地，同时还有从银河盘面喷出的热气体。

银河系之心
尽管银河系的中央区域隐藏在居间恒星云和尘埃带之后，然而通过X射线和红外线，我们就能揭开它的面纱，揭示其中的复杂结构，还能窥探到里面巨大的星团，以及质量相当于几百万个太阳的神秘黑洞（位于图片右边明亮的气体云之后）。

旋臂的形成

◁ **完美有序的轨道**

    在理想情况下，围绕同一个星系中心以椭圆轨道运行的天体，它们的长轴应该是完全对齐的。天体远离中心时，由于位于轨道外边缘，自然运行得

◁ **无序的轨道**

    在一个完全混乱的情况下，同一个星系内的天体的轨道方向各异，无法形成旋涡结构。本图表现了当轨道数量和左右两图一样时它们

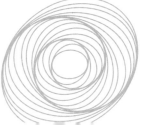

◁ **密度波**

    当被来自其他星系的引潮力影响时，天体的轨道便会受到"拖拽"，相邻的轨道间依次发生偏移，形成旋涡状的结构。其结果就是，轨道逐渐减缓，更多的物质向旋涡状更高密度的区域

聚光灯下的银河系

银河系是一个棒旋星系，太阳系是银河系的一部分。从这张广角照片上看，银河系的平面就像是一道拱桥，从智利查南托高原的阿塔卡玛大型毫米波/亚毫米波天线阵（ALMA）上方跨过。它发出淡淡的白光，那光亮来自于无数遥远的恒星、散布的尘埃星云和重重发光的气体。恒星就从这些气体中诞生，和数十亿前辈一样，成为银河系的一员。

ALMA拥有66座射电天线，有的直径12米，有的直径7米，运行在红外波段和射电波段之间对太空进行观测。ALMA位于海拔5000米的高原上，这里空气干燥，几乎没有水蒸气来吸收辐射，加上稀薄的大气和最低限度的无线电信号干扰，这一切都使得查南托高原成为在这些波段观测太空的绝佳之地。

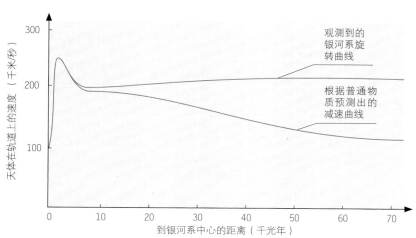

◁ 旋转曲线

银河系并不是铁板一块，恒星和其他天体都以各自不同的速度围绕着银河中心运行。如果银河系的质量分布和可见物质的密度一致，那么我们可以据此预测出天体的速度，应该像太阳系中的行星一样，随着距离的增加而逐渐下降。但事实上，它们下降得比预期要慢得多，这说明除了可见的银盘，银河系中还有暗物质的存在。

俯瞰银河系

我们的银河系，是一个直径约12万光年的巨大恒星盘。然而夜空中人们能看到的绝大部分恒星，却都局限在太阳系附近很小的范围内。

银河系中有1000亿~4000亿颗恒星，其中大部分是质量还不足太阳1/3的矮星。然而，银河系的总质量却在1万亿~4万亿个太阳质量之间——远远超过了银河系中所有恒星的质量总和。虽然银盘中的尘埃和气体也占据了大部分额外的质量，但所有这些常规物质加起来，都比所谓暗物质的质量要小得多。

研究表明，大约有1000亿颗行星在围绕着银河系内的恒星运行，实际数量可能要比这多得多。大部分可见的物质，都分布在银河的中心核球上，它是一个厚度仅有1000光年的扁平银盘；至于散落的恒星、球状星团和大量的暗物质则分布在银晕区域。

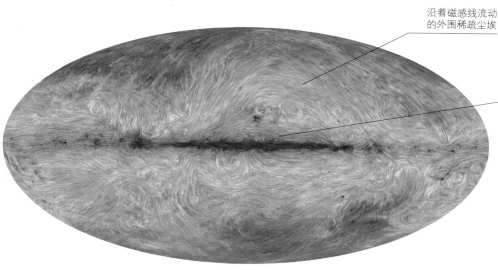

沿着磁感线流动的外围稀疏尘埃

银道面附近的高密度尘埃

◁ 尘埃与磁场

虽然尘埃在银河系中所占的比例相对较小，但它在恒星和行星的形成过程中扮演了重要的角色。更重要的是，尘埃粒子会在局部磁场的影响下形成有规律的排列。因此，来自尘埃粒子的微波辐射可以帮助我们揭示银河系的整体磁场结构。左图就是普朗克卫星所绘制的银河系磁场地图。

银河系的中心区域

根据最新的研究结果，一根恒星棒穿过了银河的核球。密集分布的气体和年轻恒星勾勒出4条旋臂的轮廓，其中精细的结构还无法判断。这张俯瞰图重点描绘了银河系的中心区域，这里的旋臂最为明亮，但稀疏的外缘旋臂和充满暗物质的银晕范围则更加广阔。

韦斯特豪特31

银河系最大的产星区域之一——W31到银河系中心的距离是42000光年

人马座A*

银河系中心的超大质量黑洞和巨无霸星团在很大程度上被人马座方向的稠密星云所遮挡

半人马座ω

银河系中最大的球状星团，在高于银道面的轨道上运行，距离地球约16000光年

天鹅座暗隙

就在距离地球300光年的地方，天鹅座大暗隙的尘埃云阻挡了大片银道面上恒星的光芒

船底座星云

这个明亮的产星星云距离地球大约8000光年。一颗巨大的不稳定恒星——船底座η就在这个星云里

太阳系

我们的太阳系位于猎户射电支的内侧，一个叫作"本地泡"的膨胀气泡中

仙王座 V354

目前已知的最大恒星之一，这颗红超巨星位于仙王座OB2星协内，一个距离地球约9000光年的产星区域

蟹状星云

这个著名的超新星遗迹也被称作M1，位于距离太阳系6500光年的英仙臂上

活动星系

　　许多星系都显示出中心区域有向外输出能量的迹象，而且这并不能由其中恒星自身的行为来解释。尽管这些活动星系看起来多种多样，但它们的能量输出却可以用同一种机制来解释。

　　活动星系就像宇宙中的发电机，它们的中心区域会放出巨大的能量——这里能量的形式不仅是可见光，还有无线电波、紫外线、X射线、γ射线等。活动星系通常被分为4类：赛弗特星系、射电星系、类星体和耀变体。赛弗特星系是一类奇特的星系，它在其他方面都显得很"正常"——例如，按形态来说它们是旋涡星系，中心嵌着一个集中而明亮的辐射源；但是它们却有着异常高的能量输出，仅用恒星发出的光远不能解释它为何这么"亮"。相比之下，射电星系的形态则明显不同。它在中央星系两侧各有一块能辐射无线电波的气体云，形成"双瓣"结构（在某些情况下，可以看到有狭窄的星系喷流将双瓣与中央星系连接起来）。类星体则是一类非常遥远的星系，看起来像星点一样，中央的亮度却远远超过赛弗特星系。它们同时也是无线电波的辐射源，并且亮度会以几小时或者几天为周期发生变化。最后，耀变体大致和类星体相似，但是在辐射上有明显的差异，所以单独将它分为一类。

　　天文学家认为，所有这些不同类型的活动星系，其实都源于同一类天体——一种叫"活动星系核（AGN）"的星系"引擎"。活动星系核的大小可能还比不上我们的太阳系，但它能以极快的速度改变其能量输出的大小。活动星系核可以在如此小的空间区域内集中释放这么大的能量，唯一能达到这种程度的天体就是当物质落入超大质量黑洞时形成的过热的"吸积盘"。因此，一方面是物质落入黑洞的多少，另一方面是从地球上看活动星系核的朝向，二者决定了我们能看到哪种类型的活动星系。

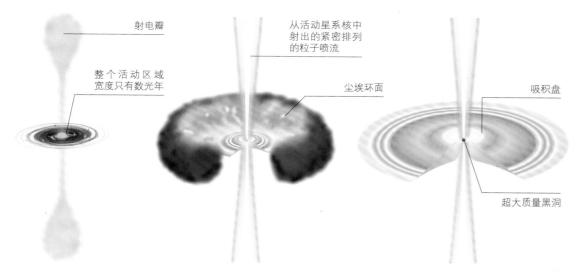

射电瓣

从活动星系核中射出的紧密排列的粒子喷流

整个活动区域宽度只有数光年

尘埃环面

吸积盘

超大质量黑洞

△**整个星系**
　　从一定距离上看，活动星系的两侧可能各有一片庞大的"射电瓣"。它们可能是从中央星系盘里射出的粒子喷流遇见了星系际空间中的气体而形成的。当中央的活动星系核可见的时候，它发出的光甚至可以盖过周围的星系。

△**尘埃环面**
　　活动星系的中心区域被尘埃和气体组成的厚实的环状区域遮盖着，就像套着一个甜甜圈一样。如果我们从"甜甜圈"的侧面看过去，它两侧的射电瓣就成为这个活动星系唯一可见的标志。这些不寻常的活动迹象在人们看来就是一个射电星系的样子。

△**星系核**
　　活动星系核的中央是一个超大质量黑洞，它的质量是太阳的百万倍以上，物质被吸到黑洞中，同时被加热到上百万摄氏度，释放出巨大的辐射。如果粒子喷流的方向正对着地球，那么这个活动星系核就会形成一个耀变体。

古老的星系核

　　天文学家们发现，类星体发出的光发生了很大的红移。根据宇宙膨胀的原理（见70~71页），这表明类星体距离我们有数十亿光年远，其亮度也高到难以置信。因此，我们看到的这些类星体其实是宇宙演化早期的产物。天文学家们还猜想，大多数星系在演化的早期，都曾经历过类星体这一阶段。

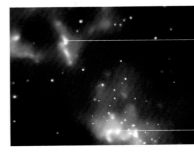

在最近的爆发活动中发出的光，经过气体云的反射过后，形成了"光回波"，或称"回光"

中央黑洞的位置

△活动的银河系

　　我们的银河系中央也有一个超大质量黑洞。在很早之前，它曾经在周围横扫一切，然而现在已经进入休眠状态。但是，偶尔会有一些诸如流浪的小行星之类的天体，仍然会被它吸引而去。此时，这些天体就会被猛烈地撕碎，导致很强烈的辐射爆发。

本星系群大碰撞

我们的银河系属于一个小的星系集团，叫"本星系群"。除了银河系，本星系群的成员还有仙女座星系（M31）及其卫星星系M32、较小一些的三角座旋涡星系（M33）、大小麦哲伦云等，此外还有几十个不同种类的矮星系。仙女座星系和银河系是本星系群内目前最大的两个星系，二者正受到引力的牵引，以110千米/秒的速度靠近，并且这速度还在不断增加。40亿年后，这两个星系会发生一场命中注定的正面相撞。那时候，未来地球的夜空中就会像这张艺术家的想象图一样，可以看到如此这般壮丽的场景。在星系的碰撞过程中，尽管极少有恒星直接迎头撞上，但气体云的碰撞却很普遍，而且会引发一大波恒星的诞生。最后，当银河系和仙女座星系的质量都集中在同一个中心附近时，二者就真正合体成为一个巨大的恒星系统。那时候，也许我们可以给它们起个美妙的昵称，叫"银河仙女星系"。

碰撞的**星系**

对于一些星系来说，它们之间的距离比自身的宽度还小。这使得宇宙中星系之间的碰撞相当普遍。星系碰撞的大事件不仅看起来壮观，还会触发一大波恒星的形成，在星系演化的历程中扮演了关键性的角色。

当星系碰撞时，里面的恒星其实距离仍然非常遥远，所以恒星的直接撞击几乎是不会出现的。然而，巨大的产星星云气体却会"迎头相撞"，发生剧烈的压缩，触发新的一大波恒星的诞生。合并中的星云气体有着强大的引力，它将各自周围的恒星都拉回中心，从而使得碰撞的星系融合在一起。星系之间的这个合并过程可以持续上亿年的时间。

星系演化

有证据表明，随着时间流逝，星系会从一种类型逐渐演变成另一种类型。例如，不规则星系在早期宇宙中更为常见，旋涡星系在今天占主导地位，而椭圆星系则在星系团的中央出现得最多（见66~67页）。因此，天文学家认为星系的碰撞在星系演化中扮演了关键性的角色：最初，较小的不规则星系在演化中逐渐形成了富含气体的旋涡星系；然后，旋涡星系的相互碰撞使得恒星运行轨道变得混乱，从而形成了椭圆星系。与此同时，这个过程会引发一大波恒星的形成，最终将气体驱散到星系际空间，在那里则不再能形成新的恒星了。

当碰撞的能量和环境条件合适的时候，合并后的星系的引力可以从其周围环境中拉回足够多的物质，形成新的星系盘，重新开启恒星形成的过程，形成新的旋涡星系；最终，它将再次和另外的星系发生碰撞合并，成为一个新的"并合星系"的一部分。

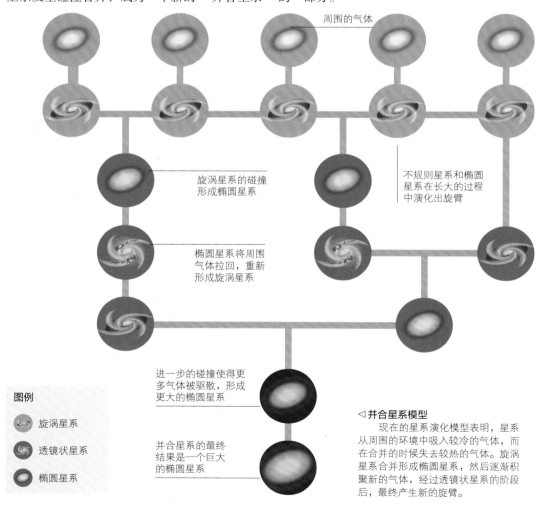

周围的气体

旋涡星系的碰撞形成椭圆星系

不规则星系和椭圆星系在长大的过程中演化出旋臂

椭圆星系将周围气体拉回，重新形成旋涡星系

进一步的碰撞使得更多气体被驱散，形成更大的椭圆星系

并合星系的最终结果是一个巨大的椭圆星系

图例

- 旋涡星系
- 透镜状星系
- 椭圆星系

◁ **并合星系模型**
现在的星系演化模型表明，星系从周围的环境中吸入较冷的气体，而在合并的时候失去较热的气体。旋涡星系合并形成椭圆星系，然后逐渐积聚新的气体，经过透镜状星系的阶段后，最终产生新的旋臂。

△ **紧密交会**
相比于正面的迎头撞上，两个星系之间更多的是"擦肩而过"。在它们近距离交会时，引潮力会使得星系原有的一些像旋臂这样的特征加强。

△ **旋臂展开**
星系逐渐靠近在一起，恒星的轨道受到干扰而发生改变，使得旋臂逐渐展开，组成旋臂的恒星被分散到星系之间的空间里。

△ **星爆闪现**
大多数恒星最后都会进入混沌的轨道，气体在巨大的产星星云中撞击而紧密结合。星系的核心则依靠超大质量黑洞的固定而合并在一起。

△ **椭圆告终**
由于碰撞时温度升高的效应，气体被驱散到星系之外，使大量恒星诞生的"星爆"被掐灭。一切都结束后，只留下一个圆形的星系，和其中作为主导的较为暗淡、寿命较长的恒星。

碰撞的星系

　　照片上是一对正在相互作用的星系——它们共同的名字叫阿尔普273。这对星系位于仙女座，距离地球约3亿光年。阿尔普273展现了星系合并过程的早期形态：其中较大的那个旋涡星系的旋臂已经向空间中展开；较小的星系则正在经历一场剧烈的形成恒星的大爆发，创造出"超星团"，然后最终会演化成一个球状星团。

星系团和超星系团

宇宙中已知的绝大多数星系，都在星系团中被发现。星系团里的星系数量少则几十个，多则上千个甚至更多，由引力聚集在一起。星系团在边缘上相接，就构成了超星系团，从而形成围绕在真空区域的"纤维丝"样网状结构。

在宇宙中，由万有引力创造出来的最大的天体系统，便是星系团。引力将分布在数百万光年的空间内的星系聚集在一起，形成拥有巨大质量的物质集团。正因为如此，不管星系团本身包含多少个星系，它们都倾向于在宇宙空间中占据一个比较接近的体积，也就是宽度在1000万~2000万光年。从超星系团起，包括更大的天体系统，就不再是由引力聚集而产生的了，而是反映了大爆炸过后宇宙在大尺度上本身的物质分布。

不同种类的星系团

银河系属于一个叫作"本星系群"的低密度星系团。在这个星系团中，包括银河系在内的3个大旋涡星系被50多个小星系围绕，那些小星系主要是小型而暗淡的矮星系。其他大多数星系团的组成也与本星系群大同小异，由旋涡星系和不规则星系所主导。然而，包含星系数较多的那些星系团的组成则截然不同，它们倾向于由椭圆星系来主导，而椭圆星系里主要是红色和黄色的恒星。因此，这是椭圆星系形成方式的一条重要线索——我们可以推断出，椭圆星系主要是由密集星系团中其他类型星系碰撞和合并而产生的。

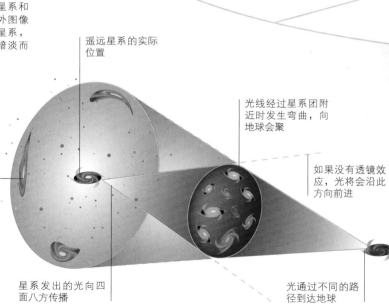

本星系群
（包括银河系）

天炉座星系团

波江座星系团

遥远星系的实际位置

光线经过星系团附近时发生弯曲，向地球会聚

如果没有透镜效应，光将会沿此方向前进

从地球上看星系的视方向和被扭曲成的形状

星系发出的光向四面八方传播

光通过不同的路径到达地球

◁ 后发座星系团

后发座星系团距离地球大约3.2亿光年，包含了约1000个星系，主要是椭圆星系和透镜状星系。这张红外图像揭示出其中大量的矮星系，如果用可见光则会太暗淡而无法看见。

◁ 透镜效应

透镜效应会使天体"扭曲"成左图中这个样子。这种效应让天文学家可以把大质量天体的引力当成天然的望远镜来用，帮助我们发现遥远的暗淡的天体。它还可以帮助人们研究出引力透镜星系团中质量的分布。

△ 引力透镜

星系团里集中的巨大质量会产生一种叫"引力透镜"的效应。大质量会改变它周边空间的形状（见第73页），当光穿过大质量星系团时方向就会发生改变。因此，我们能够看到星系背后的星系，它们会显得"扭曲"，有时候还会被放大。

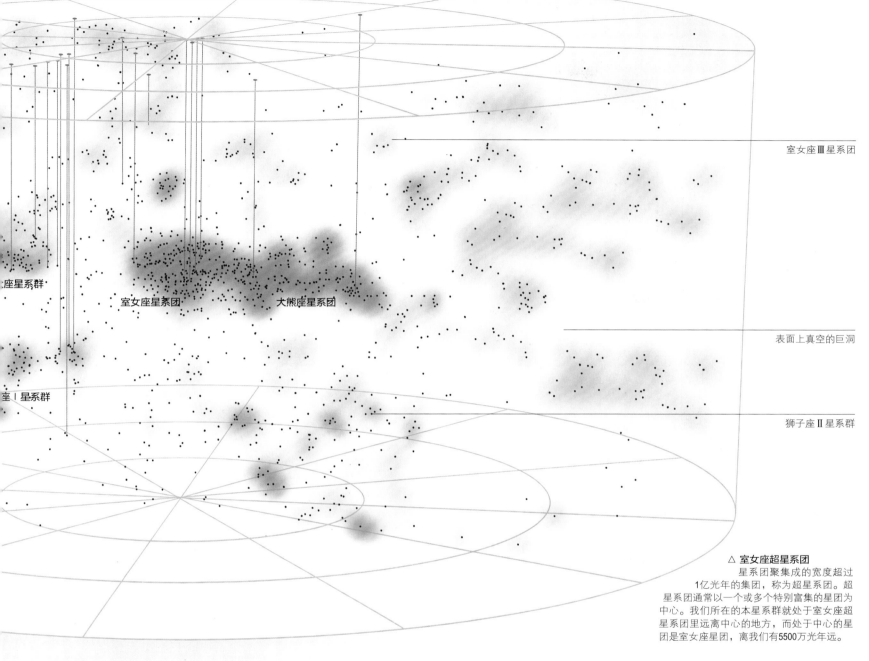

室女座Ⅲ星系团

表面上真空的巨洞

狮子座Ⅱ星系群

座星系群

座Ⅰ星系群

△ **室女座超星系团**
星系团聚集成的宽度超过1亿光年的集团，称为超星系团。超星系团通常以一个或多个特别富集的星团为中心。我们所在的本星系群就处于室女座超星系团里远离中心的地方，而处于中心的星团是室女座星团，离我们有5500万光年远。

星系团内气体

通过轨道X射线望远镜拍下的这些密集星系团图像，我们看到大多数星系团里都充满着超过1000万摄氏度的过热气体。这些热气体被认为来自于星系团里的一个个星系，当它们之间发生碰撞时，气体温度升高，于是从星系中逃逸了出来。这是因为，温度越高的气体分子运动速率越大，更容易逃出星系的引力控制，但是又还逃不出星系团这个整体，所以才形成了这样的星系团内气体。这些能发出X射线的高温气体倾向于积累在星系团的中心，并且会逐渐成为那些最密集星系团里最丰富的物质。它们有时甚至会超过星系团里所有可见星系质量总和的20倍以上。

▷ **早期演化星系团**
这张星系团IDCS J1426的照片合并了可见光、红外线和X射线（分别用绿色、红色和蓝色表示）等波段的图像。它展示出X射线气体已基本上和可见的星系相分离，只有刚发生碰撞的星系附近还有一些集中。

形形色色的星系团

1 室女座星系团

室女座星系团是离地球最近的大星系团，包含了分布在室女座和后发座方向的超过2000个星系。其中较大的一些星系主要是旋涡星系和椭圆星系（后者主要是由前者之间的碰撞产生的），最大的一个是巨大的椭圆星系M87，处在星系团的中央，距离地球5300万光年。

2 艾贝尔383

密集星系团艾贝尔383距离我们约25亿光年，是一个很强的X射线源。这是从星系团中单个星系分离出来的巨大的过热气体云中产生的。星系团的巨大质量将周围空间弯曲，使得更遥远的星系发出的光线经过它时发生偏移，形成扭曲的弧形光带。因此，这个星系团被称为一个引力透镜。

3 斯蒂芬五重星系

飞马座里5个星系组成的"星系群"其实是个假象，因为其中4个星系是一个松散的实体组合，距离地球大概2.9亿光年，而左上方那个蓝色的旋涡星系实际上是一个近得多的前景天体。那4个星系——3个旋涡星系和1个椭圆星系——几乎确定会在接下来约10亿年里合并成一个巨大的椭圆星系。

4 MOO J1142+1527

这个"怪物"星系团距离地球85亿光年。它实在太远了，以至于发出的光几乎红移（见第72页）到了看不见的地步。以至于直到2015年它才被两个独立的红外太空望远镜的观测结果叠加起来所发现。它的质量和大胖子星系团（见右边）接近，可能是屈指可数的几个诞生于宇宙初期几十亿年的巨大星系团。

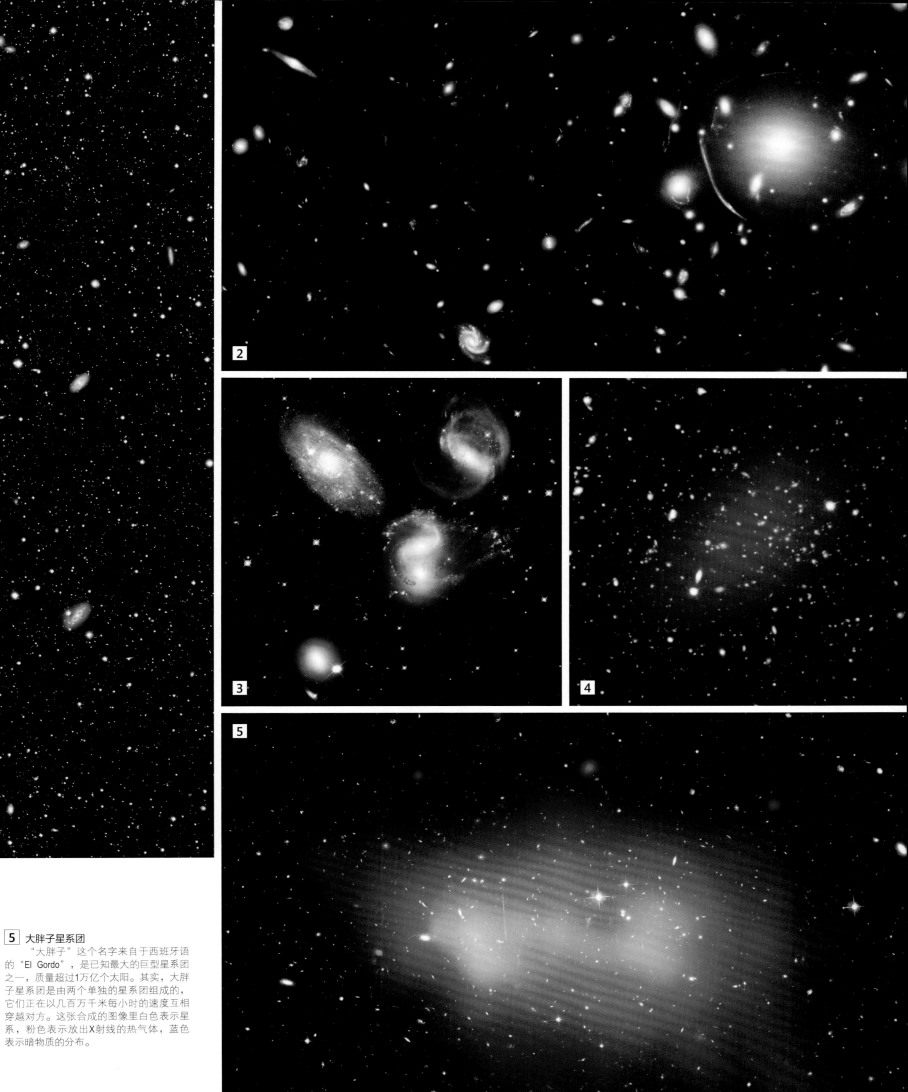

5 **大胖子星系团**

　　"大胖子"这个名字来自于西班牙语的"El Gordo",是已知最大的巨型星系团之一,质量超过1万亿个太阳。其实,大胖子星系团是由两个单独的星系团组成的,它们正在以几百万千米每小时的速度互相穿越对方。这张合成的图像里白色表示星系,粉色表示放出X射线的热气体,蓝色表示暗物质的分布。

膨胀的宇宙

　　我们的宇宙有个基本规则：一个星系离地球越远，它离我们远去的速度就越快。这是证明整个宇宙仍然在膨胀的一个关键证据。更重要的是，宇宙的膨胀还在不断加速。

　　宇宙膨胀的一个关键证据来自多普勒效应（一种测量某个发光天体以何种速度趋近或远离地球的方法）。我们通过多普勒效应发现，离地球越远的天体，远离地球运动的速度也就越快——解释这种现象的最好理由，就是宇宙作为整体在不断膨胀，把星系之间的距离拉得越来越大——就像烤葡萄干蛋糕的时候，随着面团发胀，上面的葡萄干也互相远离一样。

多普勒效应与红移

　　多普勒效应，描述的是波源（如一个发出光或声音的物体）或者观察者在运动的时候，观察到的波长和频率发生变化的现象。在日常生活中，我们经常有这样的体验：一辆鸣着警笛的急救车从我们身边经过，当它向我们驶来时，声波传来得更密，声调就会升高；当它远离我们时，声波传来得稀疏一些，声调就会降低。这就是我们身边的多普勒效应。

△红移和蓝移

　　当星系离我们远去时，它发出的光波长被拉伸，所以看起来会变红。当附近的星系向我们靠近时，它发出的光波长被压缩，所以看起来会变蓝。遥远星系的多普勒效应究竟有多大，可以通过观测星系光谱中谱线移动了多少来精确测出。

▷宇宙膨胀

　　宇宙的膨胀不仅是星系在空间中相互远离，更是来自于空间本身的伸展。这是因为大爆炸不仅创造了物质，还创造了空间和时间本身。

宇宙膨胀的速率，大概是每秒钟的时间里，**每百万光年增加20千米**

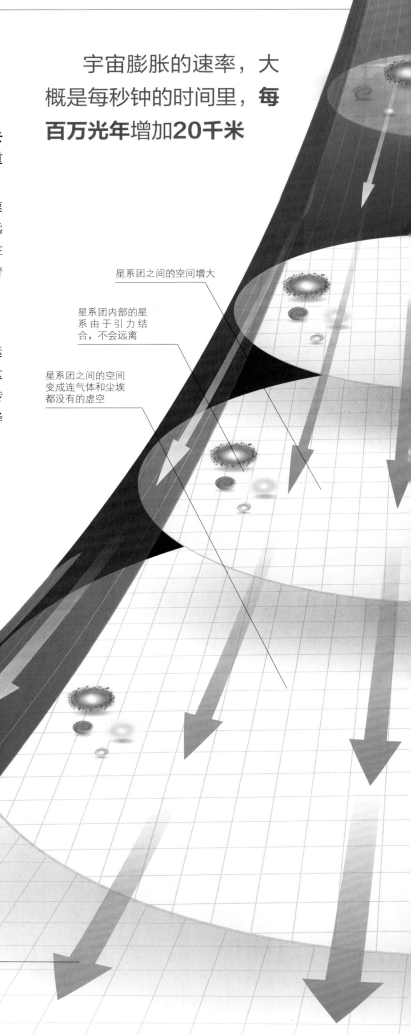

星系团之间的空间增大

星系团内部的星系由于引力结合，不会远离

星系团之间的空间变成连气体和尘埃都没有的虚空

波长被拉伸

波长被压缩

星系运动方向

宇宙持续膨胀

回溯时间

尽管光是宇宙中最快的东西，但它的速度还是有限的——一年里"只能"跑9.5万亿千米的距离。再考虑上宇宙的膨胀，这就等于是将我们的望远镜变成了"时光机器"。当我们往宇宙中看得越远，看到的光就是用了越长的时间跑过来的，也就是说看到的景象是越久远的样子。因此，离我们越远的星系，我们看到的样子是越古老、越原始的。

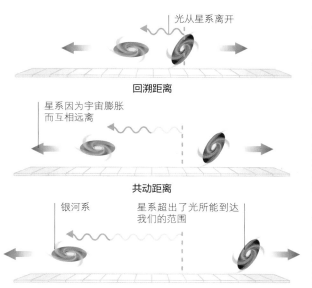

光从星系离开

回溯距离

星系因为宇宙膨胀而互相远离

共动距离

银河系　星系超出了光所能到达我们的范围

在我们的可观测宇宙之外

◁ **空间的伸展**
在宇宙的大尺度上，遥远星系的红移不仅是因为纯粹的多普勒效应，还因为光在传播过来的过程中，它所经过的空间本身也伸展了。

◁ **星系的退行**
因为光在两个星系之间传播需要一定的时间，所以从其中一个星系发出的光到达另一个星系的时候，它们之间的距离又增加了不少。星系之间真正间隔的距离，叫作它们的"共动距离"。

◁ **红移到不可见**
离我们最遥远的天体——那些在宇宙最早期诞生的恒星和星系——已经红移到了极限，也就是到了不可见的地步。光都无法传播过来，所以即使再先进的望远镜，想看它们也无能为力。

用红移来描绘宇宙

因为距离我们越远的星系，红移的程度越大（这种效应称为哈勃定律），所以对于那些特别遥远的星系来说，红移本身就可以作为估算它们的距离的方法，而其他测量方法则由于太远而很难适用。将天上不同位置的星系的红移绘制在一张图上，可以看出来超星系团如何结合成链状和片状延伸出来、连接在一起的网络结构，叫作"纤维丝"；在它们之间看起来没有东西的大片真空区域，则叫作"巨洞"。

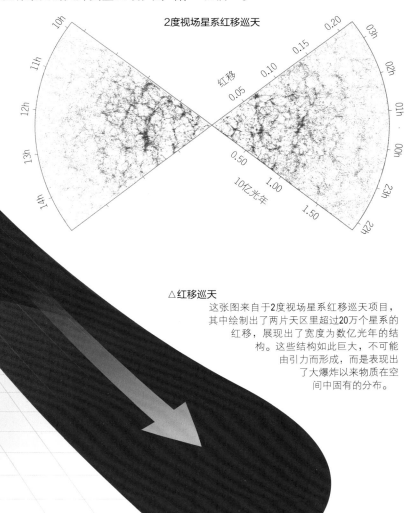

△ **红移巡天**
这张图来自于2度视场星系红移巡天项目，其中绘制出了两片天区里超过20万个星系的红移，展现出了宽度为数亿光年的结构。这些结构如此巨大，不可能由引力而形成，而是表现出了大爆炸以来物质在空间中固有的分布。

宇宙的
大小和结构

茫茫宇宙浩瀚无垠，可是我们所能看到的范围却是有限的。这是因为，光虽然跑得快，但宇宙本身也在不停地膨胀，限制了我们的视野。其实整个宇宙比我们所能看到的范围广阔得多。

宇宙诞生于138亿年前的大爆炸，那场大爆炸不仅创造出了物质，更创造出了时间和空间。从理论上说，我们在宇宙中能"看到"的最远距离，也就是从宇宙诞生到现在这段时间内光能跑到地球的距离；再远的地方，那里的光跑不过来，我们就看不见。这就好比我们是处在一个球形的泡泡中央：泡泡内是我们能看到的那部分，叫"可观测宇宙"；泡泡外还有很多很多的空间，那些我们就看不见。不仅如此，事实上宇宙中的每一个地方，都可以画出以它自己为中心的"泡泡"，也就是它自己的可观测宇宙。

宇宙微波背景辐射

在大爆炸后初期，宇宙还是一个极速膨胀的"大火球"，它不透明，光也还无法传播。只有等到大约38万年后，早期宇宙的尘雾已经逐渐散去，这时候的光传播出来，才是我们实际所能看到的最久远的宇宙。人们发现，只要向宇宙中各个方向看得足够远，我们还能看到这个"大火球"残余到现在的光线。它们跑了整整138亿年，而且一直在发生红移（见第70页），等跑过来的时候已经变成微波了。也就是说，宇宙诞生初期的这些光线，现在正以微波的波长弥散在整个天上。

可观测宇宙

我们在宇宙中能观测的距离，是由光从宇宙诞生至今的138亿年时间内所能传播到我们这儿的距离所限制的。然而，由于宇宙在膨胀，宇宙中离我们最远的地方也在以光速离我们而去。因此，在可观测宇宙以外的区域所发出来的光，不管过多久也永远到不了地球。

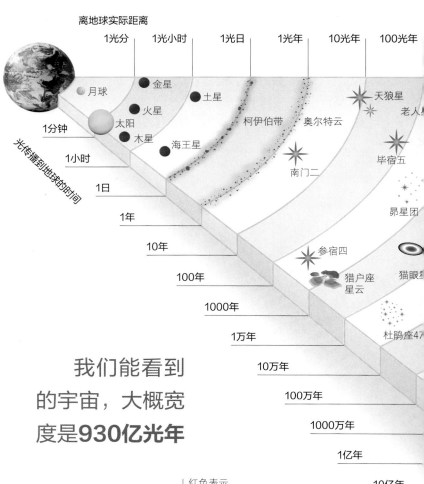

我们能看到的宇宙，大概宽度是930亿光年

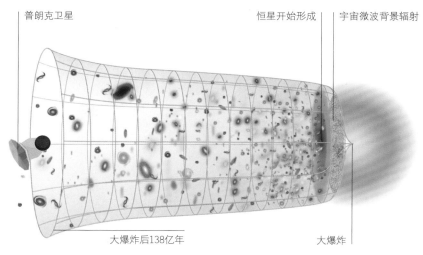

△ **回到宇宙的过去**
当今的宇宙已经看不出它早年的样子，若想一窥宇宙早期的雪泥鸿爪，那就只有往它的深远处去观察。在宇宙的极深处，我们能看到年轻的星系正在不断诞生、形成；再往更深处，甚至还能接收到那些最远古恒星的辐射。而宇宙微波背景辐射，则是我们所能探测到的最古老、最遥远的辐射。

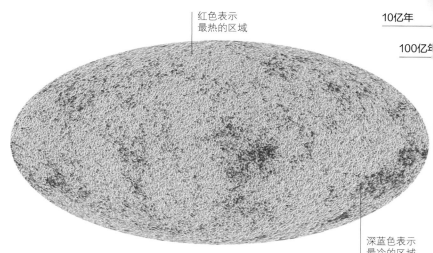

△ **微波背景辐射图**
普朗克卫星根据微波背景辐射的细微温度差，绘制出了这份宇宙微波背景全天图，揭示出了早期宇宙在温度和密度上的微小差异。这些差异代表着早期宇宙中即将形成的不同结构。

图例

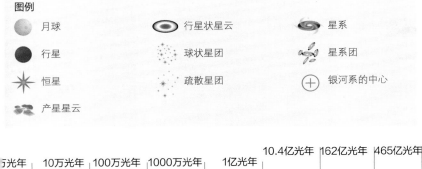

- 月球
- 行星
- 恒星
- 产星星云
- 行星状星云
- 球状星团
- 疏散星团
- 星系
- 星系团
- 银河系的中心

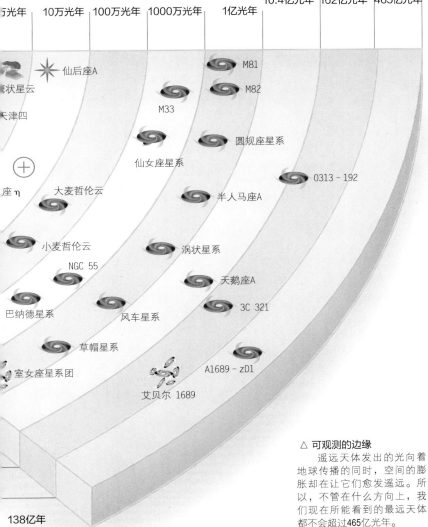

| ...光年 | 10万光年 | 100万光年 | 1000万光年 | 1亿光年 | 10.4亿光年 | 162亿光年 | 465亿光年 |

仙后座A
M81
M82
...状星云
M33
天津四
圆规座星系
仙女座星系
0313 – 192
座 η
大麦哲伦云
半人马座A
小麦哲伦云
涡状星系
NGC 55
天鹅座A
巴纳德星系
风车星系
3C 321
草帽星系
室女座星系团
A1689 – zD1
艾贝尔 1689

138亿年

△ 可观测的边缘

遥远天体发出的光向着地球传播的同时，空间的膨胀却在让它们愈发遥远。所以，不管在什么方向上，我们现在所能看到的最远天体都不会超过**465**亿光年。

不止一个宇宙

纵然我们熟悉的这个宇宙早已超出我们所能观测的范围，但这个宇宙本身是唯一的吗？或者说，我们的宇宙是更广阔的"多重宇宙"中的一员吗？一个叫作"永恒暴涨"的理论说，我们的宇宙只是很多宇宙之一。像我们这个宇宙诞生初期的暴涨那样，爆发的能量还在持续不断地产生新的"泡沫宇宙"。

▷ 永恒暴涨?

如果，很多的宇宙都是用同样的"原材料"做成的，而我们的宇宙只是其中之一，那么在"泡沫宇宙"中，不同宇宙"泡泡"之间的间隔可能会偶然地坍塌，并且让两者发生相互联系。

时空

爱因斯坦在他的狭义和广义相对论中，把宇宙的构架描述为一个四维的"流形"：三维是长度、宽度和高度，第四维是时间。其中不仅长度、宽度和高度这熟悉的三维之间可以互相换算，它们和时间维度之间也能互相换算。相对论描述的情形只在极端情况下才会显现出来，如物体接近光速运动，或者物体的质量非常大。根据爱因斯坦的广义相对论，大质量物体之所以有引力，是因为它弯曲了周围的时空。

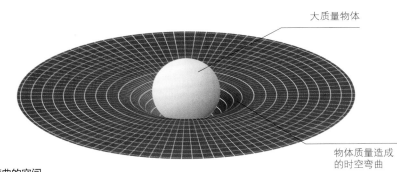

大质量物体

物体质量造成的时空弯曲

△ 弯曲的空间

时空的概念很难直观地表现出来。如果简化一下，我们可以把空间想象成一张平坦的橡皮膜——大质量物体扔上去，会让橡皮膜凹陷下去（即改变了它的"引力场"），从而让包括光线在内的其他物体经过的时候发生偏转、向其靠近。

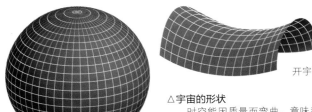

开宇宙

△ 宇宙的形状

时空能因质量而弯曲，意味着宇宙本身的形状可以由宇宙内部的物质来塑造。如果物质的质量足够多，时空就会向内弯曲，形成"闭宇宙"；如果太少，时空就会向外弯曲，形成"开宇宙"。暗能量的发现喻示着实际情况可能是后者。

闭宇宙

绘制出暗物质

　　暗物质不能直接被成像，所以我们关于暗物质的大多数认知是来自于所谓的"引力透镜"效应——即质量集中的地方会使时空弯曲，从而让遥远天体发出的光经过其附近时发生偏折。这张图片显示的是双鱼座一个叫作"CI 0024+17"的星系团，它周围浅蓝色的部分即表示了暗物质的分布。

暗物质和暗能量

在宇宙里，能发光而被我们看到的物质只是宇宙整体组成之中微小的一部分，除此之外还有大量的看不见的质量组成，称作"暗物质"，以及另外一些被称为"暗能量"的谜一般的组成。

从20世纪30年代开始，天文学家就怀疑有暗物质的存在。暗物质这个名字并不仅是说物质本身的黑暗，而且还指它与光不发生任何相互作用。唯一能感知它存在的方法，就是通过它与其他物质的引力相互作用。最近，天文学家还发现，宇宙的膨胀过程（见第70~71页）是通过一种叫"暗能量"的效应在不断加速，因为这种暗能量似乎可以抵消引力对膨胀的减缓作用。

暗物质的本质

为了证明暗物质的确存在，人们最早提出了两个证据来源：一是星系团中，星系围绕星系团中心旋转的轨道；二是银河系中，恒星围绕银河系中心旋转的轨道。这两者的观测结果都与传统理论预期有差异，这就提示人们，宇宙中有着大量的暗物质存在。而且，暗物质大概是普通物质的5倍多。诚然，这其中一部分原因可以用致密而暗淡的天体的存在来解释（如死亡的恒星和松散的行星），但绝大部分却并非如此。那些物质的构成可能是人类尚未了解的一些亚原子粒子——它们与普通物质之间除了引力之外，没有其他的相互作用。

暗能量是什么？

人们曾经认为，由于宇宙中普通物质和暗物质的引力相互作用，宇宙的膨胀应该会逐渐慢下来。然而，从20世纪90年代开始，天文学家却发现，从大爆炸（见第14~15页）开始的宇宙膨胀竟然是随时间流逝而逐渐加快的。这种为宇宙膨胀加速的神秘力量，被称为"暗能量"，可是人们对暗能量还几乎一无所知。它有可能只是一种"宇宙学常数"（即时空本身的一种均一化的属性），也有可能是一种"第五元素"的标量场（又名"精质"，即因不同地方而相异的局域性作用力）。这二者究竟谁是正确的理论，对宇宙未来的命运有很重要的影响。

△子弹星系团
两个遥远星系团之间的猛烈碰撞，使得暗物质和普通物质发生分离。在上图中这个星系团里，普通物质大多以发射X射线的气体云形式存在（图中表示为粉红色），而暗物质的分布（表示为蓝色）大致上和可见星系（表示为白色）相符合。于是在这里就能看出暗物质是如何运动的。

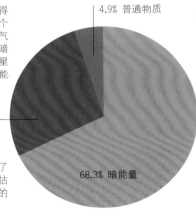

4.9% 普通物质
26.8% 暗物质
68.3% 暗能量

▷宇宙的组成
爱因斯坦著名的质能方程 $E=mc^2$ 说明了质量和能量的等效性，因此宇宙学家可以估计整个宇宙中暗能量、暗物质和普通物质的分布比例。

宇宙最终压缩成一个大火球

膨胀因引力而终止

大挤压

宇宙逐渐冷却，恒星形成也减缓

膨胀放慢，但并未停止

冷寂

△宇宙未来的命运
宇宙的未来变化，既要考虑暗物质和普通物质的总和（它们的引力会减缓宇宙的膨胀），也要考虑暗能量（它会加速宇宙的膨胀）。二者的精确平衡则将最终决定我们宇宙未来归于何种宿命。

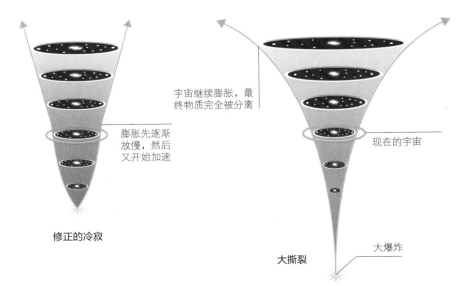

膨胀先逐渐放慢，然后又开始加速

修正的冷寂

宇宙继续膨胀，最终物质完全被分离

现在的宇宙

大撕裂

大爆炸

观察天空

宇宙中的天体离我们非常遥远，我们获得它们信息的主要途径是光。为了接收这些来自天体的光，以及研究遥远的恒星和星系，地面上的望远镜是一项最重要的工具。

　　太空中的天体很少有能直接造访地球的，即使能到的那些，大多数还都是来自于地球附近的小天体。因此，了解遥远天体的最好办法就是研究它们发出的光。除可见光外，很多其他形式的辐射会被地球大气层吸收掉，所以天文学家就把望远镜发射到太空（见第80~81页），以研究这些各种波长的辐射。

　　通过望远镜巨大的接收面，把光线聚焦在很小的点上，我们便能够看到比肉眼能看到的暗弱得多的天体。而且图像被放大之后能够分辨出更多的细节。然而，现代的天文望远镜已经和在自家院子里的观星者使用的望远镜很不一样了。现代的天文望远镜大部分都是反射望远镜，它们使用一系列反光镜让光线会聚，最后聚焦在探测器上。望远镜会安装在支架上，或者安装在一个像摇篮一样的装置上，可以前后摇摆，稳定地跟踪天体划过天空。天文学家还利用一种名为"干涉"的技术，可以让两台或多台望远镜协同工作，获得更好的分辨率。

▷ 折射望远镜和反射望远镜

　　第一支望远镜是荷兰的一名眼镜商在1609年前后发明的，那是一支使用透镜制成的折射望远镜。一片透镜（物镜）收集光线并将光线会聚到焦点，另一片透镜（目镜）使图像放大。最简单的反射望远镜是牛顿在1668年前后发明的，他使用一个凹面镜收集光线，将光线会聚并反射到一个副镜，副镜再将光线反射到由透镜构成的目镜那里。

折射望远镜

反射望远镜

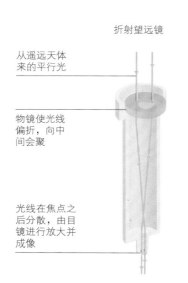

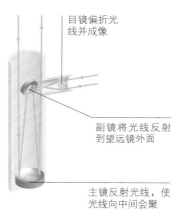

从遥远天体来的平行光

物镜使光线偏折，向中间会聚

光线在焦点之后分散，由目镜进行放大并成像

目镜偏折光线并成像

副镜将光线反射到望远镜外面

主镜反射光线，使光线向中间会聚

◁ 研究光线

　　天文学家很少用目镜去直接通过望远镜观察，而是用仪器将光线送入不同的探测器，包括数码相机、光度计（能够精确测量单个天体亮度的仪器）、光谱仪（分析光的颜色，从而研究恒星的化学成分的仪器）等。

叶凯士天文台
102厘米，美国威斯康星州，1893年
最大的折射望远镜

海尔望远镜
508厘米，美国加利福尼亚州，1848年
里程碑式的单镜面反射望远镜

MMT望远镜
等效4.5米，美国亚利桑那州，1979年
2000年改成了单镜面望远镜

哈勃空间望远镜
2.4米，近地轨道，1990年
第一个大型太空望远镜

詹姆斯·韦伯空间望远镜
6.5米，近地轨道，2018年
哈勃望远镜的继任者

凯克望远镜
2米x10米，美国夏威夷，1993/1996年
第一个大型望远镜干涉仪

加那利大型望远镜
10.4米，西班牙拉帕尔马岛，2008年
最大的单孔径望远镜

甚大望远镜
4米x8.2米，智利，1998—2000
总接收面积最大的望远镜

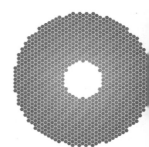

巨麦哲伦望远镜
等效24.5米
2025年将在智利建成

欧洲特大望远镜
39.3米
2024年将在智利建成

△ 接收面积

　　望远镜的接收面积在20世纪受到很多技术的限制，但仪器的发展在过去几十年却十分迅速。

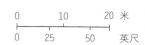

| 0 | 10 | 20 米 |
| 0 | 25 | 50 英尺 |

一个典型的20厘米（8英寸）反射望远镜的集光能力是肉眼的**830倍**

科研天文望远镜

大部分现代的科研天文望远镜都坐落在高高的山顶，如这里展示的欧洲特大望远镜（E-ELT），这样可以把那些吸收星光的大气、扰动星光的湍流甩在脚下。使用拼接镜面能增大望远镜的接收面积，从而能够拍到更暗弱的天体。

◁ **射电望远镜**

20世纪30年代，人们发现了来自太空的无线电信号，而如今我们仍然在使用巨大的碗形天线来接收那些信号。射电波（也就是无线电波）的波长很长，意味着需要一个非常大的接收面积才能分辨信号的细节，但射电天线可以用很多天线组合成阵列使用，就像图中位于新墨西哥州的这个射电望远镜阵一样。

望远镜的历史

望远镜是天文学家的重要科研工具，它拓展了人类的视野，使得人类可以用不同的方式来处理图像和数据，并且记录下来供后人使用。

通常认为，荷兰眼镜制造商汉斯·利伯希（Hans Lippershey）在1608年左右发明了望远镜。然而，却是意大利物理学家伽利略首次将望远镜对准了天空。从那时起，望远镜的制造技术获得了巨大的进步——人们引进了反射镜的设计，发明了可以使望远镜保持与星体目标同步的支架，运用了光谱分析技术来解析星光的化学"指纹"，借助摄影技术来永久保留天文的观测记录等。直到目前，计算机控制技术和空间观测设备等，还在不断地拓展望远镜技术的极限。

伽利略·伽利莱

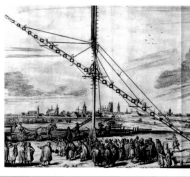

约翰尼斯·赫留制造的悬空望远镜

1609年

伽利略的望远镜

伽利略的第一个望远镜是用透镜制作的，放大倍数仅有3倍，但是他迅速改进了工艺。伽利略利用自己制造的设备，观测了月亮、太阳黑子，以及无数用肉眼无法看到的星星。

1673年

悬空望远镜

提高放大倍率的办法之一是使用更大的透镜，并且将透镜分开较大的距离，在17世纪中期，这种想法帮助人们制造出了巨大的悬空望远镜，所有的透镜都摆放在一个长达31米的开放框架之上。

美国新墨西哥州的甚大阵

夏威夷莫纳克亚山的高海拔凯克望远镜

1980年

望远镜阵列

一种叫作干涉的技术能够将多台望远镜接收的信号合成在一起，分辨率相当于一台无法建造出来的巨大望远镜。这种技术首先使用在甚大阵的射电望远镜阵中。

1970年

轨道天文台

第一个X射线天文卫星乌呼鲁（Uhuru）的发射开创了空间天文学的新纪元，从此人类可以研究被地球大气层阻挡住的电磁波，不仅包括X射线，还有紫外、红外波段的辐射。

1949年

山顶望远镜

天文学家很早就知道在高海拔的地方观测有助于减小大气湍流对星光的影响，但是直到20世纪的下半叶才实现了在遥远的山顶建造天文台。

哈勃空间望远镜

20世纪80年代

拼接镜面望远镜

传统望远镜主镜的重量在20世纪中叶达到了极限，但是从20世纪80年代开始，一个突破性的技术让望远镜可以做得更大——那就是用多面六边形的小镜子拼接成一个蜂窝形反射面。

1990年

哈勃空间望远镜

早在1946年，人类就有把一个大望远镜发射到地球大气层之上的想法了，这样它就能拥有完美的观测条件。哈勃空间望远镜已经工作了超过1/4个世纪，因为它具有在轨道上维修和更新的能力。尽管哈勃只能算是中等大小，比不上地面上那些巨型机器，然而它却得到了惊艳的图像和革命性的科学发现。

反射望远
复制品

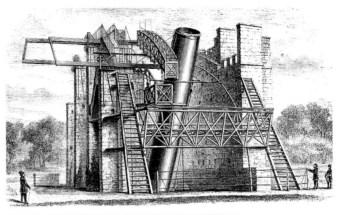

罗斯伯爵
的望远镜

1668年

牛顿反射望远镜

英国物理学家、数学家艾萨克·牛顿设计了第一台使用凹面反射镜而不是透镜来收集光线的望远镜。这个设计使得望远镜的结构变得更加紧凑，我们称之为牛顿反射望远镜。

1781年

威廉·赫歇尔

从18世纪末，英国天文学家威廉·赫歇尔为他的反射望远镜的镜面开发了一种新型金属材料。这样他就可以去生产当时最好的望远镜，并用来完成包括天王星在内的新发现。

1845年

帕森斯城的利维坦

爱尔兰天文学家罗斯伯爵（原名威廉·帕森斯）在爱尔兰的比尔城堡建造了他的巨型反射望远镜，口径达到1.8米。但是由于两侧需要高墙支撑它，望远镜的指向范围很有限。它将世界最大望远镜的纪录保持了70多年。

V-2火箭发射

胡克望远镜

1949年

空间天文学

20世纪40年代后期，美国天文学家使用截获的德国V-2火箭，将辐射探测器发射到地球大气层外，进行短暂的观测，证实了来自宇宙的一些辐射（如X射线）的确被大气层阻挡了。

1933年

射电天文学

美国物理学家卡尔·央斯基发现来自天空的射电信号随着银河的形状涨落，这标志着射电天文学的开端。射电波的波长很长意味着需要很大的接收面积。

1917年

胡克望远镜

位于威尔逊山天文台的2.5米胡克望远镜是第一台能够灵活操纵的大型望远镜。直到1949年之前它都是世界上最大的望远镜，也是发现宇宙正在膨胀的功臣。

欧洲特大望
远镜效果图

詹姆斯·韦伯空
间望远镜效果图

1998年

甚大望远镜

欧洲南方天文台的甚大望远镜（VLT）位于智利，由4台8.2米的望远镜组成。它标志着大型单镜面制作工艺的新突破。它们既能独立观测，也能协同工作。

2014年

未来巨镜

正在智利阿塔卡马沙漠建造的欧洲特大望远镜主镜口径达到了39.3米，由798块子镜拼接而成。它将在2024年投入使用。

2018年

詹姆斯·韦伯空间望远镜

NASA的红外望远镜詹姆斯·韦伯空间望远镜是哈勃的继任者，它将让我们看到史无前例的宇宙深度。它巨大的遮阳板不仅能隔离太阳的热量，还能阻挡来自地球的辐射。

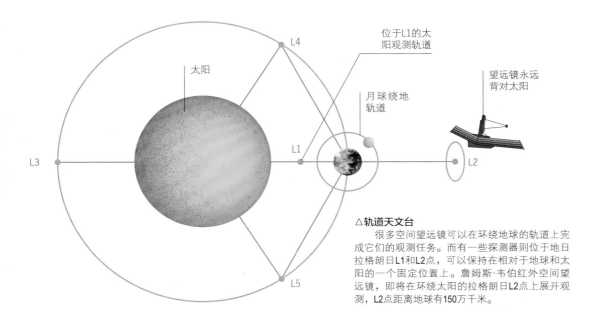

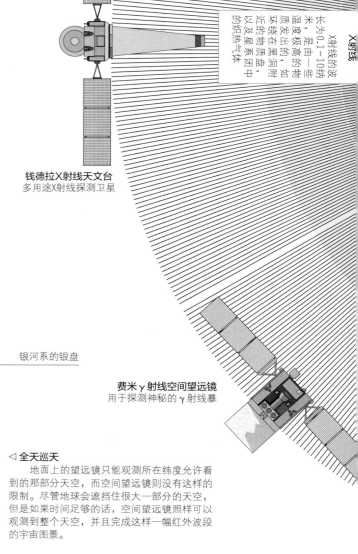

Galex星系演化探测器
用于星系巡天的紫外线探测器

△轨道天文台

很多空间望远镜可以在环绕地球的轨道上完成它们的观测任务。而有一些探测器则位于地日拉格朗日L1和L2点，可以保持在相对于地球和太阳的一个固定位置上。詹姆斯·韦伯红外空间望远镜，即将在环绕太阳的拉格朗日L2点上展开观测，L2点距离地球有150万千米。

空间望远镜

在地球的轨道上环绕的空间望远镜为我们展开了一幅宇宙的新图景，它们不仅能观测到那些被地球大气层所遮挡的射线，还能让天文学家在可见光区域开展更有价值的研究。

我们看到的是宇宙的可见光波段，而它仅仅是普通电磁波的一种而已。电磁波是以互相感应的电场和磁场的形式穿梭于宇宙空间的能量包。我们看到光有着"颜色"这项属性，其实反映的是光的不同波长，但是电磁波的波长范围无论是在短波端还是长波端都远远超过了可见光。空间望远镜在太空中自动运行，帮助天文学家研究宇宙中那些难以捕捉到的波段——虽然都叫望远镜，但它们的设计与地面上的望远镜相比却是千差万别。举例来说，红外望远镜自身的热量会淹没掉那些很弱的红外线信号，因此它需要有非常低的工作温度；而X射线与γ射线则会直接穿透大多数传统镜面，因此也需要特殊设计。

X射线

X射线的波长为0.1～10纳米，是宇宙中一些温度极高的物质发出的，如环绕在黑洞周围的物质旋涡，以及星系团中的炽热气体。

钱德拉X射线天文台
多用途X射线探测卫星

费米γ射线空间望远镜
用于探测神秘的γ射线暴

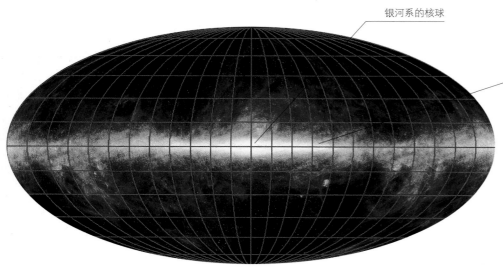

银河系的核球

银河系的银盘

◁全天巡天

地面上的望远镜只能观测所在纬度允许看到的那部分天空，而空间望远镜则没有这样的限制。尽管地球会遮挡住很大一部分的天空，但是如果时间足够的话，空间望远镜照样可以观测到整个天空，并且完成这样一幅红外波段的宇宙图景。

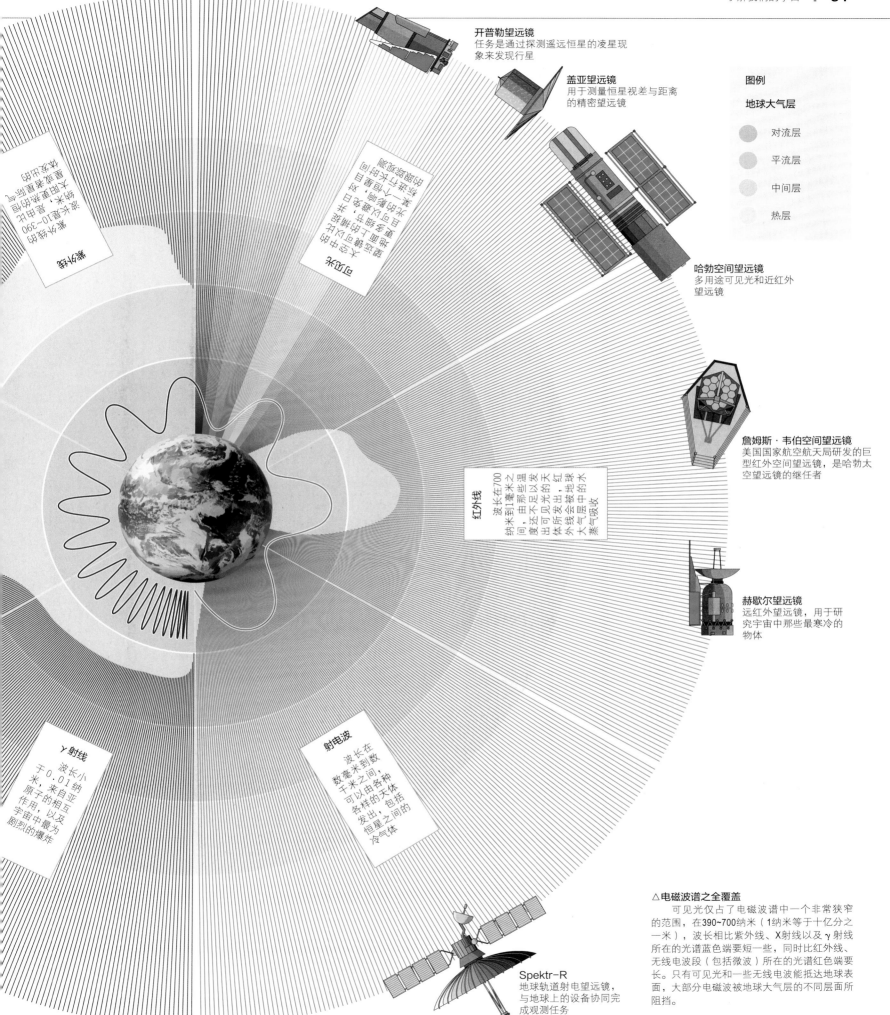

开普勒望远镜
任务是通过探测遥远恒星的凌星现象来发现行星

盖亚望远镜
用于测量恒星视差与距离的精密望远镜

哈勃空间望远镜
多用途可见光和近红外望远镜

詹姆斯·韦伯空间望远镜
美国国家航空航天局研发的巨型红外空间望远镜,是哈勃太空望远镜的继任者

赫歇尔望远镜
远红外望远镜,用于研究宇宙中那些最寒冷的物体

图例

地球大气层

对流层

平流层

中间层

热层

红外线
波长在1毫米到700纳米之间,由那些温度还不足以发出可见光的天体所发出,红外线会被地球大气层中的水蒸气吸收

紫外线
紫外线的波长在10~390纳米之间,由非常热的恒星发出,与可见光相邻

可见光
我们的眼睛所能探测到的电磁波段,这也是太阳辐射最强的波长

γ射线
波长小于0.01纳米,来自亚原子的相互作用,以及宇宙中最为剧烈的爆炸

射电波
波长在数毫米到数千米之间,可以由各种各样的天体发出,包括恒星之间的气体

Spektr-R
地球轨道射电望远镜,与地球上的设备协同完成观测任务

△**电磁波谱之全覆盖**
　　可见光仅占了电磁波谱中一个非常狭窄的范围,在390~700纳米(1纳米等于十亿分之一米),波长相比紫外线、X射线以及γ射线所在的光谱蓝色端要短一些,同时比红外线、无线电波段(包括微波)所在的光谱红色端要长。只有可见光和一些无线电波能抵达地球表面,大部分电磁波被地球大气层的不同层面所阻挡。

探寻生命

人们总是被地球之外的生命深深吸引。它们真的存在吗？怎样才能发现它们？最近几年已经取得了几个很大的进展。

科学家们在太阳系一些卫星上发现了有火山活动的海洋，还在太阳以外的恒星周围发现了数不清的系外行星，或许就是其他形式生命的家园。这些新发现改变了搜寻地外生命的局面。

生命存在的条件

传统理论认为，生命起源于早期地球表面一片浅的、温暖的、富含化学物质的海洋，称作"原始汤"。这是造就生命的完美环境，因为它包含了生命的3个必要条件：碳基化学物质、水和来自太阳的能量。在今天，碳元素和水仍然是必需的，因为它们能够形成复杂的化学物质。但是"极端微生物"的发现——一类能够在诸如深海火山口甚至是炽热的地下岩石获取能量的生物——改变了人们关于什么是生命、生命如何生存的观念。

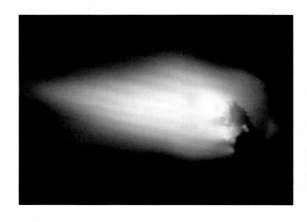

◁ 运送生命

一些天文学家推测，生命不一定非要在地球上诞生。在行星间游荡的小天体和彗星中也许就携带着生命，或者至少是能形成生命的复杂化学物质。

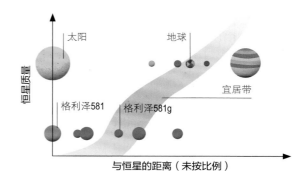

◁ 黄金区域

那些欢迎生命到来的世界，大多在一个宜居的"黄金区域"中围绕着一颗恒星运行——那里温度适中，能够让液态水存在。人类已经发现了一些这样的星球。在银河系中，这种星球或许非常普遍。

▽ 耐寒生物

缓步动物是一种微小的动物，也就是"水熊虫"，它们在与地表差异很大的环境中表现出了很强的耐久性。它们能够在极端温度和压力条件下生存，甚至在太空的真空中、核辐射环境中也能生存。

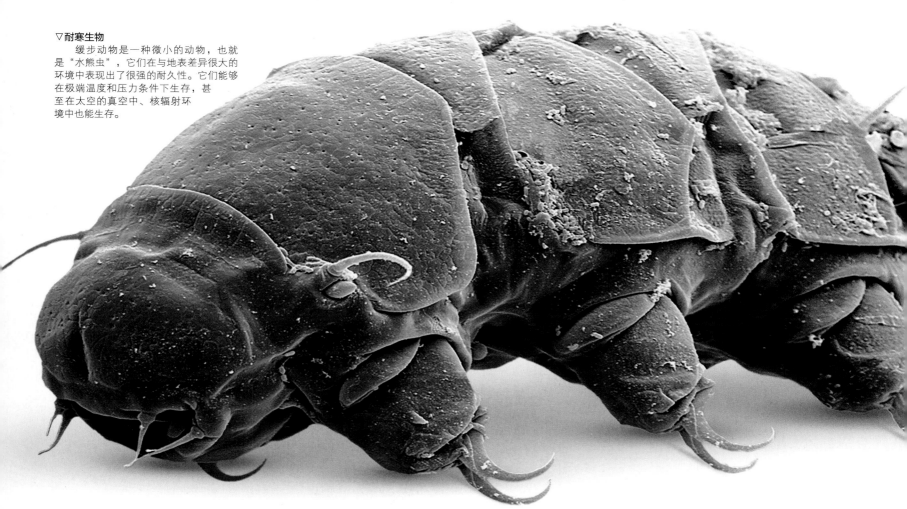

生命的标签

任何形式的生命都需要通过一系列被称为"新陈代谢"的化学反应来维持。随着时间的推移，生命体的新陈代谢还会自然而然地改变它们周围的环境。例如，氧气是一种天然的活性化学物质，它们会逐渐被锁定在岩石中形成矿物；如果不是生命的演化，以及光合作用植物和藻类数十亿年的新陈代谢反应，地球上就不会再有氧气了。换句话说，大气中的氧气就是生命存在的一个化学生物标签。天文学家已经测量了一些系外行星的大气，未来的望远镜将把这项工作作为常态。

△土卫二上的海洋

2005年，NASA的卡西尼号探测器在土星的一颗小卫星"土卫二"上发现了水冰的羽状喷流。这意味着它的地下有一个被引潮力的能量加热的液态海洋。这样土卫二成为太阳系中最有可能有生命的星球之一。

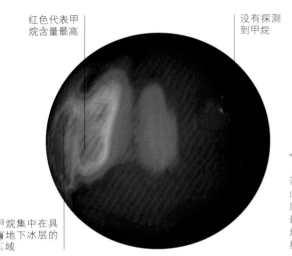

红色代表甲烷含量最高　　　　没有探测到甲烷

甲烷集中在具 地下冰层的 域

◁火星上的甲烷

甲烷这种气体只能由活的微生物或者活跃的火山活动产生。甲烷在阳光照射下会迅速分解，所以最近在火星大气中发现甲烷这件事，让这颗红色行星变得耐人寻味。

银河系中能够和我们联系的文明，多则上百万，少则只有一个

智能生命

外星智能生命搜寻计划（SETI）希望用各种方法记录下宇宙中智能生命的证据。最常用的方法就是扫描天空中人造的无线电信号，但是这种信号只能是当外星人有意朝我们发射的时候才能收到。另一种方法是寻找技术的标志，如行星大气的污染，或者外星人建造的能够遮挡恒星光芒的工程。

▷太空中的信息

20世纪70年代发射的两艘探测器先驱者10号（1972）和先驱者11号（1973）携带着刻有图片信息的铜盘。未来或许会有智能生命截获飞船，破译这个信息。

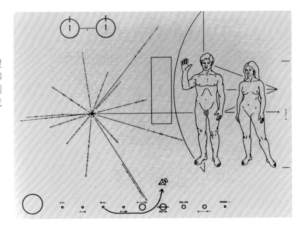

▷德雷克公式

1961年，SETI计划的先驱者德雷克（Frank Drake）发明了德雷克公式，一个评估银河系中能够用无线电和我们联系的文明数量的方法。

图例
● 1961年的估计
● 最近的估计

银河系中能够和我们联系的文明数量	星系中每年新诞生的恒星	这些恒星中有行星的比例	每个行星系统中支持生命的行星数量	这些行星上有生命的比例	有生命的行星中有智能生命的比例	有智能生命的行星中掌握交流技术的比例	能够交流的文明持续的时间

$$N = R \times f_p \times n_e \times f_l \times f_i \times f_c \times L$$

| 500 | 2100 | 10 | 7 | 0.5 | 1.0 | 1 | 3 | 0.1 | 0.1 | 0.1 | 0.1 | 1.0 | 1.0 | 10000年 | 10000年 |

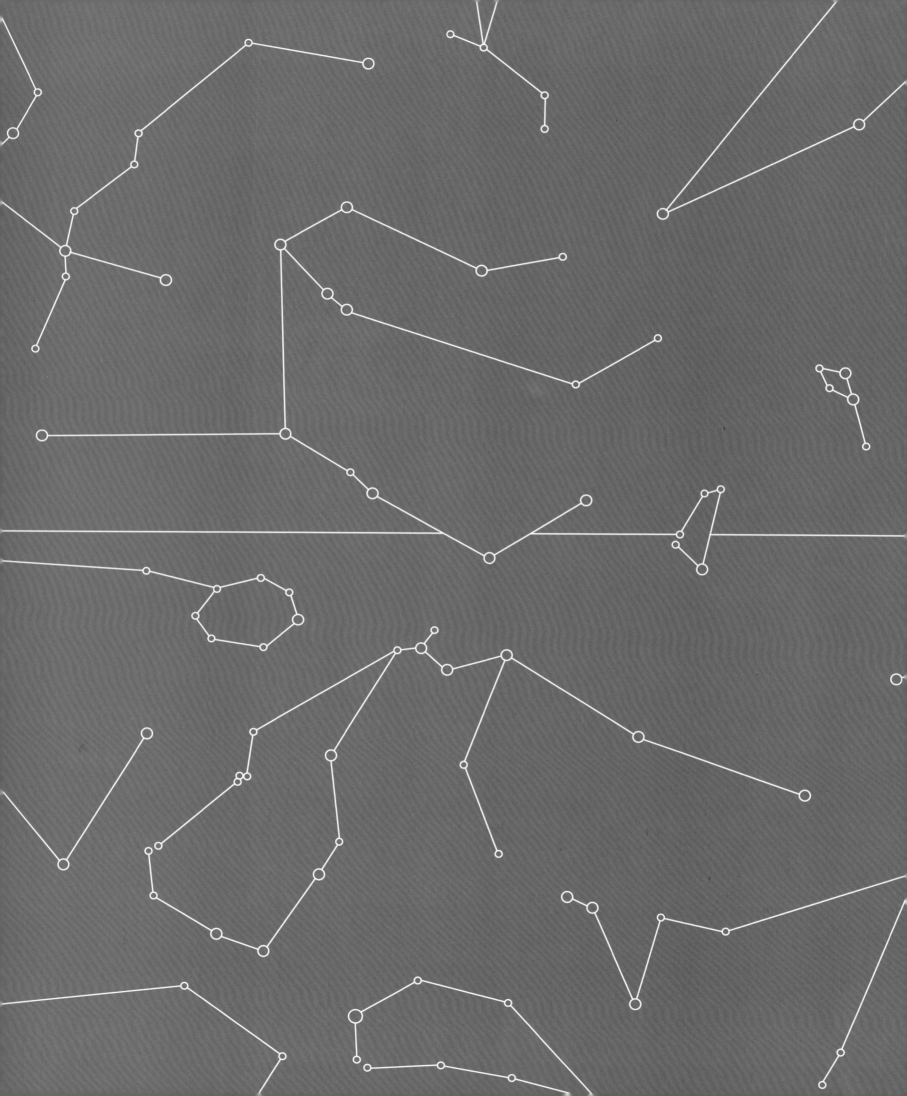

星座

夜幕降临，繁星烁空。漫天的星斗，总是能引发人们无尽的遐思。数千年前，人们用丰富的想象力，把天空中的群星连成了各种各样的图案——最早的那些"星座"便如此诞生。在他们的想象中，群星仿佛是神话故事里神灵、英雄，以及野兽们的化身；而整个夜空，则成为了一幅幅的连环画，讲述着那些人儿的悲欢离合。

随着人类文明的进步，人们渐渐发现，观测夜空中斗转星移的变化，还有不少实际的作用：黑夜里，亮星和星座可以为旅行者指引方位；一天中，日月星辰

天空中的图案

的东升西落可以帮助人们把握时间；一年来，春去秋来的斗转星移就像是一个天然的日历，等等。

地球上每一种古老的文明，在他们各自的文化中都有一套自己的星座体系。而我们沿用至今的现代星座系统，则主要来源于两千多年前古希腊的48个星座。后来在16世纪至18世纪间，随着大航海的兴起，天文学家们也有机会看到了那些在希腊无法见到的南天星座，并且将它们补录进了全天的星座系统中。到了20世纪20年代，天文学界的权威组织——国际天文学联合会（IAU）正式确认了全天的88个星座。从北天极一直到南天极，这88个星座严丝合缝地拼接起了整个天球。

随着技术日新月异的发展，古老的星座正在逐渐失去它原有的功能。纵然，在这个时代，人们已经能用计算机来精确控制太空中和地面上望远镜的指向，不需要星座也能给星星准确定位。但是，这并不妨碍我们继续借用星座的概念，来指明天体所处天区的大致位置。而且星座的意义远远不止这些。它在我们与古人之间搭建起了一座桥梁，带领我们回首人类的过去，回想那些前辈们是如何站在浩渺星空之下仰望苍穹，猜想他们对广袤宇宙和璀璨群星究竟产生了何种原始而朴素的认知。

◁ 星迹

这里是位于智利的阿塔卡马大型毫米/亚毫米波阵（ALMA），在它的上空我们能看到一圈圈像是同心圆的光带。这些亮条纹是通过相机长时间曝光记录下来的星星的轨迹。尽管看上去像是星星在围绕南天极转圈，但实际上是地球在绕着它自己的轴旋转。

描绘苍穹

　　人类对星空的探索已经持续了好几千年，许多文明将它们从万千繁星中所认出的图案与自己的神话传说联系在一起。

　　如今，由国际天文学联合会（IAU）确定的88个星座组成了整个天球（见94~95页）。在我们的现代星座系统中，88个星座是基于古希腊天文学家托勒密的48个星座增改而成。其他文明当然也曾将它们在夜空中识别出的图案与自己的神话传说联系在一起，但只有希腊文明中的48个星座被沿用到了今天。直到16世纪航海家们开始向南半球探索时，南半球这片全新的天区才被绘制出来，新的星座继而得以被确立。

古巴比伦泥板

刻有古希腊星座的天球仪

前3000—前1000年

天文学的黎明

　　苏美尔和古巴比伦天文学家观察太阳和恒星的周年运动，创立了第一批星座：比如说当时所设的天牛座（GUD.AN.NA），就是如今的金牛座。他们的观测以楔形文字的形式，被记录在了如图所示的泥板上。

前400—前250年

第一个希腊星座体系

　　古希腊天文学家欧多克索斯（Eudoxus）在一本名为《现象》的著作中修改完善了巴比伦星座，并将其引入西方。他的原稿虽然大部分已流失，但被另一位希腊诗人阿拉托斯（Aratus）改编成了一首教学诗歌，之后又被翻译为拉丁文。

拜尔星图中的武仙座

埃德蒙·哈雷

1679年

哈雷的南天观测

　　英国天文学家哈雷（Edmond Halley）在圣赫勒拿岛进行了第一次精确的南天观测，在他的南天表中标注了341颗恒星的方位。哈雷还创立了一个新的星座：查尔斯橡树座，然而这个星座并没有沿用下来。

1603年

第一张全天星图

　　德国律师、业余天文学家拜尔（Johann Bayer）出版了第一张涵盖整个天球的星图《测天图》。在《测天图》中，48个托勒密星座每个都占据了一整页，12个新的南天星座集中放在了一张附页上。

1592—1612年

新星座的诞生

　　荷兰制图家、天文学家普朗修斯（Petrus Plancius）创立了15个新星座，其中12个星座位于欧洲无法观测到的南方天空，还包括了由荷兰航海家凯泽（Pieter Dirkszoon Keyser）和豪特曼（Frederick de Houtman）标注的恒星。

赫维留星图中的小狮座

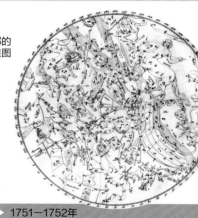

拉卡耶的南天星图

1690年

赫维留的新星座

　　波兰天文学家赫维留（Johannes Hevelius）出版了一份标注出1500多颗恒星的星表，由于有了全新的星图，这份星表比第谷的星表更大也更精确。赫维留还创造了10个新的星座，其中有7个沿用至今。

1725年

弗拉姆斯蒂德的星图与星表

　　英国首任皇家天文学家弗拉姆斯蒂德（John Flamsteed）第一次借助望远镜编制了全新的星表。这份星表在他逝世后才得以出版，同时出版的还有他的《天图》——二者都成为了他身后一百年天文学的参考标准。

1751—1752年

更多的南天星座

　　法国天文学家拉卡耶（Nicolas louis de Lacaille）在好望角进行了南天观测，出版了一份包括近2000颗恒星的恒星图。他还介绍了14个新的南天星座，仍被沿用至今。

观测夜空的喜帕恰斯

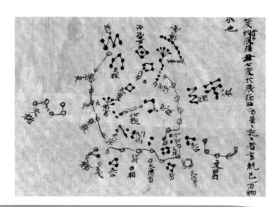
中国古代星官

约前150年

第一个大型星表

古希腊天文学家喜帕恰斯编纂了古代第一个大型星表，为40多个星座的850颗恒星进行了分组。喜帕恰斯同时将恒星按亮度划分为6个等级，这也是最原始的星等体系。

约150年

《天文学大成》

古希腊天文学家托勒密将古希腊天文学精华编著成了一本《天文学大成》，其中将喜帕恰斯的星表加以完善，形成了48个星座——这便是近1500年来西方天文学的根基。

约650年

最古老的星图

7世纪的中国人在纸卷轴上绘制了现存最古老的星图。相比西方的星座，中国古代的星官面积更小，数量更多——托勒密星座只有48个，而中国星官却超过了280个。中国天文学家记录的恒星也比希腊天文学家记录的多了几百颗。

第谷的汶岛天文台

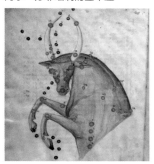
丢勒绘制的北天星图

阿尔·苏菲绘制的金牛座

1598年

第谷·布拉赫

丹麦天文学家第谷（Tycho Brahe）编制的新的星表比托勒密《天文学大成》中的星表精确十多倍。由于在那个时代望远镜还没被发明出来，第谷是用肉眼来进行观测的。

1515年

丢勒星图

德国艺术家丢勒（Albrecht Dürer）根据托勒密《天文学大成》中的星表，绘制了欧洲第一张版画星图。版画的一半描绘了黄道带和北天的星座，另一半描绘了南天的星座。星座的画法都是镜像翻转的，就像在天球仪上看到的那样。

964年

阿拉伯星图

古波斯天文学家阿尔·苏菲（al-Sufi），在西方以"阿左飞"（Azophi）之名闻名于世。他编著了古希腊《天文学大成》的进阶版——《恒星之书》。这本书为每一个星座绘制了插图，并将一些在《天文学大成》中被漏掉的星座以阿拉伯画风呈现出来。

《波德星图》中的飞马座

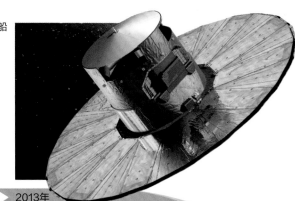
盖亚飞船

1801年

古典星图的巅峰巨著

1801年，柏林天文台台长波德（Johann Elert Bode）出版的《波德星图》，可称得上是古典星图的巅峰巨著。它包括了17000颗恒星，100多个星座，其中有5个是由波德自己创立的。

1922—1930年

最后的清单

新成立的国际天文学联合会（IAU）将星座的数量确定为88个，覆盖整个天球，并规定了官方的星座边界。自此开始，便不能再增加星座了。

1989—1993年

在太空中编制星表

欧洲航天局发射的"依巴谷卫星"以古希腊天文学家喜帕恰斯（即依巴谷）的名字命名。它在轨道上以前所未有的精度测量了10万多颗恒星的位置、运动及亮度，并编制成星表。

2013年

3D银河系

来自欧洲的盖亚天文卫星发射升空。它将用5年的时间来测量超过10亿颗恒星的距离和运动，从而绘制出一张银河系的三维地图。

天球

尽管夜空中的星星离我们远近不一，但很多时候我们会把夜空想象成一张球形巨幕，而星星则"镶嵌"在这张球幕的内部。这样的想法可以帮助我们有效地记录星星在天空中的位置。

这个想象中的球形巨幕，就是我们所说的"天球"。天空中，除了太阳以外的每一颗恒星，包括遥远的星系之类的天体，在这个天球上都有一个差不多相对固定的位置——也就是说，除非经历很长很长的时间，它们在天球上是几乎不动的。像太阳和太阳系天体之类的比较近的天体，则会在天球上或快或慢地移动，就像是在恒星背景上"漫游"一样，只不过它们漫游的路径是我们可以预测的。

天空之球

地球是个真实存在的球体，这个概念对我们来说并不陌生；而谈论天球时，我们就可以用地球来做类比。同地球一样，天球也有北极、南极和赤道，还有与地球上相对应的纬度和经度。所以，其实天球就是个"天空版"的地球仪。就像地球上的城市在地球仪上有经纬度坐标一样，天空中的恒星和星系在天球上也有它们的坐标。对天球和地球对应关系的了解，可以帮助天文学家——其实是帮助所有人，知道我们在地球上不同位置、夜里不同时间、一年里不同季节，能看到什么样的星空。

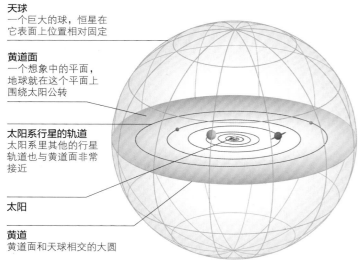

天球
一个巨大的球，恒星在它表面上位置相对固定

黄道面
一个想象中的平面，地球就在这个平面上围绕太阳公转

太阳系行星的轨道
太阳系里其他的行星轨道也与黄道面非常接近

太阳

黄道
黄道面和天球相交的大圆

△**黄道**
　　天球上最主要的一个大圆，叫作"黄道"。黄道指的是黄道面（地球绕太阳公转的平面）与天球表面相交的地方。从地球上看，相对于天球上的恒星背景，太阳永远是在黄道上运行的，而太阳系其他行星的运行轨迹距离黄道也没有多远。

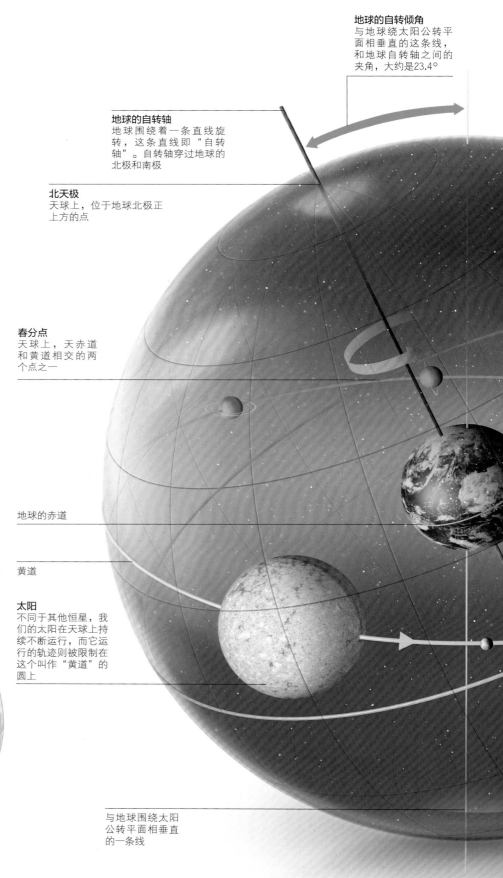

地球的自转倾角
与地球绕太阳公转平面相垂直的这条线，和地球自转轴之间的夹角，大约是23.4°

地球的自转轴
地球围绕着一条直线旋转，这条直线即"自转轴"。自转轴穿过地球的北极和南极

北天极
天球上，位于地球北极正上方的点

春分点
天球上，天赤道和黄道相交的两个点之一

地球的赤道

黄道

太阳
不同于其他恒星，我们的太阳在天球上持续不断运行，而它运行的轨迹则被限制在这个叫作"黄道"的圆上

与地球围绕太阳公转平面相垂直的一条线

△**想象中的球**
　　"天球"纯粹是想象中的而非实际存在的。它的形状固定，但没有特定的大小。天文学家们通过天球上精确定义的点和曲线做参考，来描述或者确定恒星以及各种各样天体的准确位置。

天赤道
天球上的一个大圆，位于地球赤道的正上方

天球表面

秋分点
天球上，天赤道和黄道相交的两个点之一

恒星的视运动

当你在夜里原地不动地仰望星空时，你会看见恒星和其他天体在天上缓慢地运动，划出一道道的曲线。这种视运动实际是由地球自转形成的，而当你在不同地方观测时，看到的恒星视运动方式也不尽相同。虽然说，身处南北两个半球的观测者能看到类似的运动，但有一点最大的不同，那就是在北半球看起来，恒星都沿逆时针方向围绕北天极转动，而南半球却是沿顺时针方向绕南天极转动。

△**北极点上看到的恒星视运动**
从观测者的角度来看，恒星似乎是围绕着位于头顶的北极点逆时针转圈。而地平线附近的恒星，则会沿着地平线绕圈。

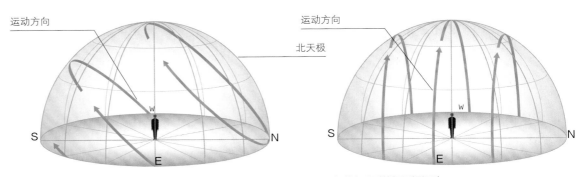

△**北半球中纬度地区看到的恒星视运动**
在这位观测者看来，大多数恒星都是从东方升起，经过南方天空，最后从西方落下；但是北天的一些恒星却是绕着北天极以逆时针方向转圈的。

△**赤道上看到的恒星视运动**
在位于赤道附近的观测者眼里，恒星看起来是从东方垂直地向上升起，在天上划过，然后再垂直地从西方落下。

天球坐标系

天文学家用一种类似于经纬度的坐标系统，记录天球上任意天体的准确位置。这种坐标系统叫赤经和赤纬。赤纬以天赤道为基准，其大小是天体从天赤道往北或者往南的角度；而赤经则以天球子午线——一条穿过南北天极和春分点的线为基准，其大小是天体从天球子午线往东的角度。

▷ **确定星星的坐标**
天球上赤纬的测量方法和地球上的纬度测量如出一辙，而赤经的测量方法也和地球上的经度测量大同小异。图中这颗恒星的赤纬（记为Dec）是+45°，而赤经（记为RA）是1h或15°。

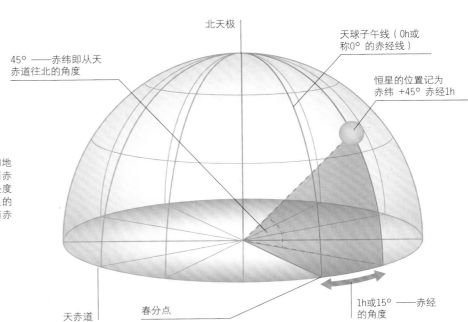

黄道带

当地球围绕太阳公转时，太阳看起来就像是在恒星背景上运动，尽管这种运动会因为太阳的耀眼光芒而并不明显。太阳在天球上运动的轨迹叫黄道，而轨迹附近的这片带状区域就是黄道带。

每经过一年的时间，太阳在天球的轨迹会形成一个完整的圆，这个圆就叫作黄道（见90页）。我们以黄道为基准，向两边延伸出一个想象的8°~9°的带状区域，叫作黄道带。黄道一圈会经过13个星座，即黄道星座，每个黄道星座都至少有一部分位于黄道带上。与黄道相关的这些概念在传统占星术中也有所借用，比如黄道带被等分为12份，与天文学上的黄道星座相比，少了蛇夫座这个星座。

太阳会在每个黄道星座中运行一段时间，但是这个日期和传统占星术中十二宫的日期并不相符。究其原因，一方面是因为春分点发生了进动，另一方面是因为星座大小并不相同。

对于黄道带而言，只要太阳去到了哪个星座，这个星座附近的星星就会被太阳耀眼的光芒所遮掩，而不再容易被看到。相反，位于太阳正对面的那些星星，就很容易在午夜时分被看到。在一年的时间里，当地球绕太阳转到不同的地方，我们在夜里能看到的那部分星空（包括黄道带的星空）也会随之而改变。

太阳的运行时刻表

星座	在每个星座中的大致日期	星座	在每个星座中的大致日期
白羊座	4月19日~5月13日	天蝎座	11月23日~11月29日
金牛座	5月14日~6月19日	蛇夫座	11月30日~12月17日
双子座	6月20日~7月20日	人马座	12月18日~1月18日
巨蟹座	7月21日~8月9日	摩羯座	1月19日~2月15日
狮子座	8月10日~9月15日	宝瓶座	2月16日~3月11日
室女座	9月16日~10月30日	双鱼座	3月12日~4月18日
天秤座	10月31日~11月22日		

△黄道星座的日期
太阳经过13个黄道星座的日期如上表所示，与传统黄道十二宫的那些日期没有任何关系。

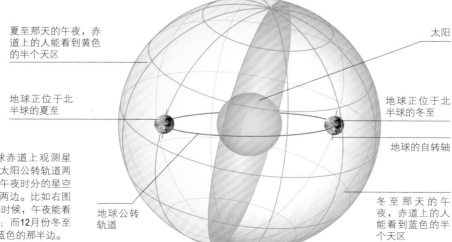

▷6月和12月的夜空
假设有一个人在地球赤道上观测星空，那么当地球运行到绕太阳公转轨道两端的时候，他会注意到，午夜时分的星空正好分别是天球上相反的两边。比如右图中这样，北半球6月夏至的时候，午夜能看到的星空是黄色的那半边；而12月份冬至的时候，午夜看到的则是蓝色的那半边。

夏至那天的午夜，赤道上的人能看到黄色的半个天区

地球正位于北半球的夏至

地球公转轨道

太阳

地球正位于北半球的冬至

地球的自转轴

冬至那天的午夜，赤道上的人能看到蓝色的半个天区

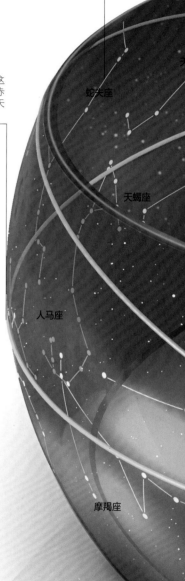

蛇夫座，即占星术里所缺少的那个黄道星座

北半球的冬至，这时的太阳位于天赤道下方，且距离天赤道最远

天秤

蛇夫座

天蝎座

人马座

摩羯座

▷黄道带
黄道带大概占了整个天球表面的1/6（它的宽度在图里有所夸大），黄道则从黄道带的正中间穿过。不仅是太阳，包括月亮和太阳系行星在内，它们在天球上运行的轨迹都在这个黄道带之内。

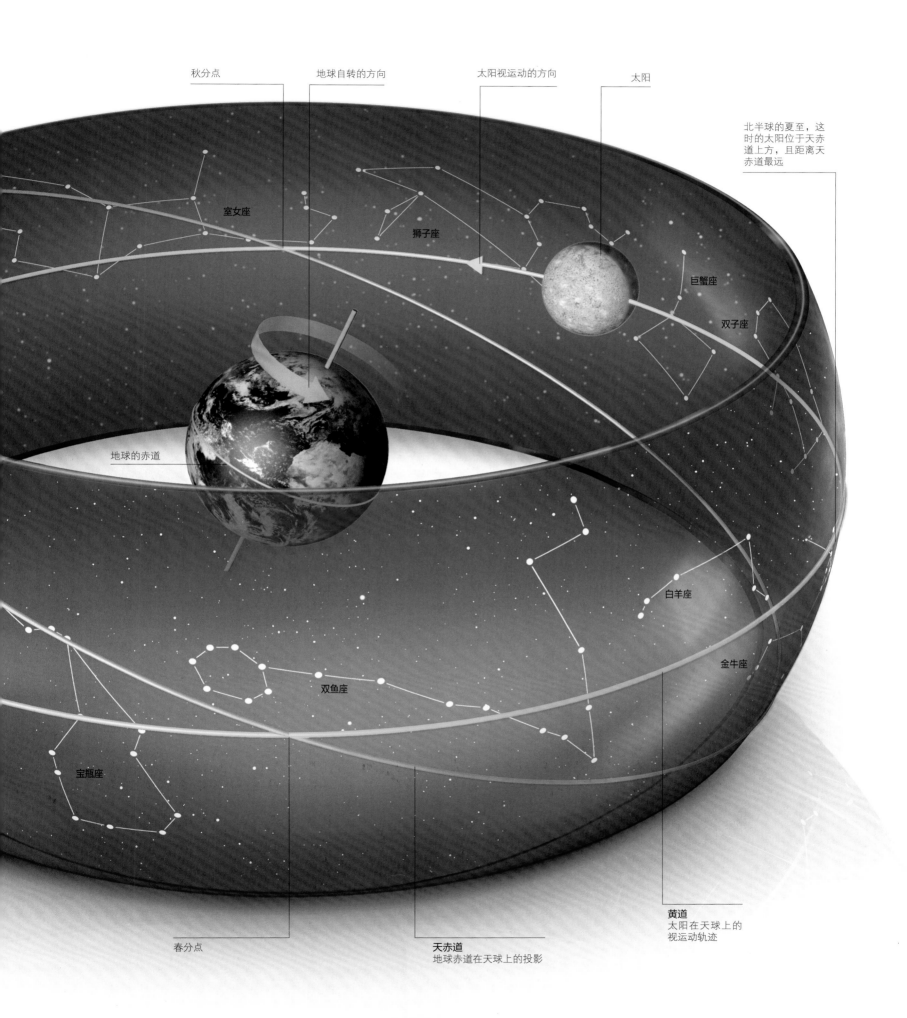

秋分点

地球自转的方向

太阳视运动的方向

太阳

北半球的夏至，这时的太阳位于天赤道上方，且距离天赤道最远

室女座

狮子座

巨蟹座

双子座

地球的赤道

白羊座

金牛座

双鱼座

宝瓶座

春分点

天赤道
地球赤道在天球上的投影

黄道
太阳在天球上的视运动轨迹

绘制天图

为了给天上的日月星辰定位并绘制出它们的位置图，天文学家引入了天球这个概念。天球是一个想象中的球壳，它以地球为中心，能让天上的所有物体都在上面找到自己的位置。

众所周知，天上的物体离地球远近不一，但是为了给它们在星图上定个位，我们可以想象它们全部镶嵌在天球的内表面上。和地球一样，天球上也可以绘出经线和纬线，包括一条天赤道；类似地，就像地球上的陆地被划分成一个个国家一样，天球也被划分为一块块区域，这些区域就叫作"星座"。

天球是包围在地球外面的一个想象中的球

星座的边界都是直线段，而且都沿着垂直或者水平方向

▷ 星座的今昔

过去的数千年来，人们一直借助丰富的想象力在夜空的穹幕上将繁星连成一个个熟悉的图案，并把这些图案称为"星座"。到了20世纪初，国际天文学联合会（IAU）正式确定了88个星座，规范了正式名称，划定了它们之间的边界。因此，在现代天文学体系中，星座的含义已不再是一群群亮星连线组成的图案，而是已经成为一片片天区的名称。

天空中的猎户座
在猎户座里，一些亮星被人们从想象中连上线，组成了像古希腊神话中猎人或者勇士的形象

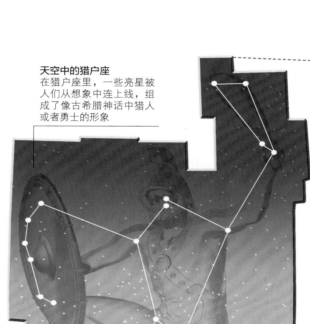

▽ 观测者的地点

在地球上一个特定的地点，观测者最多只能看到半个天球的星空，另外半个则躲在了大地的另一面。天球上的某个星座能不能被观测者看到，也取决于观测者所处的位置。以大犬座为例，从北纬56°以南一直到南极都可以看到完整的星座；在北纬56°以北的一条带里就只能看到星座的一部分；到北极点附近的区域里，则整个星座都看不见了。

星座不可见

星座部分可见

星座完整可见

地球上可见大犬座的区域

大犬座

◁ 星座大拼图
　　天球上的星座就像是一个三维大拼图。它们严丝合缝地拼接起了整个天空，所有恒星或者其他天体都能在88个星座中找到对应的位置。

在每个星座中，都会有一些人们想象出来的亮星连线，代表了真实的或神话中的人物、动物或者其他物体

银河在天球上延伸出完整的一周

长蛇座是面积最大的星座

天赤道附近的星座，在地球上绝大多数地方的人都能看到

星座与星座之间紧密地拼接在一起

天球上有9000多颗恒星是肉眼可见的

星图

接下来的几页中有6张星图，它们放在一起可以拼接出一个完整的天球。其中两张分别是北天极和南天极附近的天区，还有4张是其余区域的星空。

可见范围、星等和距离

在本章节中，每个星座都有一个主要数据表，它给出了该星座的一些重要信息，包括其完全可见的纬度范围、晚上10点上中天的月份等。在星座的主要恒星表里，则标记有亮度和距离的符号：亮度符号后面会给出恒星的视星等，而距离符号后面给出的是恒星到地球的距离，并以光年为单位。

80°N
40°N
0
40°S
80°S

☀ 亮度　　⟷ 距离

星座图的图例

以下每个星座单独的星图中，我们列出了星座的主要恒星——包括组成星座图案的亮星，以及其他值得一提的恒星。如右边图例所示，星图上通过星芒图案的大小来表示其视星等（亮度）。此外，星图上还标注了一些关键的深空天体，比如星系、星云和星团等，右边的图例中也列出了它们的表示方式。

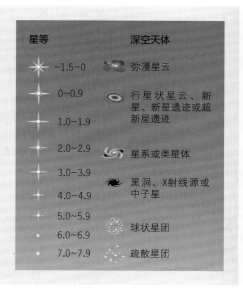

星等		深空天体	
✦	-1.5~0		弥漫星云
✦	0~0.9		行星状星云、新星、新星遗迹或超新星遗迹
✦	1.0~1.9		
✧	2.0~2.9		星系或类星体
＊	3.0~3.9		黑洞、X射线源或中子星
·	4.0~4.9		
·	5.0~5.9		球状星团
·	6.0~6.9		疏散星团
·	7.0~7.9		

这里将会给出6张星图，它们放在一起可以展现整个星空的样子，以及88个星座的位置。两张圆盘形状的星图表示的分别是以南北天极为中心的一部分区域；剩下的4张，则是天赤道附近的区域，4张星图的中心点分别位于天赤道的4个四等分点上。在星图之后的页面里，将会有88个星座各自的星图、资料和相关介绍。

星图1

北极天区

这张星图以北天极为中心，展现了北极附近的天区，赤纬范围从90°（即北天极）一直向南到50°。几乎位于星图正中心的那颗恒星，就是北极星。它位于小熊座，与北天极的距离不到1°。北极星和它周围的一些恒星，被称为"拱极星"，因为对于北半球的观测者而言，它们永远不会落入地平线以下。拱极星的范围有多大，取决于观测者所在的纬度：纬度越高（即越往北），拱极星的数量就越多。

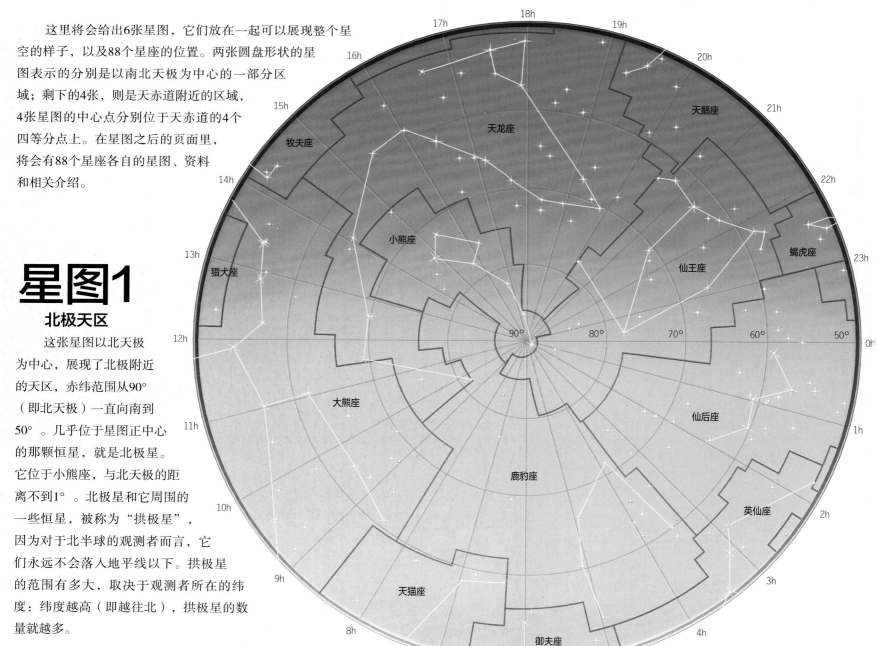

光度的等级

在一些对大星座的介绍中，我们会给出星座中部分主要恒星的光度级别（即恒星发出的总能量的多少，以太阳的倍数来计算），包括组成星座图案的恒星里最亮和最暗的那两颗。

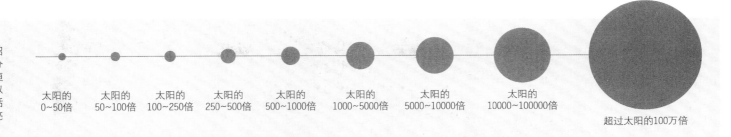

太阳的 0~50倍	太阳的 50~100倍	太阳的 100~250倍	太阳的 250~500倍	太阳的 500~1000倍	太阳的 1000~5000倍	太阳的 5000~10000倍	太阳的 10000~100000倍	超过太阳的100万倍

星座在全天中的位置表

每个星座的介绍中都会给出一张星座的定位图，以表现星座在整个天球上所处的位置。定位图下面的星图编号，与这几页总星图的编号是一致的。

星图1

星图5

希腊字母表

星座图里有些亮星会用希腊字母来标记。这种普遍使用的恒星命名法最早是由德国天文学家拜尔所发明的。

Alpha	α	Kappa	κ	Tau	τ
Beta	β	Lambda	λ	Upsilon	υ
Gamma	γ	Mu	μ	Phi	φ
Delta	δ	Nu	ν	Chi	χ
Epsilon	ε	Xi	ξ	Psi	ψ
Zeta	ζ	Omicron	ο	Omega	ω
Eta	η	Pi	π		
Theta	θ	Rho	ρ		
Iota	ι	Sigma	σ		

星图2
南极天区

这张星图以南天极为中心，展现了南极附近的天区，赤纬范围从-90°（即南天极）一直向北到-50°。南天极附近没有亮星，也就是说，没有一颗亮恒星距离南天极足够近，能指示南天极的位置。南天极附近的一些恒星同样也是"拱极星"，对于南半球的观测者而言，它们永远不会落入地平线以下。拱极星的范围有多大，取决于观测者所在的纬度：纬度越高（即越往南），拱极星的数量就越多。

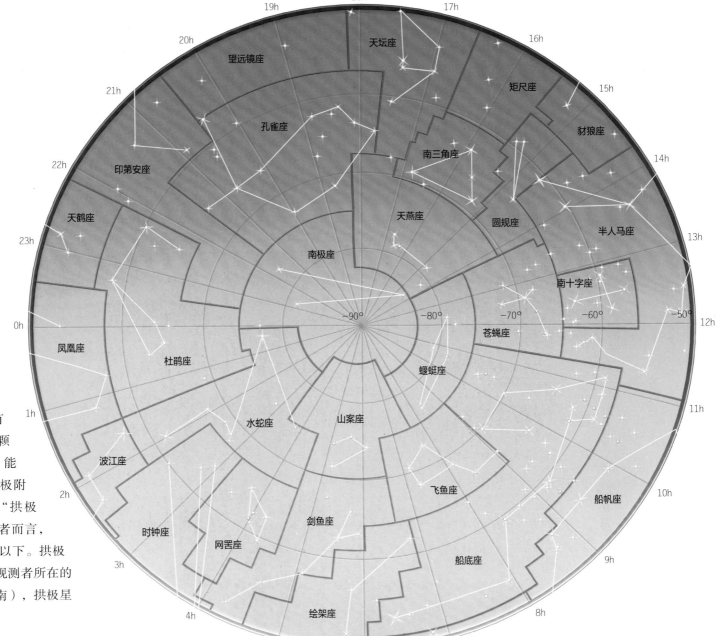

星图3

赤道天区

这张星图中的天区最适合9月、10月、11月前后的傍晚观测。星图的中心是位于双鱼座的春分点，即天赤道和黄道（太阳的轨迹）的一个交点。每年3月下旬，太阳会沿着黄道由南向北经过春分点，从南半球运行到北半球。春分点同时还定义了赤经的零点，即通过春分点的那条天球子午线为0h，就像地球上的0°经线——本初子午线一样。

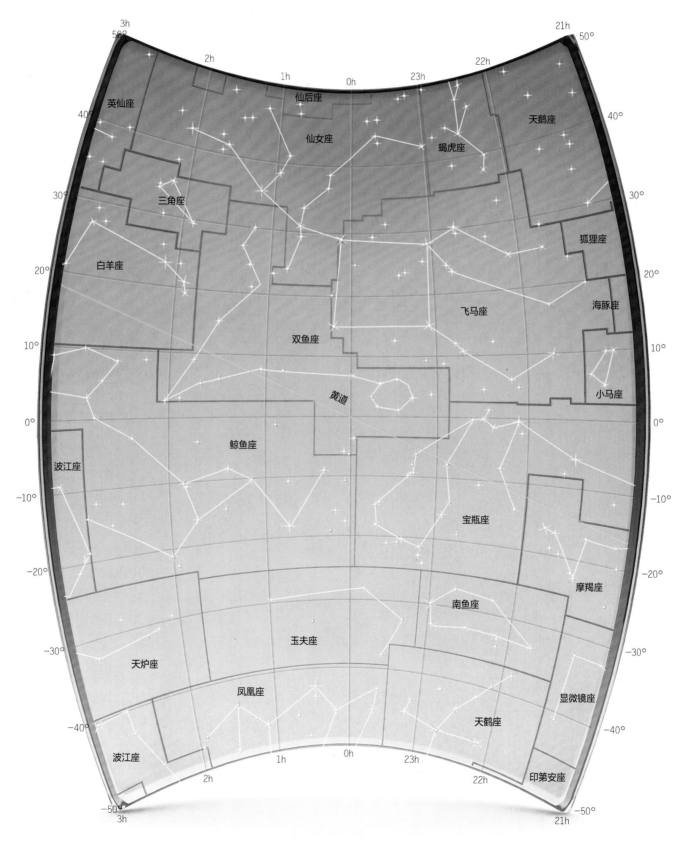

星图4
赤道天区

这张星图中的天区最适合6月、7月、8月前后的傍晚观测。在这部分天区里，太阳的轨迹始终位于天赤道的南方。每年12月21日冬至前后，太阳会运行到它所能达到赤纬最南的地方，位于人马座。这一天南半球白昼最长、北半球白昼最短。此外，从北天的天鹅座到南天的天蝎座，银河最密集的一段也从本区域穿过。

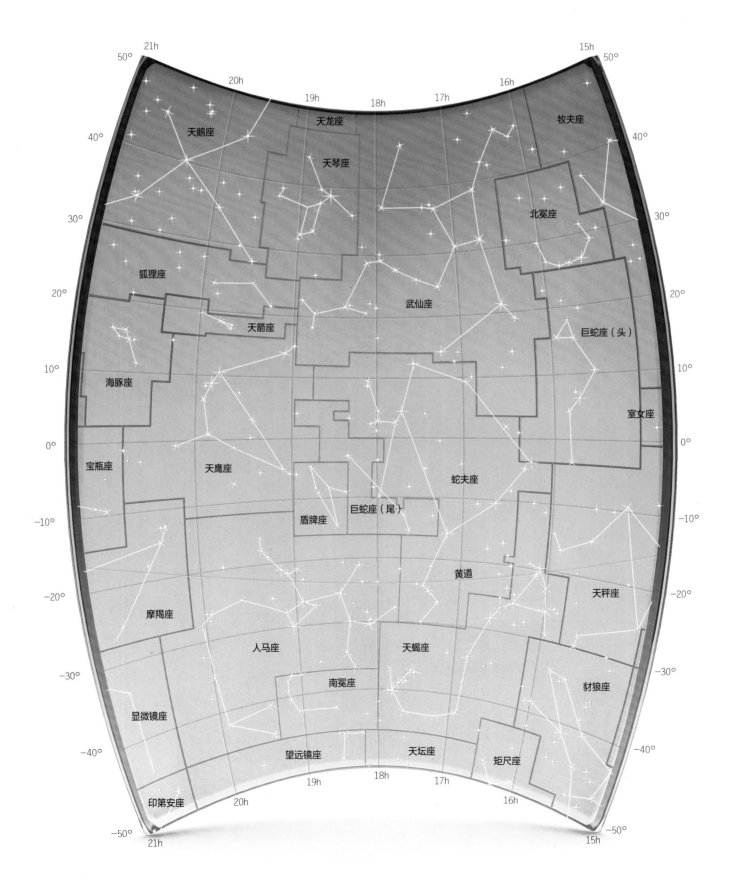

星图5
赤道天区

这张星图中的天区最适合3月、4月、5月前后的傍晚观测。星图的中心是位于室女座的秋分点，即天赤道和黄道（太阳的轨迹）的另一个交点。每年9月下旬，太阳会沿着黄道由北向南经过秋分点，从北半球运行到南半球。春分和秋分这两天，全球各地昼夜等长。此外，这个天区里还有牧夫座的最亮星——大角。它的出现，意味着北半球的春天将要到来了。

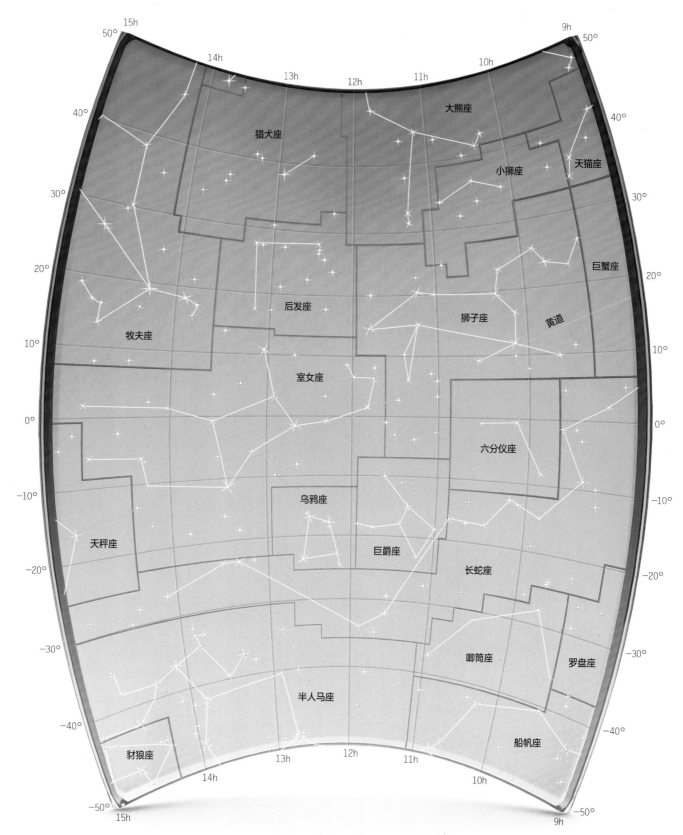

星图6
赤道天区

这张星图中的天区最适合12月、1月、2月前后的傍晚观测。在这部分天区里，太阳的轨迹始终位于天赤道的北方。每年6月21日夏至前后，太阳会运行到它所能到达的赤纬最北的地方，位于金牛座和双子座的边界附近。这一天北半球白昼最长、南半球白昼最短。

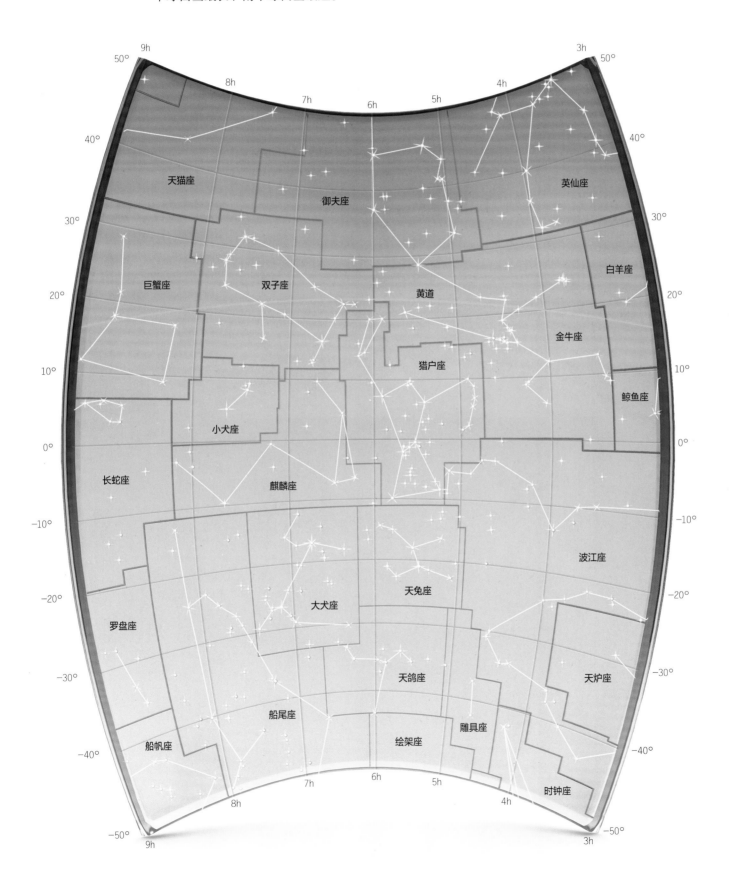

小熊座 北天的小熊
URSA MINOR

　　北天极就在小熊座中，星座中的最亮星——勾陈一，就是目前的北极星。这个星座是一只小熊的化身，它陪伴着一只大熊，即大熊座。

　　构成小熊座星座图案的7颗主要恒星排列成了一个平底锅的形状，看上去就像是北斗七星的迷你版，因此它还有个俗称，叫"小北斗"。在古希腊神话中，小熊座是抚养婴儿宙斯的一个女神。小熊座的最亮星——勾陈一（北极星），非常靠近北天极的位置，是夜空中指引北方的最佳向导。

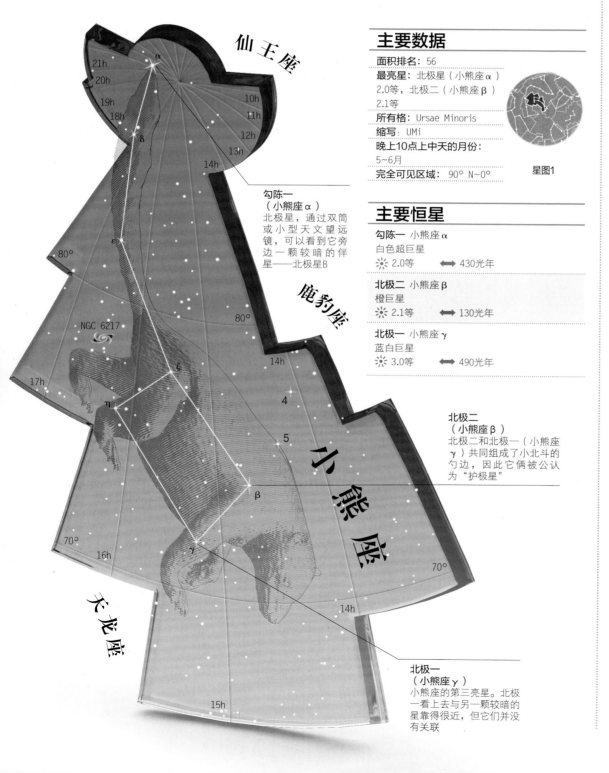

仙王座

鹿豹座

NGC 6217

小熊座

天龙座

勾陈一
（小熊座α）
北极星，通过双筒或小型天文望远镜，可以看到它旁边一颗较暗的伴星——北极星B

北极二
（小熊座β）
北极二和北极一（小熊座γ）共同组成了小北斗的勺边，因此它俩被公认为"护极星"

北极一
（小熊座γ）
小熊座的第三亮星。北极一看上去与另一颗较暗的星靠得很近，但它们并没有关联

主要数据

面积排名：56
最亮星：北极星（小熊座α）
2.0等，北极二（小熊座β）
2.1等
所有格：Ursae Minoris
缩写：UMi
晚上10点上中天的月份：
5~6月
完全可见区域：90° N~0°

星图1

主要恒星

勾陈一 小熊座α
白色超巨星
☀ 2.0等　⟷ 430光年

北极二 小熊座β
橙巨星
☀ 2.1等　⟷ 130光年

北极一 小熊座γ
蓝白巨星
☀ 3.0等　⟷ 490光年

仙王座
CEPHEUS
神话中的伊索比亚国王

　　仙王座是一个暗淡的北天星座，形状像一个屋顶尖尖的房子。仙王座是古希腊神话中一位国王的化身，星座内还包含了造父变星的原型。

　　仙王座被认为是伊索比亚的国王克普斯的化身。伊索比亚是地中海东部的一个神秘王朝，这个名字在拉丁文里和如今我们熟知的非洲国家埃塞俄比亚是一个词，不过指的却不是同一个国家。夜空中的仙王座同时也是他身边仙后座的丈夫和仙女座的父亲。

　　仙王座最有名的莫过于它有两颗著名的变星。造父一（仙王座δ）是第一颗被发现的以"造父变星"命名的脉动变星。1784年，英国天文爱好者古德里克（John Goodricke）注意到这颗星的亮度以5天9小时为周期，在3.5~4.4等间变化。造父一也是一颗三合星，通过小型望远镜可以看到它的一颗暗淡的伴星。造父四（仙王座μ）是另一颗变星，因其深红的颜色得名"石榴石星"。这是一颗红色超巨星，亮度以大约2年的周期在3.4~5.1等间变化。

△IC 1396
　　位于仙王座和天鹅座的边界上，是一个被一大团发光气体所包围的星团。在这张照片中，明亮的气体所映衬出的轮廓是一片被称为"象鼻星云"的黑暗区域，布满了气体和尘埃，新的恒星就从这里诞生。

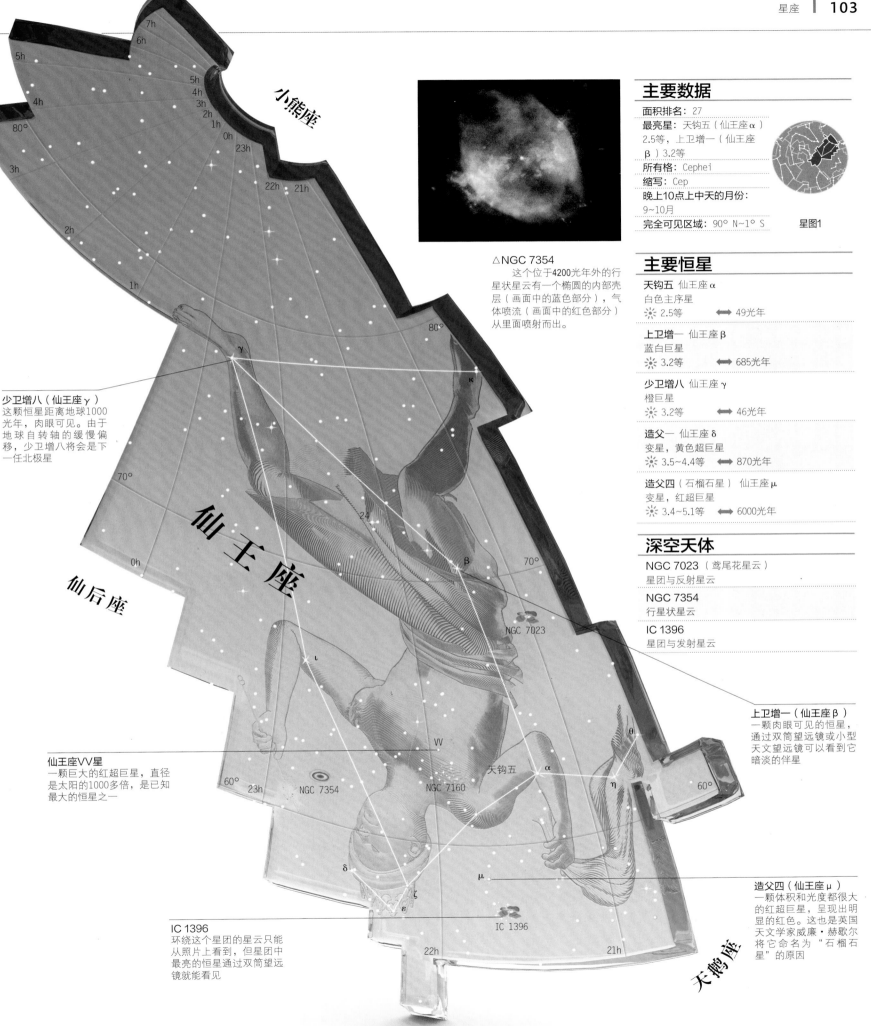

小熊座

仙后座

仙王座

天鹅座

主要数据

面积排名：27

最亮星：天钩五（仙王座 α）
2.5等，上卫增一（仙王座
β）3.2等

所有格：Cephei

缩写：Cep

晚上10点上中天的月份：
9~10月

完全可见区域：90° N~1° S   **星图1**

△ NGC 7354
这个位于4200光年外的行
星状星云有一个椭圆的内部壳
层（画面中的蓝色部分），气
体喷流（画面中的红色部分）
从里面喷射而出。

主要恒星

天钩五 仙王座 α
白色主序星
☀ 2.5等   ⟷ 49光年

上卫增一 仙王座 β
蓝白巨星
☀ 3.2等   ⟷ 685光年

少卫增八 仙王座 γ
橙巨星
☀ 3.2等   ⟷ 46光年

造父一 仙王座 δ
变星，黄色超巨星
☀ 3.5~4.4等   ⟷ 870光年

造父四（石榴石星） 仙王座 μ
变星，红超巨星
☀ 3.4~5.1等   ⟷ 6000光年

深空天体

NGC 7023 （鸢尾花星云）
星团与反射星云

NGC 7354
行星状星云

IC 1396
星团与发射星云

少卫增八（仙王座 γ）
这颗恒星距离地球1000
光年，肉眼可见。由于
地球自转轴的缓慢偏
移，少卫增八将会是下
一任北极星

仙王座VV星
一颗巨大的红超巨星，直径
是太阳的1000多倍，是已知
最大的恒星之一

IC 1396
环绕这个星团的星云只能
从照片上看到，但星团中
最亮的恒星通过双筒望远
镜就能看见

上卫增一（仙王座 β）
一颗肉眼可见的恒星，
通过双筒望远镜或小型
天文望远镜可以看到它
暗淡的伴星

造父四（仙王座 μ）
一颗体积和光度都很大
的红超巨星，呈现出明
显的红色。这也是英国
天文学家威廉·赫歇尔
将它命名为"石榴石
星"的原因

天龙座ω
太阳的6倍

天龙座ν¹
太阳的9倍

天龙座δ
太阳的46倍

天龙座 盘踞夜空的巨龙
DRACO

天龙座几乎环绕了半个北天极，只要认出头部4颗恒星的排列，就能轻易地找到天龙座。

天龙座是古希腊神话中被赫拉克勒斯杀死的一条巨龙，这是赫拉克勒斯12项伟大功绩之一。夜空中，赫拉克勒斯跪朝着巨龙，一只脚还在巨龙的头上。尽管范围很广，天龙座却不是一个特别突出的星座。它的最亮星天龙座γ，又称天棓四，也仅仅是一颗2等星。天龙座包含了很多双星，例如天龙座ν是一对5等的双星、天龙座ψ是一对5等和6等的双星、天龙座16和天龙座17是一对5等的双星，还有天龙座40和天龙座41是一对6等的双星，这些双星通过小型天文望远镜或双筒望远镜就能分辨出来。天龙座里比较明显的深空天体较少，包括猫眼星云（NGC 6543）和扭曲的旋涡星系——蝌蚪星系（UGC 10214）。

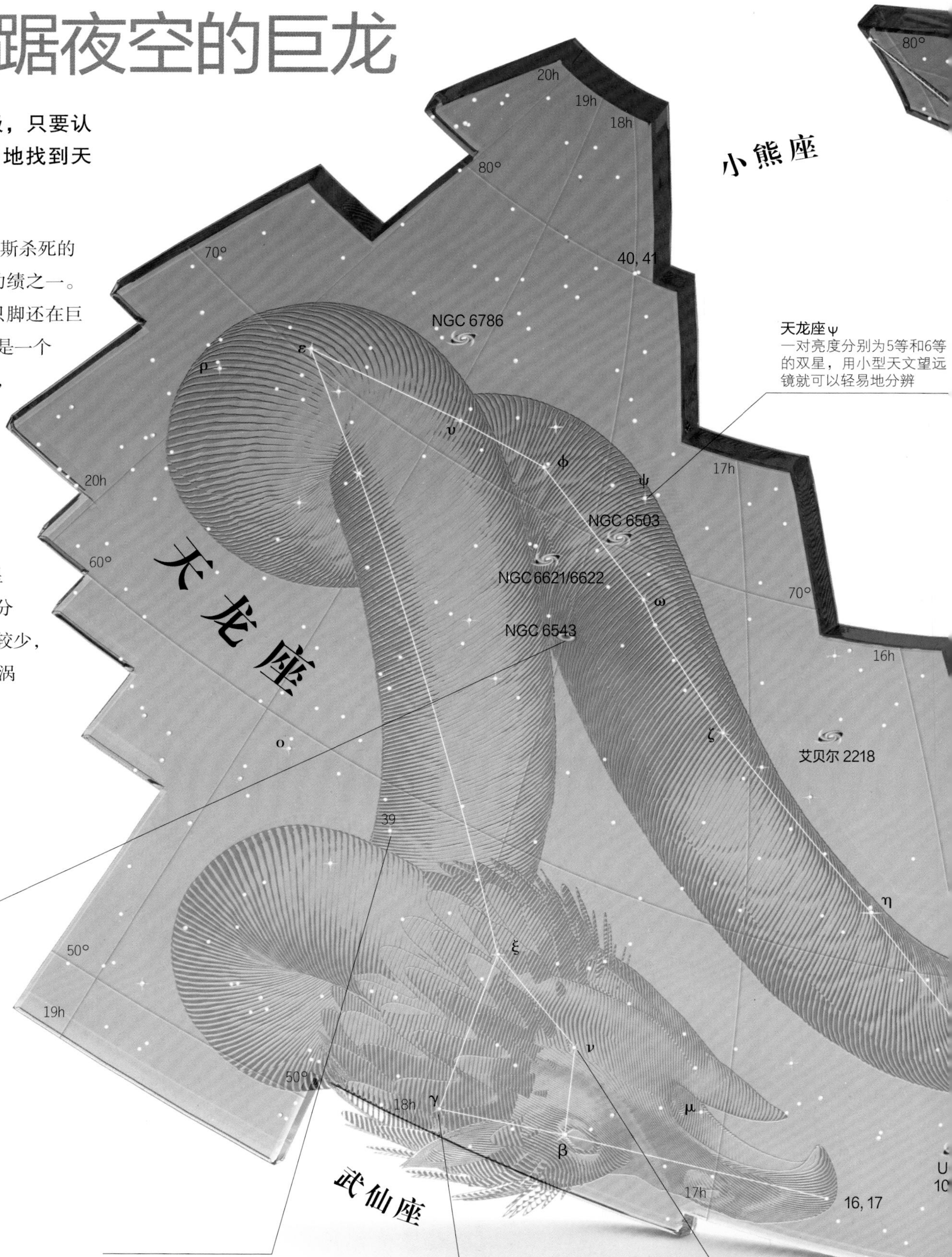

小熊座

天龙座ψ
一对亮度分别为5等和6等的双星，用小型天文望远镜就可以轻易地分辨

NGC 6786

NGC 6503

NGC 6621/6622

NGC 6543

天龙座

艾贝尔 2218

NGC 6543
行星状星云，俗称猫眼星云，距离地球约3000光年，通过小型天文望远镜就可以看到它蓝色的盘面

右枢（天龙座α）曾经是3000年前的北极星，由于地球自转轴的偏移，如今的它离北极点已经很远了

武仙座

天龙座39
一对远距双星，亮度分别为5等和8等，利用小型天文望远镜或双筒望远镜可以将它们分辨出来

天棓四（天龙座γ）
天龙座最亮星，亮度为2.2等。它和天龙座β、天龙座ν及天龙座ξ组成了一个菱形，这就是天龙的头

天龙座ν
这对双星的两颗子星相距很远，都是5等的白色星，用小型天文望远镜或双筒望远镜就可以看到

天桴四
太阳的250倍

右枢
太阳的255倍

天桴三
太阳的905倍

天龙座 λ
一颗亮度为4.1等的红巨
星，距离地球约335光年

11h

12h

70°

70°　κ

12h

14h

13h

14h

α

大熊座

15h

60°

ι

M102

15h

△ UGC 10214
通常被称为"蝌蚪星系"，这个造型独特的星系身后
拖着一条由恒星和气体组成的长达28万光年的"尾巴"。
这条长尾是被一个横穿而过的小星系的引力拖曳形成的。
透过左上角的旋臂就能看到那个小星系的身影。

▽ NGC 6543
这个行星状星云至少有11层气体尘埃结构，人们认为
这是星云中央的恒星以1500年为间隔不断地抛出物质所形成
的。这些结构组成了一只猫眼的形状，因此人们也给了它
一个俗称：猫眼星云。

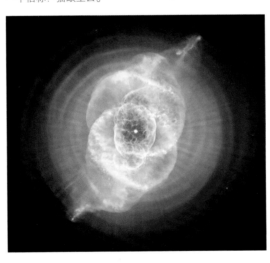

主要数据

面积排名：	8
最亮星：	天桴四（天龙座 γ）2.2等，天龙座 η 2.7等
所有格：	Draconis
缩写：	Dra
晚上10点中天的月份：	4~8月
完全可见区域：	90° N~4° S

星图1

主要恒星

右枢 天龙座 α
蓝白巨星
☀ 3.7等　⟺ 303光年

天桴三 天龙座 β
黄色超巨星
☀ 2.8等　⟺ 380光年

天桴四 天龙座 γ
橙巨星
☀ 2.2等　⟺ 154光年

天厨一 天龙座 δ
黄巨星
☀ 3.1等　⟺ 97光年

上弼 天龙座 ζ
蓝白巨星
☀ 3.2等　⟺ 330光年

少宰 天龙座 η
黄巨星
☀ 2.7等　⟺ 92光年

深空天体

NGC 6503
旋涡星系

NGC 6543（猫眼星云）
行星状星云

NGC 6621 / NGC 6622
相互作用星系

NGC 6786
旋涡星系

UGC 10214（蝌蚪星系）
被扰动的旋涡星系

▷ 恒星距离
组成天龙座图案的主
要恒星与地球的距离都在
500光年以内。最近的天龙
座 θ 是69光年，最远的天
龙座 κ 是490光年；最明亮
的天桴四（天龙座 γ）距
离较近，是154光年。

地球

天龙座 κ
490光年

天龙座 ω　76光年

右枢（天龙座 α）303光年

天龙座 θ　69光年

天桴四（天龙座 γ）154光年

距离

光度

仙后座 η
与太阳相等

王良一
太阳的30倍

阁道三
太阳的70倍

仙后座 CASSIOPEIA
虚荣的皇后

仙后座位于银河光带之中，5颗主要的恒星排成了一个类似英文字母"W"的锯齿形状，在北方的夜空中可以被轻易地认出。

仙后座是古希腊神话中一位虚荣的皇后卡西欧佩亚，仙王座克普斯的妻子。作为对卡西欧佩亚虚荣心的惩罚，海神波塞冬派出一只怪兽去骚扰她王国的海岸线。为了免受怪兽的侵扰，克普斯和卡西欧佩亚将他们的女儿安德洛墨达作为祭品，绑在礁石上献给怪兽。幸运的是，英雄珀尔修斯最终从怪兽的口中救出了安德洛墨达。而演绎这段神话故事的所有星座，在夜空中也都靠近在一起。

仙后座里有两处超新星爆发的遗迹。一处是1572年发现的第谷超新星；另一处发生在大约一个世纪以后，但当时并没有人看到。

对于小型天文望远镜的用户来说，仙后座的主要亮点就是美丽的双星仙后座 η 和几个疏散星团了，其中值得观赏的主要有M52、M103和NGC 457。

◁ 形态变化
所有的恒星都在星际空间中移动，星座的形态当然也会随着时间慢慢发生改变。这3张图分别显示了组成仙后座的恒星5万年前的位置（上图），和它们在未来的5~10万年中位置的变化（中图和下图）。

公元前50000年

50000年后

100000年后

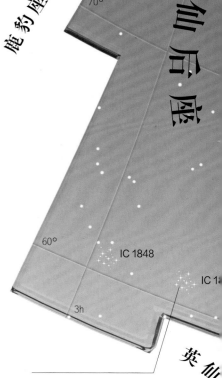

70°

鹿豹座

仙后座

60°

IC 1848

IC 1

3h

英仙

◁ 仙后座A超新星遗迹
作为天空中（除了太阳以外）最强的射电源，仙后座A已被确认为一个约11000光年外的超新星遗迹。该超新星发出的光应该在16世纪就已到达了地球，然而可能是被周围的尘埃挡住了光芒，历史上并没有关于这颗超新星的记录。这张爆炸的恒星图像是不同波段辐射的照片合成的，包括红外线（红色）、可见光（黄色）和X射线（绿色和蓝色）。

IC 1805
环绕着这个星团的是一团炽热的气体，因形状类似人类的心脏，而被称作"心脏星云"

▷ 恒星距离
仙后座那5颗组成"W"形状的恒星经常被人误以为彼此都很接近，但实际上，它们与地球的距离差异其实相当大。最远的仙后座 γ（在"W"字母的中心位置）与地球的距离，是最近的王良一（仙后座 β）距离的10多倍。

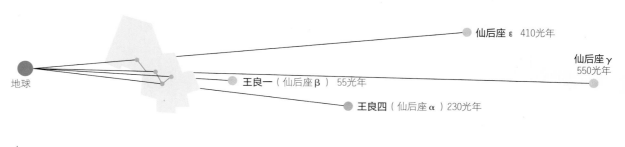

地球

仙后座 ε　410光年

仙后座 γ
550光年

王良一（仙后座 β）　55光年

王良四（仙后座 α）230光年

距离

王良四
太阳的540倍

仙后座 ε
太阳的630倍

仙后座 γ
太阳的3400倍

1572年11月，仙后座的**一颗超新星**爆发，**明亮**堪比**金星**，甚至在**白天也能看到**

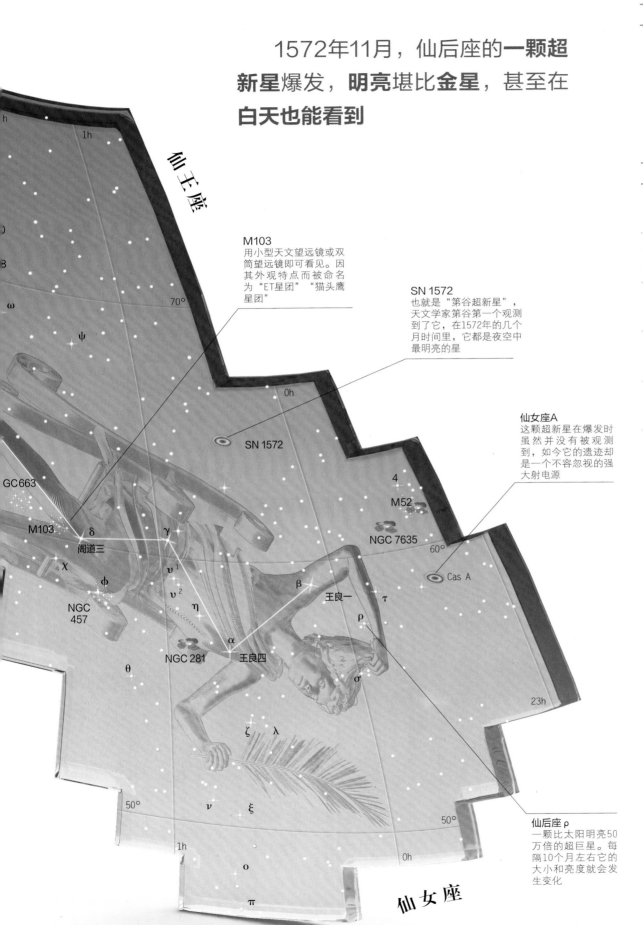

M103
用小型天文望远镜或双筒望远镜即可看见。因其外观特点而被命名为"ET星团""猫头鹰星团"

SN 1572
也就是"第谷超新星"，天文学家第谷第一个观测到了它，在1572年的几个月时间里，它都是夜空中最明亮的星

仙女座A
这颗超新星在爆发时虽然并没有被观测到，如今它的遗迹却是一个不容忽视的强大射电源

仙后座 ρ
一颗比太阳明亮50万倍的超巨星。每隔10个月左右它的大小和亮度就会发生变化

主要数据

面积排名：25
最亮星：王良四（仙后座 α）2.2等，仙后座 γ 2.2等
所有格：Cassiopeiae
缩写：Cas
晚上10点上中天的月份：
10~12月
完全可见区域：
90° N~12° S

星图1

主要恒星

王良四 仙后座 α
橙巨星
☀ 2.2等 ⟷ 230光年

王良一 仙后座 β
白巨星
☀ 2.3等 ⟷ 55光年

策 仙后座 γ
蓝白色亚巨星
☀ 2.2等 ⟷ 550光年

阁道三 仙后座 δ
白色亚巨星
☀ 2.7等 ⟷ 99光年

阁道二 仙后座 ε
蓝巨星
☀ 3.4等 ⟷ 410光年

王良三 仙后座 η
黄色主序星
☀ 3.4等 ⟷ 19光年

蛇十二 仙后座 ρ
变星，黄色超巨星
☀ 4.1~6.2等 ⟷ 12000光年

深空天体

M52
明亮的疏散星团，包含约100颗恒星

M103
小的疏散星团，包含约25颗恒星

NGC 457
松散的疏散星团，包含约80颗恒星

NGC 663
大型疏散星团，包含约80颗恒星

NGC 7635
发射星云，也叫"气泡星云"

IC 1805
被心脏星云所环绕的星团

仙后座A
超新星遗迹，强射电源

SN 1572
超新星遗迹

天猫座 LYNX
敏锐的山猫

这个北天星座位于大熊座和御夫座之间一块比较空旷的天区。天猫座中的一串星星从猫的鼻子延伸到尾巴。

视力敏锐的波兰天文学家赫维留在1687年创立了天猫座，他强调只有那些视力如山猫一般敏锐的人才可以看到这个星座。大多数肉眼观测者只能看到它的最亮星天猫座α，借助天文望远镜，天猫座中有趣的双星和聚星则会呈现在我们眼前，例如三合星天猫座19，有一颗6等星、一颗7等星和一颗较远的8等伴星。天猫座中著名的深空天体，有遥远的球状星团NGC 2419，还有被称作"天猫弧"的巨大的恒星诞生区域。

◁ 天猫弧

120亿光年外一个明亮的大光弧，显示出这里曾经有过一段恒星形成的爆发时期。天猫弧是已知最大、最亮、最热的恒星诞生区域。它比更出名的猎户座大星云明亮100万倍，包含了100万颗蓝白色恒星，温度是银河系中类似恒星的两倍。

主要数据

面积排名：28

最亮星：天猫座α 3.1等，天猫座38 3.8等

所有格：Lyncis

缩写：Lyn

晚上10点上中天的月份：2~3月

完全可见区域：90° N~28° S

星图6

主要恒星

轩辕四 天猫座α
橙巨星
☀ 3.1等 ⟷ 203光年

八谷增廿七 天猫座5
光学双星
☀ 5.2等 ⟷ 625光年

天猫座12
三合星系统
☀ 4.9等 ⟷ 215光年

内阶增一 天猫座19
三合星系统
☀ 5.8等 ⟷ 470光年

轩辕三 天猫座38
双星，蓝白色主序星
☀ 3.8等 ⟷ 125光年

深空天体

NGC 2419
球状星团

UGC 4881
一对相互作用星系，也被叫作"蝗虫星系"

天猫弧
恒星诞生区域

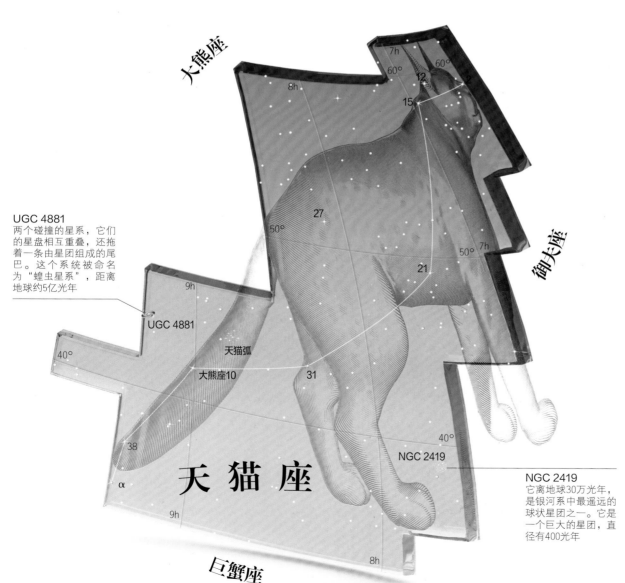

UGC 4881
两个碰撞的星系，它们的星盘相互重叠，还拖着一条由星团组成的尾巴。这个系统被命名为"蝗虫星系"，距离地球约5亿光年

NGC 2419
它离地球30万光年，是银河系中最遥远的球状星团之一。它是一个巨大的星团，直径有400光年

小熊座

斯特鲁维1694
一对双星，两颗子星分别是蓝白色主序星和蓝白巨星。古代中国曾经将它作为北极星，被称为"北极天枢"

斯特鲁维1694

IC 3568

天龙座

大熊座

鹿豹座

NGC 2403

天猫座

NGC 2403
一个9等亮度的旋涡星系，距离地球约1200万光年。利用小型天文望远镜可以观测到它

仙后座

鹿豹座 CAMELOPARDALIS
被遗忘的长颈鹿

鹿豹座占据了仙后座和大熊座"头部"之间的天区。由于缺少明亮的天体，我们一般通过它的邻居们来确认鹿豹座的位置。

由于缺乏4等以上的亮星，这片空旷的天区被古希腊的星座创立者们所遗漏。这个空缺直到1612年才被荷兰神学家、天文学家普朗修斯所填补。他沿着天区里的部分群星画出了一只长颈鹿，长颈鹿的前腿、躯干和后腿组成了一个倒置的U形；长长的脖子一直延伸到天龙座，周围没有明显的恒星。鹿豹座最有名的特点是一串被称为"甘伯串珠"的不相关的恒星，顺着它们可以找到靠近仙后座的NGC 1502。

主要数据

面积排名：18
最亮星：鹿豹座 β 4.0等，
鹿豹座 α 4.3等
所有格：Camelopardalis
缩写：Cam
晚上10点上中天的月份：
12～次年5月
完全可见区域：90° N～3° S

星图1

主要恒星

少卫 鹿豹座 α
蓝超巨星
☀ 4.3等　⟷ 6269光年

八谷增十四 鹿豹座 β
双星，黄色超巨星
☀ 4.0等　⟷ 872光年

深空天体

NGC 1502
疏散星团

NGC 2403
旋涡星系

IC 3568
行星状星云

γ

α

NGC 1502

β

11, 12

NGC 1502
一个约有45颗恒星的6.9等疏散星团。沿着被称为"甘伯串珠"的一串恒星链往仙后座的方向找去，就能观测到这个星团

英仙座

光度	大熊座 ξ 太阳的1.5倍	天权 太阳的25倍	天璇 太阳的60倍	天玑 太阳的6...

大熊座 夜空中的大熊

URSA MAJOR

大熊座是第三大星座，其中最为人所熟知的就是北斗七星了，这大概是夜空中最有名的图案。

7颗恒星组成了北斗七星那熟悉的勺子形状，它们分别是：天枢、天璇、天玑、天权、玉衡、开阳和摇光。勺柄上的第二颗恒星是一对远距双星，其中较明亮的那一颗是开阳，它的伴星叫"辅"或者"开阳增一"。顺着勺口上的两颗恒星——天璇和天枢的连线看过去，就是位于旁边小熊座的北极星。

大熊座里也有几个有趣的深空天体。例如M101，也就是风车星系，它是一个正面朝向我们的旋涡星系；M81和M82（后者也被称作雪茄星系），被人们推测在3亿年前曾近距离接触过；行星状星云M97，因外观酷似猫头鹰的脸而被称为夜枭星云。

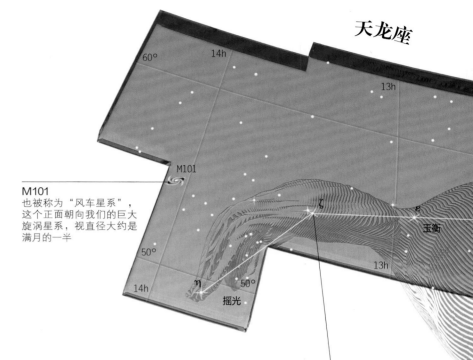

天龙座

M101
也被称为"风车星系"，这个正面朝向我们的巨大旋涡星系，视直径大约是满月的一半

开阳
一颗2等星和它的4等伴星——辅（或开阳增一）。这颗伴星肉眼勉强能看见，利用双简望远镜则可以轻易地看到

◁ **NGC 3982**
一个距我们将近7000万光年的旋涡星系，正面朝向我们。旋臂上炽热的粉色氢气云团格外瞩目。就和银河系中的明亮星云一样，这些云团也是诞生恒星的温床，泛蓝的区域聚集着温度较高的年轻恒星。NGC 3982直径约3万光年，接近银河系直径的1/3。

◁ **M82**
著名的雪茄星系。在和临近的星系M81的相互作用下，这个星系正处于剧烈的恒星形成过程中。高温电离气体的羽流（哈勃图像中的红色部分）在星盘的上下方爆发。M82位于大熊座的北部，和M81一样，M82距离地球约1200万光年。

▷ **恒星距离**
组成大熊座图案的主要恒星都分布在距离地球29~358光年之间。北斗七星的头尾两颗——天枢和摇光——分别距离我们123光年和104光年。其他5颗星——天璇、天玑、天权、玉衡和开阳——与地球的距离大致相同，这5颗星在空间与移动的方向也是一致的。它们组成了大熊座移动星群，以前是一个疏散星团，现在已经分散开了。

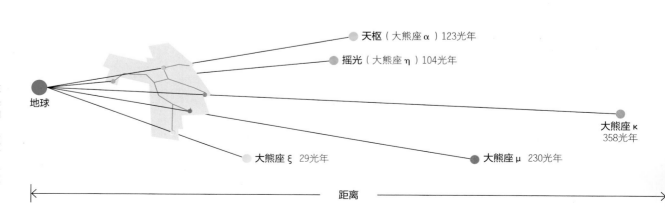

天枢（大熊座 α）123光年

摇光（大熊座 η）104光年

地球

大熊座 κ 358光年

大熊座 ξ 29光年

大熊座 μ 230光年

距离

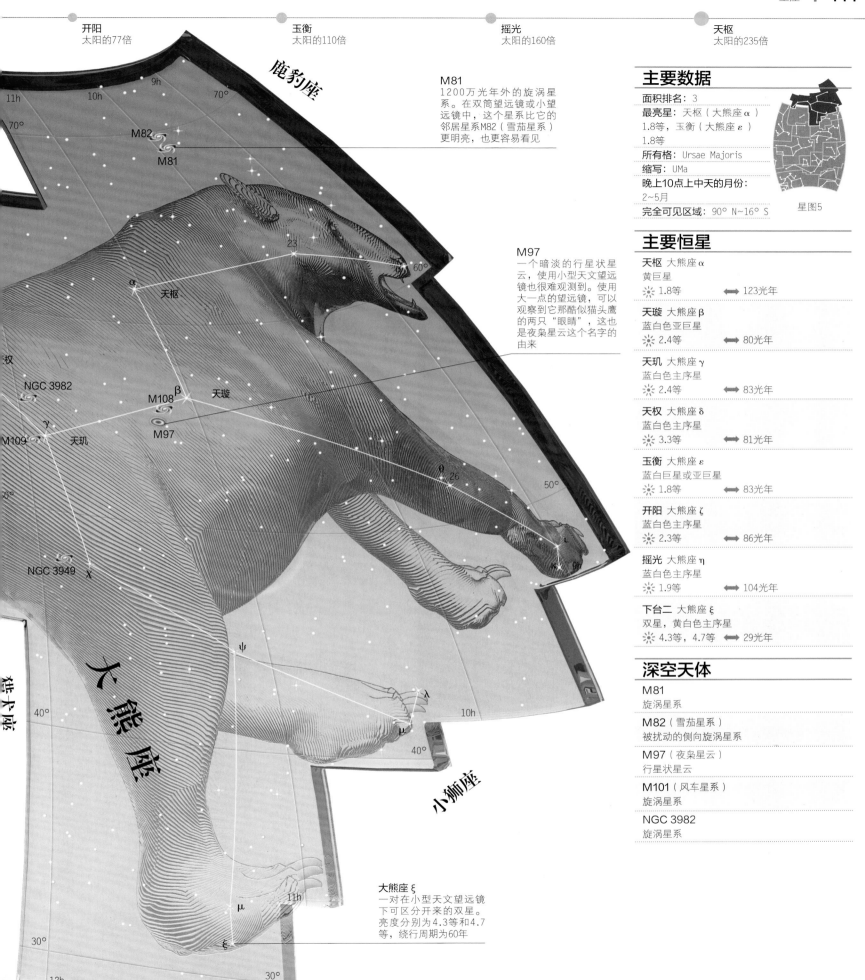

开阳
太阳的77倍

玉衡
太阳的110倍

摇光
太阳的160倍

天枢
太阳的235倍

鹿豹座

M81
1200万光年外的旋涡星系。在双筒望远镜或小望远镜中，这个星系比它的邻居星系M82（雪茄星系）更明亮，也更容易看见

M97
一个暗淡的行星状星云，使用小型天文望远镜也很难观测到。使用大一点的望远镜，可以观察到它那酷似猫头鹰的两只"眼睛"，这也是夜枭星云这个名字的由来

大熊座 ξ
一对在小型天文望远镜下可区分开来的双星。亮度分别为4.3等和4.7等，绕行周期为60年

大熊座

猎犬座

小狮座

主要数据

星图5

面积排名：	3
最亮星：	天枢（大熊座 α）1.8等，玉衡（大熊座 ε）1.8等
所有格：	Ursae Majoris
缩写：	UMa
晚上10点上中天的月份：	2~5月
完全可见区域：	90° N~16° S

主要恒星

天枢 大熊座 α
黄巨星
☀ 1.8等 ⟺ 123光年

天璇 大熊座 β
蓝白色亚巨星
☀ 2.4等 ⟺ 80光年

天玑 大熊座 γ
蓝白色主序星
☀ 2.4等 ⟺ 83光年

天权 大熊座 δ
蓝白色主序星
☀ 3.3等 ⟺ 81光年

玉衡 大熊座 ε
蓝白巨星或亚巨星
☀ 1.8等 ⟺ 83光年

开阳 大熊座 ζ
蓝白色主序星
☀ 2.3等 ⟺ 86光年

摇光 大熊座 η
蓝白色主序星
☀ 1.9等 ⟺ 104光年

下台二 大熊座 ξ
双星，黄白色主序星
☀ 4.3等，4.7等 ⟺ 29光年

深空天体

M81
旋涡星系

M82（雪茄星系）
被扰动的侧向旋涡星系

M97（夜枭星云）
行星状星云

M101（风车星系）
旋涡星系

NGC 3982
旋涡星系

光度

猎犬座 狩猎的狗
CANES VENATICI

猎犬座位于牧夫座和大熊座之间，代表了牧夫所牵的两条猎犬。猎犬座里有几个引人注目的星系，其中最有名的当属M51，也就是著名的涡状星系。

1687年，创立了好几个星座形象的波兰天文学家赫维留，将这片被古希腊人所遗忘的天区命名为猎犬座。他将其设想为被邻近的牧夫星座所牵着的两只猎犬。这个星座没有什么著名的恒星，最亮的星是常陈一，在17世纪被命名为Cor Caroli（意为查理的心脏），这是为了纪念在1649年被共和党议会斩首的英国国王查理一世。

M51位于猎犬座上方和大熊座的边界上，是一个正对着我们的旋涡星系。1845年，爱尔兰天文学家罗斯伯爵在奥法利郡比尔城堡的家中，利用自己制作的望远镜首次观测到了M51的旋涡结构。罗斯伯爵的发现引起了人们的猜测：像这样的旋涡结构天体可能是在空间上相距很远的独立星系。就拿M51来说，它与地球的距离大概是3000万光年；而更小的NGC 5195，就位于M51的旋臂尽头。

主要数据

面积排名：38
最亮星：猎犬座α 2.9等，
猎犬座β 4.3等
所有格：Canum Venaticorum
缩写：CVn
晚上10点上中天的月份：
4~5月
完全可见区域：
90° N~27° S

星图5

主要恒星

常陈一 猎犬座α
蓝白色主序星
☀ 2.9等 ⟷ 115光年

常陈四 猎犬座β
黄色主序星
☀ 4.3等 ⟷ 28光年

猎犬座Y
变星，红巨星
☀ 4.9~7.3等 ⟷ 1000光年

猎犬座RS
食双星
☀ 7.9~9.1等 ⟷ 520光年

深空天体

M3
球状星团

M51
旋涡星系，也被称为涡状星系

M63
旋涡星系，也被称为葵花星系

M94
旋涡星系

M106
旋涡星系

NGC 4244
侧面对着我们的旋涡星系

NGC 4449
不规则矮星系

NGC 4631
侧面对着我们的旋涡星系，也被称为"鲸鱼星系"

1845年，罗斯伯爵使用当时世界上最大的望远镜，观测了第一个被认定是旋涡星系的M51

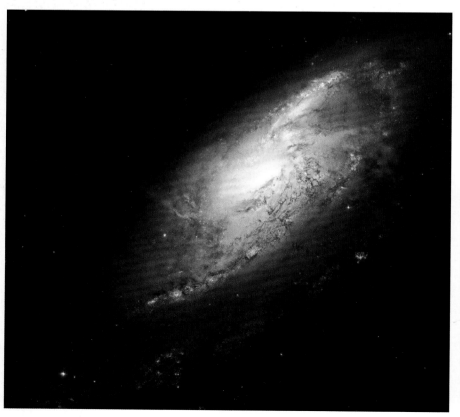

◁ **M106**
这张旋涡星系M106是一张合成照片。它的作者分别是哈勃空间望远镜和两位业余天文摄影师——詹德勒（Robert Gendler）、加班尼（Jay GaBany）。

▽ **NGC 4449**
这个矮星系里的光斑是恒星形成时的大爆发，它们很可能是由一个或多个较小的星系相互作用或合并引发的。

4333433333333
333333333333333333333

常陈一
太阳的75倍

猎犬座Y
太阳的608倍

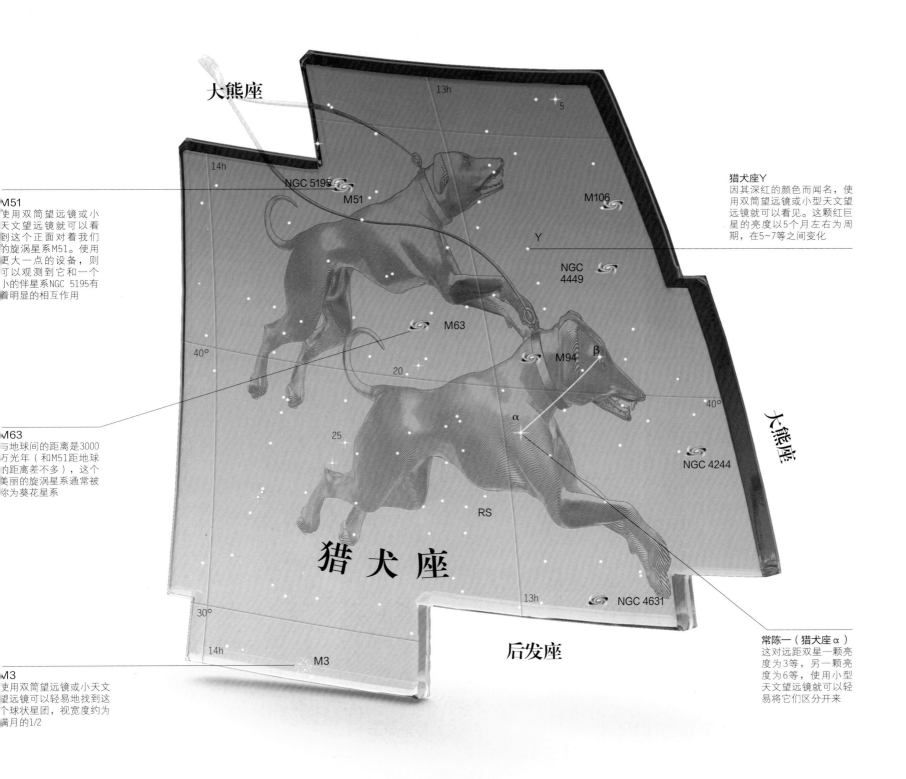

大熊座

13h

NGC 5195
M51

M106

Y

NGC 4449

M63

M94 β

α

25

NGC 4244

RS

猎犬座

13h

NGC 4631

后发座

大熊座

猎犬座Y
因其深红的颜色而闻名，使用双筒望远镜或小型天文望远镜就可以看见。这颗红巨星的亮度以5个月左右为周期，在5~7等之间变化

常陈一（猎犬座α）
这对远距双星一颗亮度为3等，另一颗亮度为6等，使用小型天文望远镜就可以轻易将它们区分开来

M51
使用双筒望远镜或小天文望远镜就可以看到这个正面对着我们的旋涡星系M51。使用更大一点的设备，则可以观测到它和一个小的伴星系NGC 5195有着明显的相互作用

M63
与地球间的距离是3000万光年（和M51距地球的距离差不多），这个美丽的旋涡星系通常被称为葵花星系

M3
使用双筒望远镜或小天文望远镜可以轻易地找到这个球状星团，视宽度约为满月的1/2

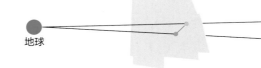

常陈一
115光年

> 恒星距离
猎犬座内包含众多有意思的天体，但组成猎犬图案的恒星却只有两颗。较明亮的一颗是常陈一，较暗淡的一颗是猎犬座β，常陈一比猎犬座β距离地球远4倍。

地球

猎犬座β 28光年

距离

1

涡状星系

1 大旋涡

长串的恒星和尘埃裹挟的气体环绕着M51——涡状星系的中心。旋臂是恒星诞生的工厂，氢元素组成的气体在那里被压缩，从而孕育出新的恒星。年轻的炽热恒星使得旋臂呈现出蓝色，同时让氢元素气体云散发出粉红色的光芒。右边小小的伴星系NGC 5195正从涡状星系身后穿过并由此引发恒星形成。

2 星系核心

在X射线波段的照片中，星系的核心会显得格外闪耀。这张由钱德拉X射线天文台拍摄的照片，揭示了星系两侧广阔的气体云，温度可达上百万摄氏度。位于明亮核心左上角的气体云直径为1500光年。从星系中心的超大质量黑洞周围加速喷出的高速物质喷流使这些气体温度升高。

3 核心之内

这张由哈勃空间望远镜拍摄的照片带领我们进入了星系的心脏——中心的活动星系核（AGN）。明亮核心映衬下的"X"形暗区标记了黑洞的确切位置，却遮挡了这个黑洞本身和正在坠入黑洞的炽热气体盘。"X"形暗区里较宽的那一根条带是一个与星盘垂直的直径为100光年的尘埃环。

4 X射线下的图景

在这张由钱德拉X射线太空望远镜花费11个小时观测到的照片中，涡状星系拥有超过400个X射线源，其中大多数是因X射线双星系统产生的。双星系统里的中子星（甚至有一小部分恒星黑洞）捕获了与它绕转的伴星身上的物质，这些物质被加热到数百万摄氏度，从而成为明亮的X射线源。

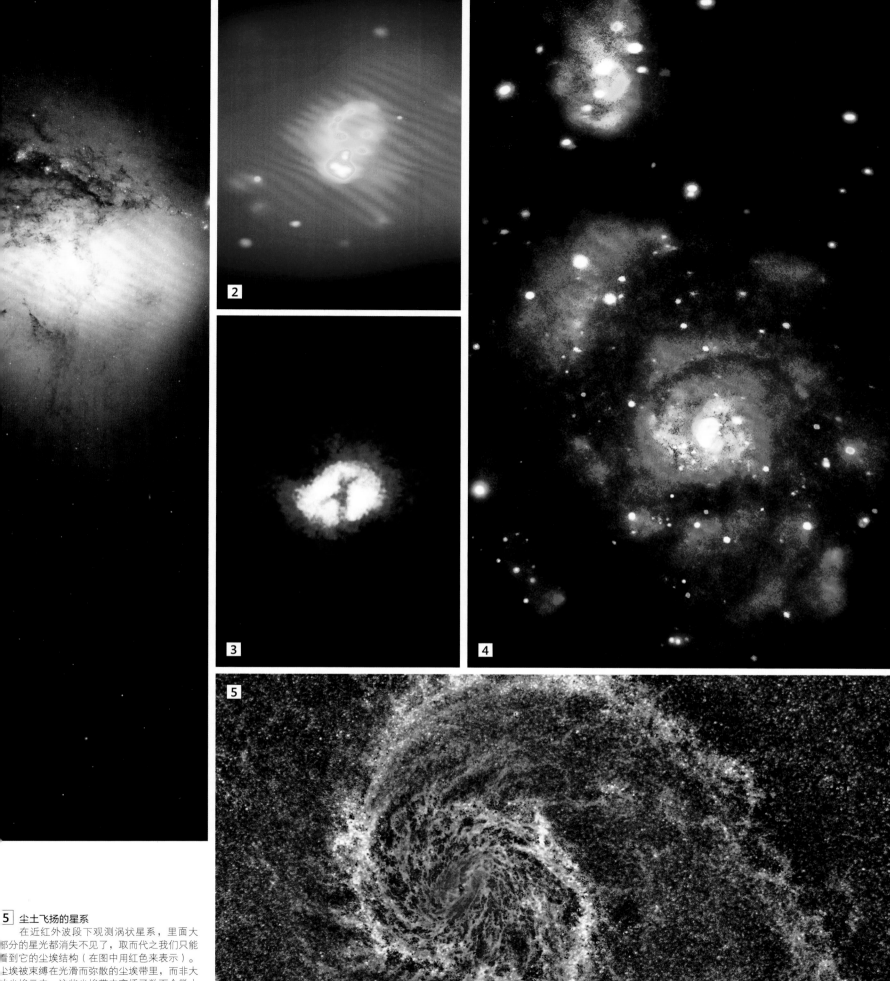

5 尘土飞扬的星系

在近红外波段下观测涡状星系，里面大部分的星光都消失不见了，取而代之我们只能看到它的尘埃结构（在图中用红色来表示）。尘埃被束缚在光滑而弥散的尘埃带里，而非大的尘埃云中。这些尘埃带中穿插了数百个微小的恒星团块，之所以我们无法在可见光图像中看到它们，是因为它们发出的光线无法穿过包裹着它们的黑暗尘埃。

牧夫座 [BOÖTES]
放牧的人

牧夫座是一个有着独特风筝形状的北天星座。大角就位于牧夫座内，它是全天最亮的和离我们最近的恒星之一。

牧夫座是一个很大的星座，从北边的天龙座和大熊座一直延伸到南边的室女座。关于这个"牧夫"究竟指代为何有多种传说，可以确定的是，他经常以放牧人的形象出现。在他的猎狗——也就是邻近的猎犬座的协助下，追赶着分别代表大熊座和小熊座的两只熊。牧夫座的最亮星是大角，在希腊神话中，它被称为"熊的护卫者"或"熊的监护人"，大角是天赤道以北最亮的星。牧夫座内的双星也很有名，其中最有名的当属梗河一了，这是夜空中最美丽的双星之一。牧夫座的一部分天区曾经属于一个叫"象限仪座"的废弃星座，象限仪流星雨便是以它为名。每年1月，这场流星雨便会从这片天空中辐射而出。

尽管大角的质量比太阳大不了多少，它释放的能量却是太阳的100多倍

◁ NGC 5548
NGC 5548是一个正对着我们的透镜状星系，距离地球2.5亿光年。它明亮的核心中有一个超大质量的黑洞。不同寻常的是，一个从中心向外流动的块状气体流阻碍了大部分从黑洞中发出的X射线。

天龙座

大熊座

牧夫座

15h

50°

40°

θ κ²
ε
NGC 5676

λ

ν

七公增五（牧夫座β）
一颗黄巨星，它的直径是太阳的20倍，质量是太阳的3倍，亮度是太阳的180倍

猎犬座

β

NGC5752/5754

μ
七公六

γ
招摇

40°

梗河一（牧夫座ε）
这是一颗双星，通过天文望远镜可以观测到。它包含一颗亮度为2.7等的橙巨星和一颗亮度为5.1等的白色主序星

北冕座

30°

δ

ρ

30°

ψ
ω

ε

NGC 5466

14h

巨蛇座（头）

大角（牧夫座α）
大角是一颗橙巨星，亮度在全天排第四位，直径是太阳的25倍，距离地球仅有37光年

20°

ξ

NGC 5548

α

右摄提

ο
π

20

牧夫座τ
一颗51光年外的白色主序星，它同时还是最早一批发现的系外行星的母恒星

ζ

10°

室女座

15h

31

14h

主要数据

面积排名：13
最亮星：大角（牧夫座 α）
　　　　-0.1等，梗河一（牧夫
　　　　座 ε）2.4等
所有格：Boötis
缩写：Boo
晚上10点上中天的月份：
5~6月
完全可见区域：
90° N~35° S

星图5

主要恒星

大角 牧夫座 α
橙巨星
☀ -0.1等 ⟷ 37光年

七公增五 牧夫座 β
黄巨星
☀ 3.5等 ⟷ 225光年

招摇 牧夫座 γ
变星，白巨星
☀ 3.0等 ⟷ 87光年

七公七 牧夫座 δ
变星，黄巨星
☀ 3.5等 ⟷ 122光年

梗河一 牧夫座 ε
变星，橙巨星
☀ 2.4等 ⟷ 202光年

右摄提一 牧夫座 η
黄色亚巨星
☀ 2.7等 ⟷ 37光年

七公六 牧夫座 μ
三合星，白色主序星
☀ 4.3等 ⟷ 113光年

深空天体

NGC 5248
旋涡星系

NGC 5466
球状星团

NGC 5548
透镜状星系，赛弗特星系

NGC 5676
旋涡星系

NGC 5752 / NGC 5754
一对相互作用星系

北冕座 CORONA BOREALIS
北天的王冠

在北冕座内，星星组成的马蹄形状代表了一个华丽的王冠。北冕座虽小，却是北方天空中一个颇为独特的星座。

北冕座是古希腊流传下来的原始48星座之一，它是神话中来自克里特的阿里亚德妮（Ariadne）公主嫁给酒神狄俄尼索斯（Dionysus）时所带的宝石镶嵌的王冠。新婚的酒神将王冠抛向天空，王冠上的宝石就变成了星星。在北冕座中，7颗亮星连在一起，组成了这个王冠的图案。尽管北冕座的星星相对较暗淡，我们还是可以轻易地在牧夫座和武仙座之间觅得它的身影。北冕座内有一些有趣的双星和变星，还有像SDSS J1531+3414和艾贝尔2065这样的星系团。后者拥有超过400个星系，位于15亿光年以外，但是因为它们太暗了，无法在业余天文望远镜中被看到。

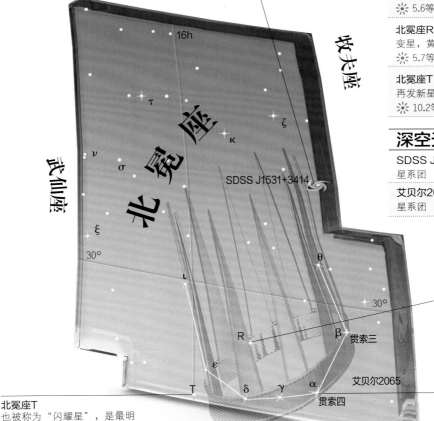

SDSS J1531+3414
一个致密星系群，其中大部分是巨椭圆星系，其余是一些旋涡星系和不规则星系

16h

牧夫座

武仙座

北冕座

SDSS J1531+3414

30°

30°

北冕座R
一颗黄色超巨星，通常肉眼可见，但每隔几年亮度就会降至14等

R

β 贯索三

艾贝尔2065

北冕座T
也被称为"闪耀星"，是最明亮和稳定的再发新星之一，亮度以几十年为周期，在2~10等间变化

巨蛇座（头）

贯索四

贯索四（北冕座 α）
一颗食双星，亮度以17.4天为周期，在2.1~2.3等间变化

主要数据

面积排名：73
最亮星：贯索四（北冕座 α）
　　　　2.1~2.3等，贯索三（北冕座 β）3.7等
所有格：Coronae Borealis
缩写：CrB
晚上10点上中天的月份：
6月
完全可见区域：
90° N~50° S

星图4

主要恒星

贯索四 北冕座 α
食双星，白色主序星
☀ 2.1~2.3等 ⟷ 75光年

贯索三 北冕座 β
双星，白色主序星
☀ 3.7等 ⟷ 112光年

贯索五 北冕座 γ
白色主序星
☀ 3.8等 ⟷ 146光年

七公增七 北冕座 ζ
双星，蓝白色主序星
☀ 4.9等 ⟷ 470光年

天纪增三 北冕座 ν
双星，红巨星
☀ 5.2等 ⟷ 640光年

贯索增七 北冕座 σ
双星，白色主序星
☀ 5.6等 ⟷ 69光年

北冕座R
变星，黄色超巨星
☀ 5.7等 ⟷ 81500光年

北冕座T
再发新星，也被称作"闪耀星"
☀ 10.2等 ⟷ 3470光年

深空天体

SDSS J1531+3414
星系团

艾贝尔2065
星系团

武仙座 HERCULES
大力士

武仙座位于天琴座和牧夫座之间，是一个虽大但并不显眼的星座。武仙座中最有名的天体是它的球状星团，其中的M13可谓是北天中最出名的球状星团。

在天空中武仙座的"脚"指向北方而"头"朝南方，是古希腊神话中受命完成12项伟大功绩的大力士的化身。这12项功绩的其中一项是杀死一条龙，也就是我们在天空中看到的、武仙座左脚所"踩"的天龙座。代表武仙座头部的恒星名叫帝座，这是一颗红巨星，同时也是一颗变星。虽然帝座是武仙座的α星，但武仙座的最亮星却是β星——河中。组成星座形状的4颗星（武仙座ε，武仙座ζ，武仙座η和武仙座π）围成了"武仙座四边形"，这就是武仙座身躯的下半部分。球状星团M13位于四边形的一边，它的直径约为150光年，包含了超过25万颗恒星。

武仙座内也有很多有意思的双星，利用小型天文望远镜就可以将它们区分开来，其中著名的有武仙座ρ和武仙座95，以及邻近的一颗相对明亮的白矮星武仙座110。

△M13
M13距离地球约25000光年，是北天最明亮的球状星团，大约包含了30万颗恒星。M13肉眼可见，利用小型天文望远镜可以看到更多细节，比如一些串在一起的星星。

◁武仙座A
在距离我们20亿光年外的椭圆星系——武仙座A，长度达百万光年的巨大喷流自星系中喷射而出。虽然无法在可见光波段对它进行观测，但我们可以在无线电波段中观测到它。从这张可见光和无线电波段叠加的照片中，就可以清楚地看见喷流的样貌。人们认为这巨大喷流的背后，是一个质量大约为太阳25亿倍的黑洞。

天鹰座

113

20°

武仙座110
一颗63光年外的白矮星，亮度为4.2等，肉眼可见

▷恒星距离
在武仙座的主要恒星中，距离我们最近的武仙座μ仅为27光年，而距离我们最远的武仙座θ则为758光年。凑巧的是，它们刚好也是组成武仙座图案的恒星中最暗和最亮的星。武仙座μ释放的能量相当于太阳的3倍，武仙座θ释放的能量相当于太阳的1330倍。

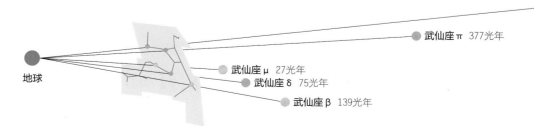

武仙座 θ 758光年

武仙座 π 377光年

地球

武仙座 μ 27光年

武仙座 δ 75光年

武仙座 β 139光年

距离

武仙座 γ
太阳的97倍

河中
太阳的120倍

帝座
太阳的820倍

武仙座 θ
太阳的1330倍

天龙座

天琴座

牧夫座

18h

17h

16h

50°

ι

τ

υ

φ

M92

σ

40°

θ

η

40°

16h

ρ

π

M13

30°

ν

ε

ζ

μ

武仙座

艾贝尔39

λ

30°

o

ξ

δ

NGC 6210

100

109

95

18h

β

γ

20°

α

武仙座星系团

ω

17h

IC 4593

10°

10°

蛇夫座

武仙座A

M92
与M13相比较为暗淡和渺小的
球状星团。在双筒望远镜下看
像是一颗恒星，用小型天文望
远镜才能看出是一个星团

M13
球状星团，在双筒望远
镜下可以观测到一个朦
胧的6等光斑，大小约
为满月的一半

武仙座95
一对5等的双星，其
中一颗黄巨星，一颗
白巨星。用小型天文
望远镜可以看到

武仙座100
一对6等蓝白星。
用小型天文望远镜
可轻易分辨

帝座（武仙座 α）
亮度在3~4等间不规则变
化的红超巨星。使用小型
天文望远镜可以看到它的
一颗5等伴星

主要数据

面积排名：5
最亮星：河中（武仙座 β）
2.8等，天纪二（武仙座 ζ）
2.8等
所有格：Herculis
缩写：Her
晚上10点上中天的月份：
6~7月
完全可见区域：
90° N~38° S

星图4

主要恒星

帝座 武仙座 α
变星，红超巨星
☀ 2.7~4.0等 ⟷ 360光年

河中 武仙座 β
黄巨星
☀ 2.8等 ⟷ 139光年

河间 武仙座 γ
白巨星
☀ 3.8等 ⟷ 193光年

魏 武仙座 δ
蓝白超巨星
☀ 3.1等 ⟷ 75光年

天纪二 武仙座 ζ
黄白超巨星
☀ 2.8等 ⟷ 35光年

天纪增一 武仙座 η
黄巨星
☀ 3.5等 ⟷ 109光年

女床一 武仙座 π
橙巨星
☀ 3.2等 ⟷ 377光年

深空天体

M13
球状星团

M92
球状星团

NGC 6210
行星状星云

IC 4593
行星状星云

艾贝尔39
行星状星云

武仙座星系团
一个星系团，包含大约200个星系

光度	天琴座 ε 太阳的29倍	织女星 太阳的50倍	天琴座 δ¹ 太阳的470倍

天琴座 夜空中的七弦琴
LYRA

天琴座是北天中一个突出的星座。其中有亮度排名第五的织女星，几颗有趣的双星，还有一个著名的行星状星云。

据说，天琴座的星座形象所代表的，是古希腊神话中的音乐家俄耳甫斯所演奏的七弦琴或竖琴。但阿拉伯天文学家却将它看作一只鹰或秃鹫，天琴座的最亮星织女星的英文名"Vega"，就来源于一个阿拉伯短语——俯冲的鹰（或秃鹫）。

在明亮的织女星旁边是天琴座 ε，这是一颗有名的四合星，距离我们约160光年。通过天文望远镜可以观测到，这对双星中的每颗实际上都是一对双星，因此它还有个俗称：双双星。另一对有名的双星是天琴座 β，在这对双星里，明亮的那一颗同时也是一颗食双星（见第43页），它以12.9天为周期，亮度在3.3~4.4等间变化。

天琴座 δ 是由红色和蓝白色的两颗恒星组成，它们之间并无联系，只是因视线方向重合而形成视双星，分别为4等和6等，在双筒望远镜下可以轻易地分辨。天琴座 ζ 也是一对分别为4等和6等的双星，通过双筒望远镜或小型天文望远镜就可以将它们区分开来。指环星云M57位于天琴座 β 和天琴座 γ 之间，这是一个形似烟圈的美丽行星状星云（见第122~123页）。

▽ M57（指环星云）的构造

从地球上的视角来看，行星状星云M57看上去像一个烟圈环绕在中央恒星周围。但如果从侧面看，它则是下面的图中示意的样子。星云的"烟圈"是一个像甜甜圈那样的气体环，中间是高密度的物质结节；气体环正沿着中央恒星的赤道方向朝外膨胀，与此同时，暗淡而稀薄的气体从恒星的两极（顶部和底部）扩散开来。

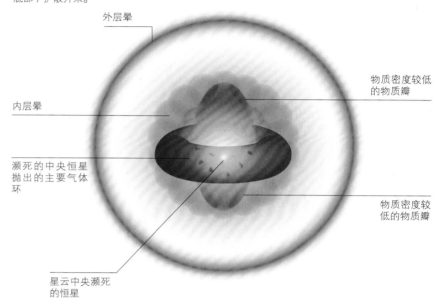

外层晕

物质密度较低的物质瓣

内层晕

濒死的中央恒星抛出的主要气体环

物质密度较低的物质瓣

星云中央濒死的恒星

双双星——天琴座 ε 是一个有意思的四星家族，它们都是靠引力而联系在一起的

▷ NGC 6745

两个星系间的碰撞造就了这拥有独特形状的天体，看起来就像是一只鸟的头。这张哈勃空间望远镜所拍摄的照片，展示出"鸟头"的主要部分是一个旋涡星系。它在与一个更小的椭圆星系相遇后被强烈扭曲，而这个椭圆星系就在画面的右下角，即鸟喙的端部。旋涡星系顶端和右侧的蓝白色光斑是碰撞后被激发的恒星形成区域。

△M56

这个球状星团由古老的恒星组成，距离太阳仅有3万多光年，需要一个相当大的望远镜才能很好地观测它。通过对其中恒星的年龄和化学成分的研究，人们了解到M56星团曾是一个古老矮星系的一部分，这个矮星系随后被银河系所吞并。

天琴座 δ²
太阳的910倍

渐台三
太阳的1580倍

渐台二
太阳的2960倍

天龙座

天琴座R
天琴座R是一颗红巨星，同时也是一颗变星，亮度在3.9~5.0等间变化，周期为5~7个星期

织女星（天琴座α）
全天第五亮星，在夏夜的北方天空中，织女星和天鹅座的天津四、天鹰座的牛郎星一起组成了一个大三角

天琴座ε
在双筒望远镜下，可以看到这个四合星家族中的一对5等远距双星；而在天文望远镜下，则可以从每颗子星中再区分出一对来

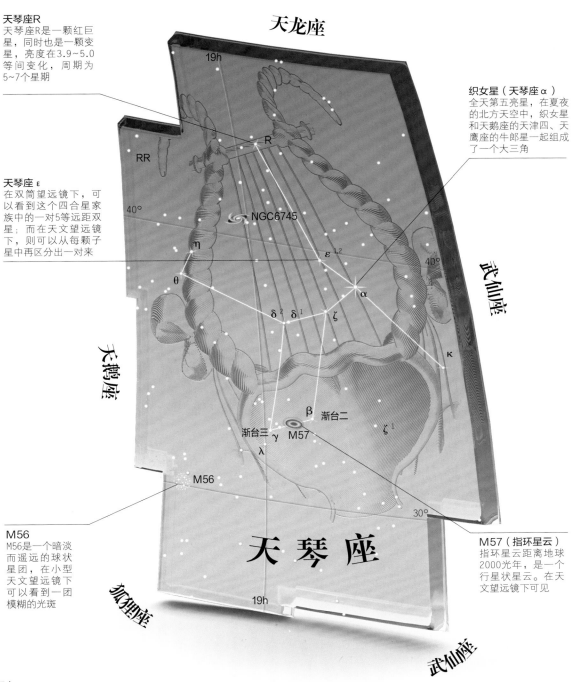

武仙座

天鹅座

狐狸座

天琴座

武仙座

M56
M56是一个暗淡而遥远的球状星团，在小型天文望远镜下可以看到一团模糊的光斑

M57（指环星云）
指环星云距离地球2000光年，是一个行星状星云。在天文望远镜下可见

主要数据

面积排名：52

最亮星：织女星（天琴座α）0.0等，渐台三（天琴座γ）3.3等

所有格：Lyrae

缩写：Lyr

晚上10点上中天的月份：7~8月

完全可见区域：90° N~42° S

星图4

主要恒星

织女星 天琴座α
蓝白色主序星
☀ 0.0等 ⟷ 25光年

渐台二 天琴座β
食双星，蓝白巨星
☀ 3.3~4.4等 ⟷ 960光年

渐台三 天琴座γ
蓝白巨星
☀ 3.3等 ⟷ 620光年

渐台增一 天琴座δ¹
蓝白色主序星
☀ 5.6等 ⟷ 990光年

渐台一 天琴座δ²
红巨星
☀ 2.8等 ⟷ 35光年

织女二 天琴座ε¹
蓝白色主序星
☀ 4.7等 ⟷ 160光年

织女增二 天琴座ε²
蓝白色主序星
☀ 4.6等 ⟷ 155光年

织女三 天琴座ζ
蓝白色主序星
☀ 4.4等 ⟷ 155光年

辇道一 天琴座R
变星，红巨星
☀ 3.9~5.0等 ⟷ 300光年

天琴座RR
变星，白巨星
☀ 7.1~8.1等 ⟷ 940光年

深空天体

M56
球状星团，亮度8等

M57（指环星云）
行星状星云，亮度9等

NGC 6745
一对碰撞的星系

▽**恒星距离**
组成天琴座图案的恒星中，织女星是离我们最近的一颗，同时它也是夜空中最亮的恒星之一。织女星在距离我们相对较近的25光年处，而组成天琴座图案的其他恒星都在超过100光年的距离上，其中最遥远的是天琴座η，距离地球将近1400光年。

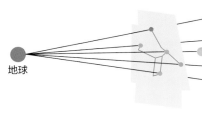

天琴座R 300光年

天琴座η 1390光年

织女星（天琴座α） 25光年

天琴座κ 250光年

地球

渐台二（天琴座β） 960光年

距离

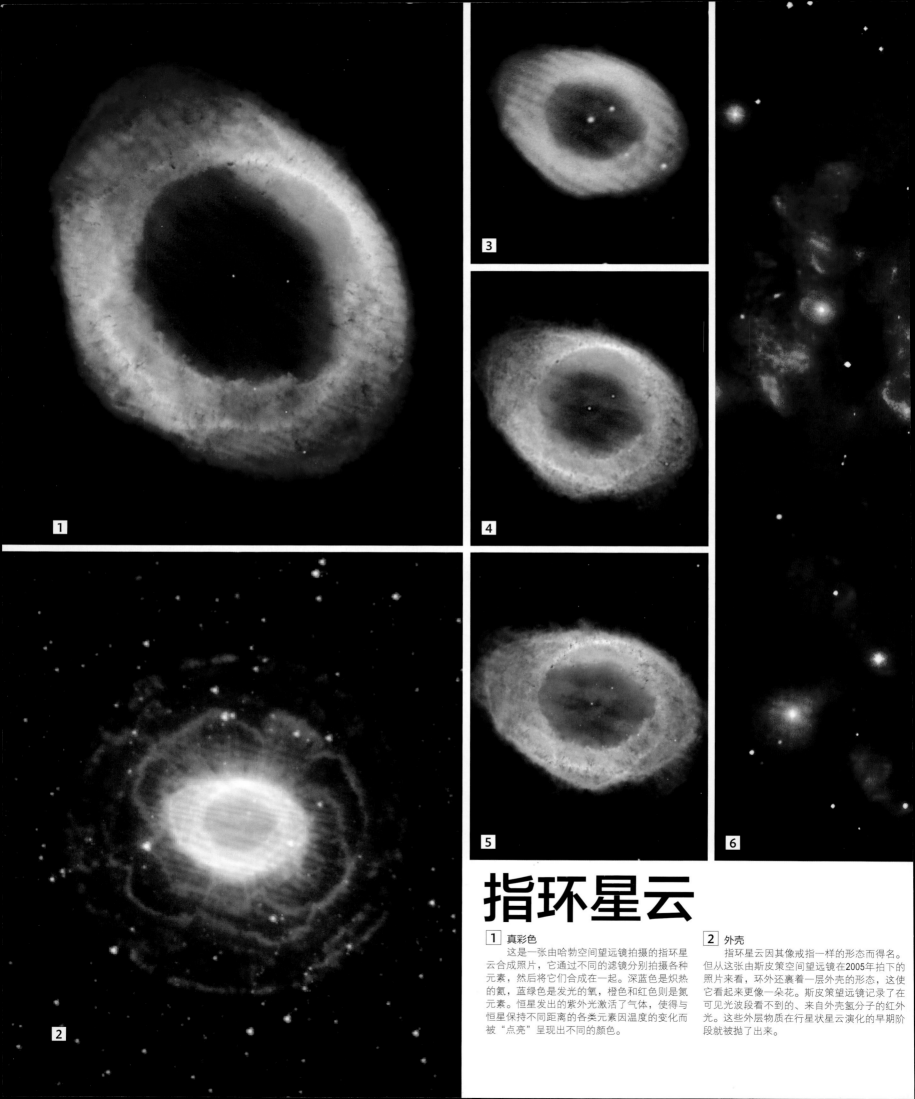

指环星云

1 真彩色
这是一张由哈勃空间望远镜拍摄的指环星云合成照片，它通过不同的滤镜分别拍摄各种元素，然后将它们合成在一起。深蓝色是炽热的氦，蓝绿色是发光的氧，橙色和红色则是氮元素。恒星发出的紫外光激活了气体，使得与恒星保持不同距离的各类元素因温度的变化而被"点亮"呈现出不同的颜色。

2 外壳
指环星云因其像戒指一样的形态而得名。但从这张由斯皮策空间望远镜在2005年拍下的照片来看，环外还裹着一层外壳的形态，这使它看起来更像一朵花。斯皮策望远镜记录了在可见光波段看不到的、来自外壳氢分子的红外光。这些外层物质在行星状星云演化的早期阶段就被抛了出来。

3 用胶片捕获

　　1973年，人类通过胶片捕捉到了它的身影，这是继200年前人类首次发现指环星云以来的第一次记录。1779年，天文学家佩莱波瓦（Antoine Darquier de Pellepoix）和梅西耶偶然间发现了指环星云。而后，基特峰国家天文台的4米天文望远镜拍下了这张照片。在这之后又过了10年，以数码形式进行记录的天文照片才开始普及。

4 伪彩色的细节

　　在拍摄了图3的30年后，基特峰国家天文台又一次拍摄了指环星云的照片，而这次使用的是3.5米的天文望远镜。它将使用不同颜色的滤镜分别拍摄的图像合成在一起。红色突出了氢和氮，绿色将氧分离出来。这些伪彩色滤镜的使用揭示出了星云外壳的更多细节。

5 形状与结构

　　指环星云的形状比一眼看上去要复杂得多。它的整体形状其实像一个桶，之所以在我们看来是圆形，是因为这个桶的桶底朝着我们。星云的中央是一片呈橄榄球形状的蓝色区域，而它的两端则会从长得像甜甜圈的橙红色物质环的两边凸出来。星云中还有致密气体的暗结，镶嵌在环的内缘。

6 死亡的恒星

　　来自太空和地面的望远镜数据合成了这张指环星云的整体图像。中央的小白点是一颗白矮星。几千年前，就是这颗恒星在走向死亡时吹开了周围的物质，留下了这颗白矮星作为中心的遗迹。指环星云的"环形"直径虽然仅为1光年，但整个星云正以每小时69000千米的速度继续膨胀。

光度

天鹅座 μ
太阳的7倍

天津九
太阳的44倍

天鹅座 δ
太阳的160倍

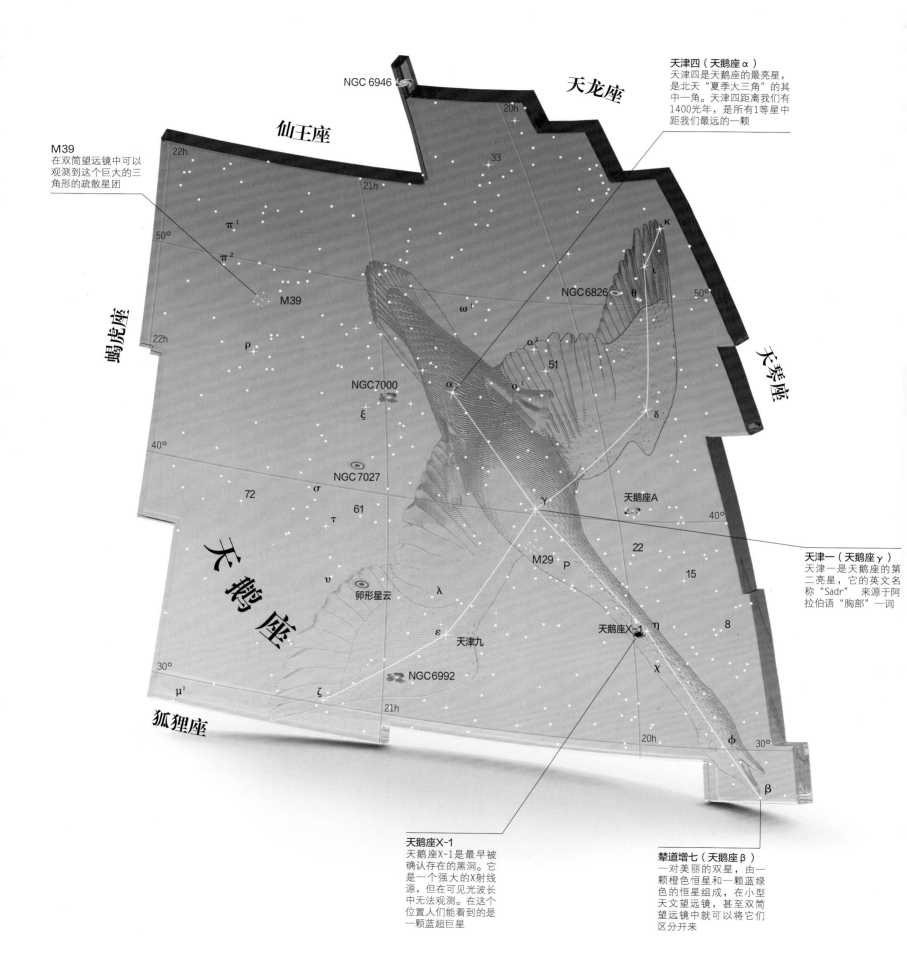

NGC 6946

天龙座

仙王座

天津四（天鹅座α）
天津四是天鹅座的最亮星，是北天"夏季大三角"的其中一角。天津四距离我们有1400光年，是所有1等星中距我们最远的一颗

M39
在双筒望远镜中可以观测到这个巨大的三角形的疏散星团

20h

33

κ

ι

θ

NGC6826

50°

ω¹

π¹

50°

π²

o²

51

蝎虎座

ρ

22h

o¹

α

δ

NGC7000

ξ

40°

NGC 7027

天鹅座A

72

σ

40°

τ

61

22

15

天鹅座

υ

M29

P

卵形星云

λ

天鹅座X-1

η

ε

8

天津九

χ

30°

μ¹

ζ

NGC6992

天津一（天鹅座γ）
天津一是天鹅座的第二亮星，它的英文名称"Sadr"来源于阿拉伯语"胸部"一词

21h

20h

φ

30°

狐狸座

β

天鹅座X-1
天鹅座X-1是最早被确认存在的黑洞。它是一个强大的X射线源，但在可见光波长中无法观测。在这个位置人们能看到的是一颗蓝超巨星

辇道增七（天鹅座β）
一对美丽的双星，由一颗橙色恒星和一颗蓝绿色的恒星组成，在小型天文望远镜，甚至双筒望远镜中就可以将它们区分开来

辇道增七
太阳的930倍

天津一
太阳的35250倍

天津四
太阳的51620倍

天鹅座 宙斯化身的天鹅

CYGNUS

天鹅座是北天中一个明亮的星座，因其独特的造型常被称为"北十字"。银河的朦胧光带从天鹅座中穿过，一条黑暗尘埃带在这里将银河分出两个分支，因此这条尘埃带也被称作"天鹅座暗隙"。

天鹅座是一个古老的星座，它代表了古希腊神话中的一只天鹅。在神话中，天神宙斯化身为天鹅追求斯巴达王后勒达，而天鹅座就是他对这段伪装罗曼史的纪念。天鹅座的最亮星是位于天鹅尾部的天津四，天鹅的长颈顺着银河延伸，一直延伸到天鹅喙部的辇道增七——这是一对真实双星（见第40~41页）。天鹅座的其他恒星则代表了天鹅伸展的翅膀。

天津四附近有一个叫作北美星云的发射星云，它因形似北美洲大陆而得名。小设备是很难观测到北美星云的，只有在长曝光的照片中才能一览它的形态。

天鹅座 ε 和与狐狸座的边界处有另一个星云——NGC 6992，这也是一个适合从照片上欣赏的星云。它还被称为"天鹅座环"和"面纱星云"，是一个约5000年前爆发的超新星的遗迹。

星图4

主要恒星

天津四 天鹅座 α
天鹅座最亮星，蓝白色主序星
☀ 1.25等 ⟷ 1400光年

辇道增七 天鹅座 β
远距双星，颜色分别为橙色和蓝绿色
☀ 3.1等，5.1等 ⟷ 400光年

天津一 天鹅座 γ
北十字中间的白色超巨星
☀ 2.2等 ⟷ 1800光年

天津二 天鹅座 δ
双星，绕转周期920年
☀ 2.8等 ⟷ 165光年

天津九 天鹅座 ε
橙巨星
☀ 2.5等 ⟷ 73光年

天津八 天鹅座 ζ
分光双星，黄巨星
☀ 3.2等 ⟷ 145光年

曰一 天鹅座 μ
双星，绕转周期790年
☀ 4.5等 ⟷ 72光年

◁ **卵形星云**
在这张哈勃空间望远镜拍摄的行星状星云的伪彩色照片中，星光透过薄薄的尘埃闪耀出美丽的图案。较厚的内部尘埃带阻挡了来自中央恒星的光线。

△ **天鹅座A**
宇宙中最强大的射电源之一。这个星系的中央有一个超大质量黑洞，气体喷流（红色部分）就从那里喷涌而出。图中的蓝色部分是发出X射线的炽热气体。

深空天体

M39
包含约30颗恒星的疏散星团

NGC 6826（闪视行星状星云）
行星状星云

NGC 6992（天鹅座环或面纱星云）
超新星遗迹

NGC 7000（北美星云）
发射星云

天鹅座X-1
包含一个黑洞的X射线双星系统

卵形星云
行星状星云

天鹅座A
射电星系

天鹅座X-1距离地球约**6000光年**，是一个以5.6天为周期与一颗**蓝色超巨星**互相环绕运行的**黑洞**

▷ **恒星距离**
天鹅座的面积在星座中排名第16位，如果将构成星座图案的恒星距离考虑在内，那么它在宇宙空间的范围也非常大。天鹅的尾部（天津四）距离天鹅的喙部（辇道增七）约为1000多光年，而胸膛的天津一则更加遥远。

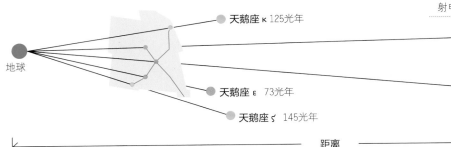

地球

天鹅座 κ 125光年

天津四（天鹅座 α）1400光年

天鹅座 ε 73光年

天津一（天鹅座 γ）
1800光年

天鹅座 ζ 145光年

距离

光度

仙女座υ
太阳的4倍

仙女座δ
太阳的45倍

壁宿二
太阳的115倍

仙女座 ANDROMEDA
被囚禁的公主

仙女座靠近飞马座四边形的其中一角。这个星座有着距离银河最近的大星系——巨大的M31旋涡星系。

安德洛墨达本是一位传说中的公主，是仙王克普斯和仙后卡西欧佩亚的女儿。希腊神话中有一个著名的故事，讲的就是安德洛墨达奉神之命为她母亲的虚荣赎罪，代价是将自己献祭给海怪塞特斯（也就是后来的鲸鱼座），然而英雄珀尔修斯最终将安德洛墨达从海怪口中救下。之后安德洛墨达和珀尔修斯就升到了天空中，成为仙女座和英仙座两个相邻的星座，并以此作为他们的故事纪念。

仙女座中最重要的一个天体就是仙女座大星系，也被称作M31。这是一个与银河系相似但更加庞大的旋涡星系。在晴朗的暗夜环境下，我们只需要用肉眼就能在仙女座υ旁看到仙女座大星系。在双筒望远镜或小型天文望远镜下更容易观测到，还能看出它的形象如同一个被拉长的模糊斑点。M31距离我们有250万光年之遥，是肉眼可见最遥远的天体。

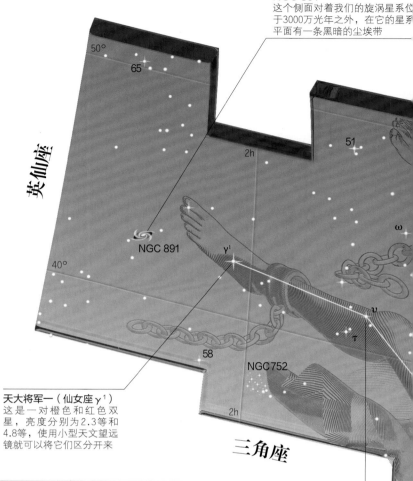

NGC 891
这个侧面对着我们的旋涡星系位于3000万光年之外，在它的星系平面有一条黑暗的尘埃带

英仙座

NGC 891

天大将军一（仙女座γ¹）
这是一对橙色和红色双星，亮度分别为2.3等和4.8等，使用小型天文望远镜就可以将它们区分开来

三角座

仙女座υ
这是人们首次发现在一颗恒星周围有不止一颗行星绕转。如今已在这个系统中确认了4颗行星

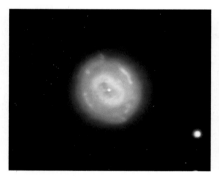

△ NGC 7662
它有一个广为人知的俗称：蓝雪球星云。这是一个亮度为9等的行星状星云，在小型天文望远镜中，它看起来像一个椭圆形的蓝绿色光斑。照片中还拍到了中央恒星。

◁ M31
巨大的旋涡星系M31以一定的倾角朝向我们，使它看起来像是椭圆的形状。这张照片中可以看到两个小一点的伴星系——M31上边缘附近的M32和下方的M110。

▷ 恒星距离
构成仙女座图案的恒星中，距离最近的是44光年外的仙女座υ，最明亮的恒星壁宿二距离仅为前者的两倍多——97光年。最遥远的恒星是仙女座φ，距离地球大概有700光年。

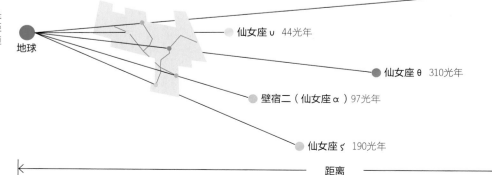

仙女座φ
700光年

地球

仙女座υ 44光年

仙女座θ 310光年

壁宿二（仙女座α）97光年

仙女座ζ 190光年

距离

奎宿九
太阳的475倍

仙女座 π
太阳的540倍

仙女座 ο
太阳的1380倍

天大将军一
太阳的1830倍

主要数据

面积排名：19
最亮星：壁宿二（仙女座 α）
2.1等，奎宿九（仙女座 β）
2.1等
所有格：Andromedae
缩写：And
晚上10点上中天的月份：
10~11月
完全可见区域：90° N~7° S

星图3

主要恒星

壁宿二 仙女座 α
蓝白色恒星
☀ 2.1等　⟷ 97光年

奎宿九 仙女座 β
红巨星
☀ 2.1等　⟷ 200光年

天大将军一 仙女座 γ¹
双星，小型天文望远镜可见
☀ 2.3等，4.8等　⟷ 360光年

奎宿五 仙女座 δ
橙巨星
☀ 3.3等　⟷ 105光年

仙女座 ο
蓝白色巨星
☀ 3.6等　⟷ 700光年

奎宿六 仙女座 π
双星，小型天文望远镜可见
☀ 4.3等，9.0等　⟷ 600光年

天大将军六 仙女座 ν
有行星环绕的黄白色主序星
☀ 4.1等　⟷ 44光年

深空天体

M31
250万光年外的大型旋涡星系

M32
小型椭圆星系，M31的伴星系

M110
小型椭圆星系，M31的伴星系

NGC 752
双筒望远镜下可以观测到的大型疏散星团

NGC 891
侧面对着我们的旋涡星系

NGC 7662
行星状星云，通常被称作"蓝雪球星云"

仙后座

M31
在夜空中，仙女座星系和它的伴星系位于仙女座 ν 附近，但实际上它们之间相隔了200万光年

仙女座 ο
研究表明，组成这对双星的两颗子星各自也是双星，所以这其实是一个四合星系统

仙女座

NGC 7662

飞马座

壁宿二（仙女座 α）
这是标志着仙女座头部的恒星。它与奎宿九的亮度都是2.1等，都是仙女座的最亮星

在几十亿年后，**银河系**将与**仙女座星系**碰撞，合并为一个**超级星系**

三角座 TRIANGULUM
北天的三角形

　　虽然组成这个呈细长三角分布的3颗恒星并不明显，但三角座小巧紧致的造型依然使得它在夜空中很容易被看到。三角座附近的旋涡星系M33是这个北天星座最大的看点。

　　2000多年以前，这个有三条边的星座图案曾分别被看作是大写的希腊字母Δ、尼罗河三角洲以及三角形的西西里岛，直到第四个选项——等腰三角形出现，它才拥有了我们今天称呼这个星座的正式名字。三角座中有旋涡星系M33，也被叫作三角座星系。它是本星系群的第三大星系，距离我们270万光年，是离我们最近的星系之一。

主要数据

面积排名： 78

最亮星： 天大将军九（三角座β）3.0等，娄宿增六（三角座α）3.4等

所有格： Trianguli

缩写： Tri

晚上10点上中天的月份：
11~12月

星图3

完全可见区域：
90° N~52° S

主要恒星

娄宿增六　三角座α
白色巨星或亚巨星
☀ 3.4等　⟷ 63光年

天大将军九　三角座β
白色亚巨星
☀ 3.0等　⟷ 130光年

天大将军十　三角座γ
白色主序星
☀ 4.0等　⟷ 112光年

天大将军增六　三角座6
双星，黄巨星
☀ 5.0等　⟷ 290光年

三角座R
变星，红巨星
☀ 6.8等　⟷ 960光年

深空天体

M33（三角座星系）
旋涡星系，即NGC 598

NGC 604
M33里的产星星云

NGC 784
棒旋星系

NGC 925
棒旋星系

△ NGC 604
M33内氤氲着巨大的氢元素气体云，宽度约为1500光年，同时还是恒星形成的中心。照片中红色的辉光，是数百颗年轻明亮的恒星释放出的紫外线能量的产物。

▷ M33
M33几乎完全正面朝向地球，组成它旋臂的实际上是一系列独立的团块。在条件良好的情况下，M33是我们肉眼可见最遥远的天体之一。

三角座β
亮度为3.0等，是三角座的最亮星。这是一个白色恒星，直径大约是太阳的4倍。

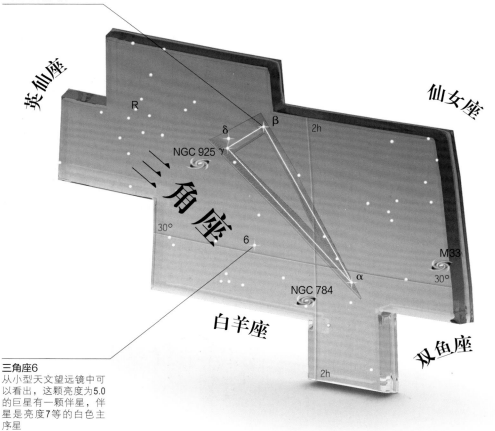

英仙座　仙女座　三角座　白羊座　双鱼座

三角座6
从小型天文望远镜中可以看出，这颗亮度为5.0的巨星有一颗伴星，伴星是亮度7等的白色主序星。

蝎虎座
LACERTA
天上的蜥蜴

蝎虎座是一个面积较小而暗弱的星座，它锯齿形的星座图案呈现出一只乱窜的壁虎的样子。蝎虎座位于银河的北段，被夹在仙女座和天鹅座之间。它的主要恒星都集中在这只爬行动物的头部上。

蝎虎座命名于1687年，是由波兰天文学家赫维留首次创立的。这是他为了填补北天夜空中的空白所创立的11个新星座之一，在这11个星座中有7个至今仍在沿用。蝎虎座的恒星都是暗淡而不知名的，但却出现过好几颗偶然的超新星爆发。在星座里密集的银河星云中有一些显著的深空天体，而其中值得一说的是蝎虎座BL，它是一类拥有活动星系内核的特殊星系的代表。这类星系因它而得名，叫蝎虎天体，也叫耀变体。此种类型的类星体朝着地球释放高能喷流，使得它们看起来就像一颗恒星。

主要数据

面积排名：	68
最亮星：	腾蛇一（蝎虎座α）
	3.8等，蝎虎座 14.1等
所有格：	Lacertae
缩写：	Lac
晚上10点上中天的月份：	
	9～10月
完全可见区域：	
	90° N～33° S

星图3

主要恒星

腾蛇一 蝎虎座 α
蓝白色主序星
☀ 3.8等 ⟷ 103光年

腾蛇十 蝎虎座 β
黄巨星
☀ 4.4等 ⟷ 170光年

蝎虎座1
橙巨星
☀ 4.1等 ⟷ 621光年

深空天体

NGC 7243
疏散星团

蝎虎座BL
耀变体，蝎虎天体的原型

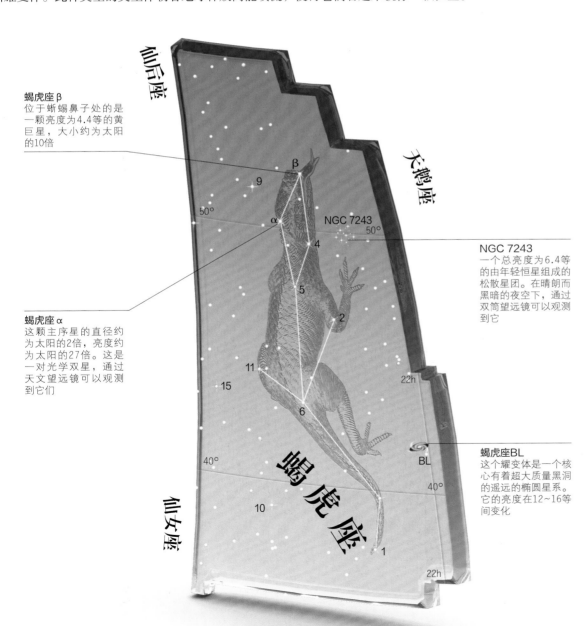

蝎虎座 β
位于蜥蜴鼻子处的是一颗亮度为4.4等的黄巨星，大小约为太阳的10倍

仙后座

天鹅座

蝎虎座 α
这颗主序星的直径约为太阳的2倍，亮度约为太阳的27倍。这是一对光学双星，通过天文望远镜可以观测到它们

NGC 7243
一个总亮度为6.4等的由年轻恒星组成的松散星团。在晴朗而黑暗的夜空下，通过双筒望远镜可以观测到它

蝎虎座BL
这个耀变体是一个核心有着超大质量黑洞的遥远的椭圆星系。它的亮度在12～16等间变化

仙女座

蝎虎座

△ NGC 7243
这群蓝白色恒星距离地球约2800光年。年轻的蓝白色恒星在一大群黄色和红色的恒星群中格外显眼。通过小型天文望远镜，我们可以观测到大约有120颗恒星分布在满月大小的区域内，它们松散地分布着，使人无法确定它们是否组成了一个真实的星团。

光度

英仙座16
太阳的25倍

大陵五
太阳的95倍

英仙座γ
太阳的330倍

英仙座 PERSEUS
胜利的英雄

英仙座是北天的一个明显的星座。它在银河里，位于仙女座和御夫座之间、金牛座的北边。英仙座中有著名的双星团，以及一颗著名的变星——大陵五。

在希腊神话中，英仙座是被派去杀死蛇发女妖美杜莎的珀尔修斯。女妖邪恶的眼神能让与她对视的一切变成石头。珀尔修斯割下了美杜莎的头，在返回的途中遇到了被锁在岩石上的公主安德洛墨达，她作为祭品将被海中的怪兽塞特斯吃掉。珀尔修斯杀死了海怪，救出了公主，娶她做了新娘。安德洛墨达就是天空中的仙女座，它和英仙座紧挨在一起。

英仙座被描绘成珀尔修斯手中拿着美杜莎的头的形象，变星大陵五就在他的左手中。大陵五是一对食双星，每过2.9天，稍暗的那颗星就挡住亮星，使其亮度降低，持续10个小时。

每年8月中旬爆发的英仙座流星雨，辐射点就位于英仙座北部和仙后座交界的地方。

1901年，在英仙座中爆发了一颗新星，在几天的时间内成为全天最亮的星之一，然后渐渐暗淡下去

主要数据

面积排名：24
最亮星：天船三（英仙座α）
1.8等，大陵五（英仙座β）
2.1~3.4等
所有格：Persei
缩写：Per
晚上10点上中天的月份：
11~12月
完全可见区域：
90° N~31° S

星图6

主要恒星

天船三 英仙座α
白色超巨星
☀ 1.8等 ⟷ 500光年

大陵五 英仙座β
食双星
☀ 2.1~3.4等 ⟷ 90光年

天船二 英仙座γ
黄巨星
☀ 2.9等 ⟷ 240光年

天船五 英仙座δ
蓝巨星
☀ 3.0等 ⟷ 520光年

卷舌二 英仙座ε
蓝巨星
☀ 2.9等 ⟷ 640光年

卷舌四 英仙座ζ
蓝超巨星，英仙座第三亮星
☀ 2.9等 ⟷ 750光年

大陵六 英仙座ρ
变星，红巨星
☀ 3.3~4.0等 ⟷ 310光年

深空天体

英仙座α星团
天船三周围的疏散星团

英仙座GK
英仙座新星的遗迹，也叫焰火星云

M34
巨大的疏散星团，有大约60颗成员星

M76
小哑铃星云，是一个行星状星云

NGC 869 和NGC 884
两个疏散星团，又称双重星团

NGC 1499
一个发射星云，又称加州星云

英仙座A（NGC 1275）
一个巨大的椭圆星系

▷ **NGC 869 和NGC 884**
又称作"双重星团"，是两个肉眼可见的疏散星团，看起来像银河里一块较明亮的光斑。NGC 869（图中左边）更亮一些。双星团距离我们大约7000光年。

△ **M76**
这个行星状星云有着双瓣结构，人们亲切地称它小哑铃星云。它的亮度只有10等，是梅西耶星云星团表中最暗的天体。

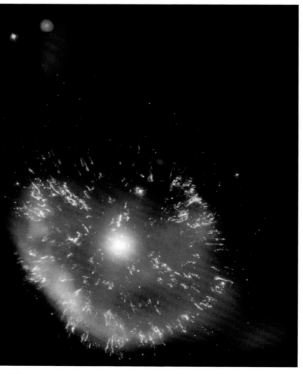

△ **英仙座GK**
英仙座新星的爆发抛射出发光的炽热气体壳层，形成了新星遗迹，叫作英仙座GK（有时称它焰火星云）。

英仙座 ρ
太阳的360倍

英仙座 ε
太阳的2310倍

英仙座 ς
太阳的3380倍

天船三
太阳的4040倍

鹿豹座

仙后座

天船三（英仙座 α）
天船三是英仙座最亮的星，1.8等，在它周围有一些更暗的星组成一个疏松的星团

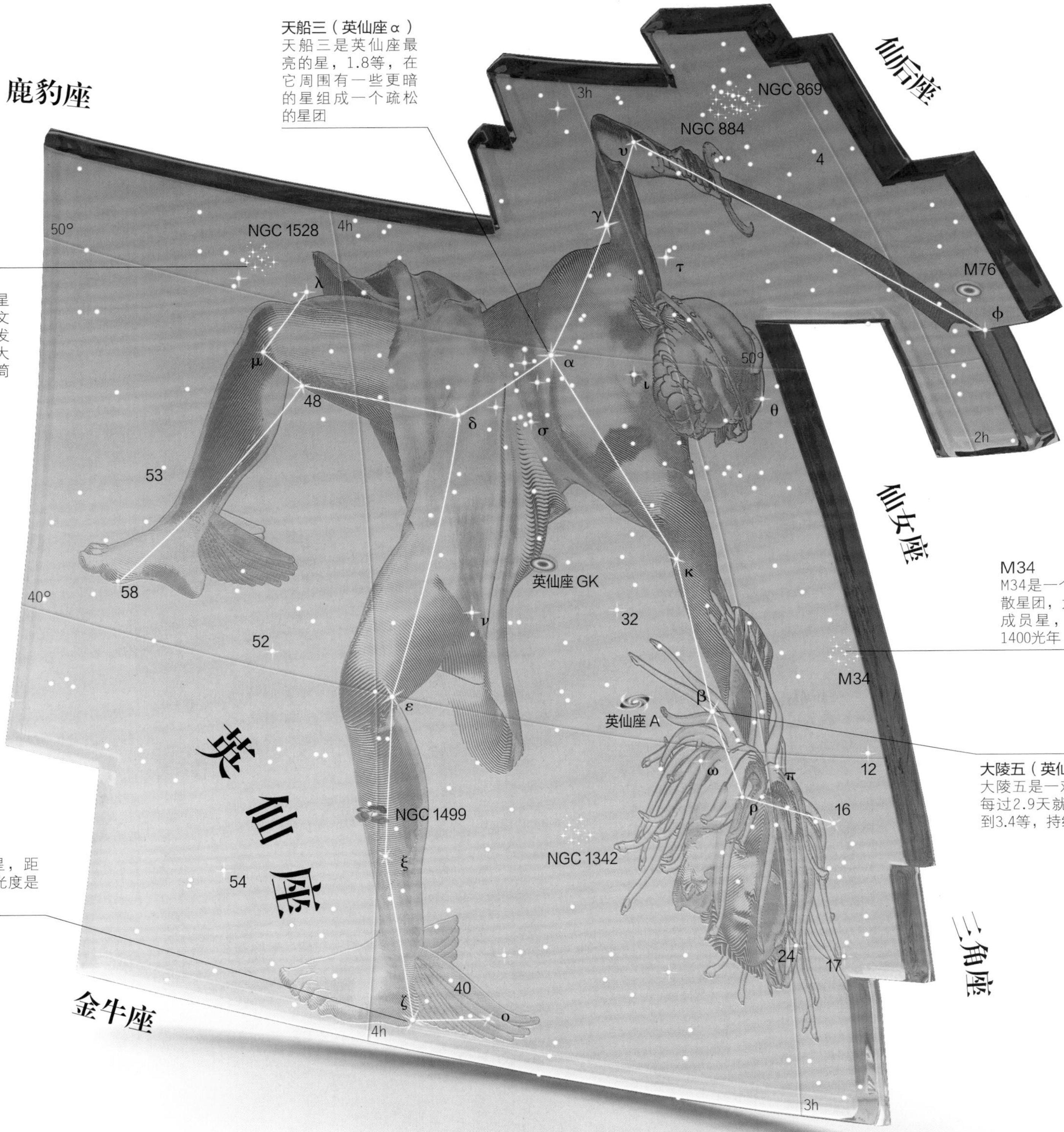

NGC 869

NGC 884

NGC 1528

M76

NGC 1528
这是一个疏散星团，1790年英国天文学家威廉·赫歇尔发现了它。星团包含大约160颗星，用双筒望远镜可以看到

仙女座

M34
M34是一个巨大的疏散星团，大约有60颗成员星，距离我们1400光年

英仙座 GK

英仙座

M34

大陵五（英仙座 β）
大陵五是一对食双星，每过2.9天就从2.1等降到3.4等，持续约10小时

英仙座 A

英仙座 ς
这是一颗蓝超巨星，距离我们750光年，光度是太阳的3380倍

NGC 1499

NGC 1342

金牛座

三角座

▷ **恒星距离**
　　组成英仙座图案的恒星中，距离我们最近的是大陵五，只有90光年。天船三比它远5倍多，大约500光年，但是却比大陵五还亮。卷舌三（英仙座 ξ）是这些恒星中最远的一颗，距离我们大约1240光年。

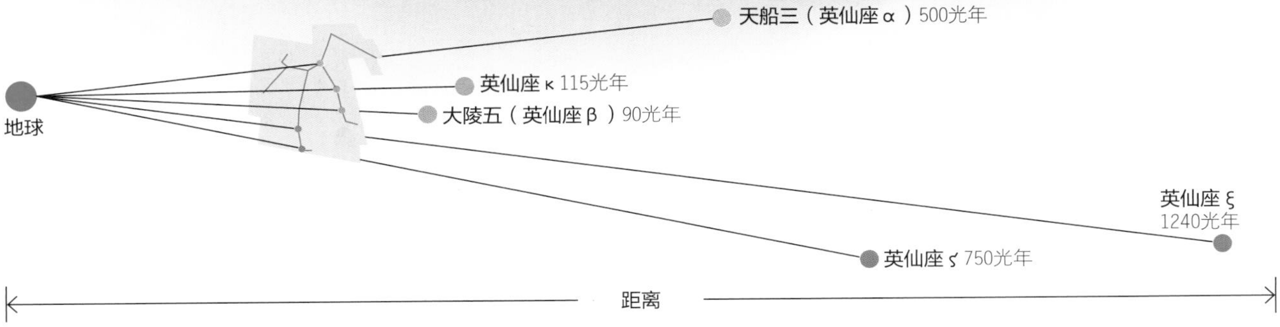

天船三（英仙座 α）500光年

英仙座 κ 115光年

大陵五（英仙座 β）90光年

地球

英仙座 ξ
1240光年

英仙座 ς 750光年

距离

小狮座 LEO MINOR
天上的小狮子

北天有一个又小又暗的星座，代表一只狮子幼崽，就是小狮座。这个星座是17世纪末由赫维留命名的。

小狮座不是从古希腊流传下来的星座，而是1687年由波兰天文学家赫维留引入的。它位于狮子座和大熊座之间的一块空白区域，很容易被忽略。小狮座里有β星，但没有α星。英国天文学家弗朗西斯·贝利（Francis Baily）在1845年编制他的星表时犯了个小错误，忘记给星座中最亮的星小狮座46指定拜耳字母了。在这个星座中最有名的天体是哈尼天体（荷兰语Hanny's Voowerp），是荷兰业余天文学家阿科尔（Hanny van Arkel）发现的一个与众不同的气体云。

主要数据

面积排名：	64
最亮星：	小狮座46 3.8等，小狮座β 4.2等
所有格：	Leonis Minoris
缩写：	LMi
晚上10点上中天的月份：	3~4月
完全可见区域：	90° N~48° S

星图 5

主要恒星

势增四 小狮座β
黄-橙巨星
☀ 4.2等 ⟷ 154光年

势四 小狮座46
橙巨星
☀ 3.8等 ⟷ 95光年

深空天体

IC 2497 和哈尼天体
活动星系和它附近的气体云

NGC 3021
旋涡星系

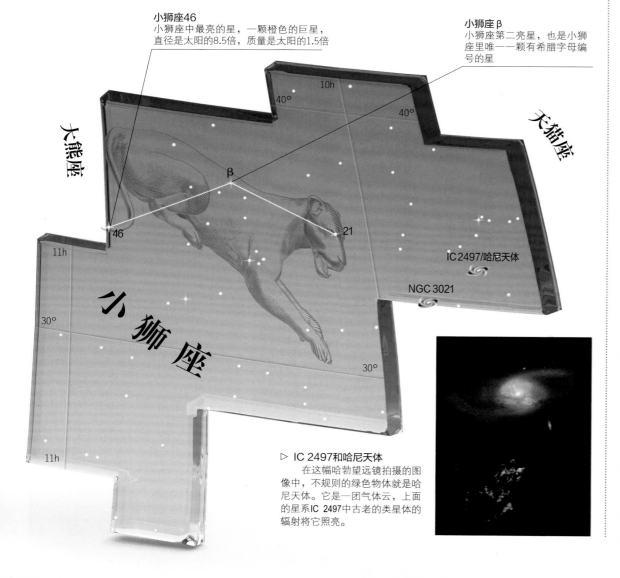

小狮座46
小狮座中最亮的星，一颗橙色的巨星，直径是太阳的8.5倍，质量是太阳的1.5倍

小狮座β
小狮座第二亮星，也是小狮座里唯一一颗有希腊字母编号的星

▷ **IC 2497和哈尼天体**
在这幅哈勃望远镜拍摄的图像中，不规则的绿色物体就是哈尼天体。它是一团气体云，上面的星系IC 2497中古老的类星体的辐射将它照亮。

御夫座的主星五车二，是**与太阳颜色相同的恒星里最亮的一颗**

御夫座 AURIGA
驾驶马车的车夫

御夫座是北天的一个很大而著名的星座。它拥有全天第六亮星——五车二。

御夫座在希腊神传说中是一位车夫，但是他的马车却不在这个星座里。御夫座中最亮的星是五车二，代表御夫怀抱的小羊羔。另一颗值得注意的星是一颗白色的超巨星——柱一（御夫座ε），它是一对绕转周期长达27年的食双星。M36、M37、M38是御夫座中的3个疏散星团，用双筒望远镜就可以看到。它们距离我们都在4000光年左右。其中M37最大，但M36是最容易看到的。代表御夫右脚的那颗星曾经与金牛座共用，但在1930年正式划分星座界线时，这颗星被划给了金牛座，因此它现在的名字叫金牛座β（中文名五车五）。

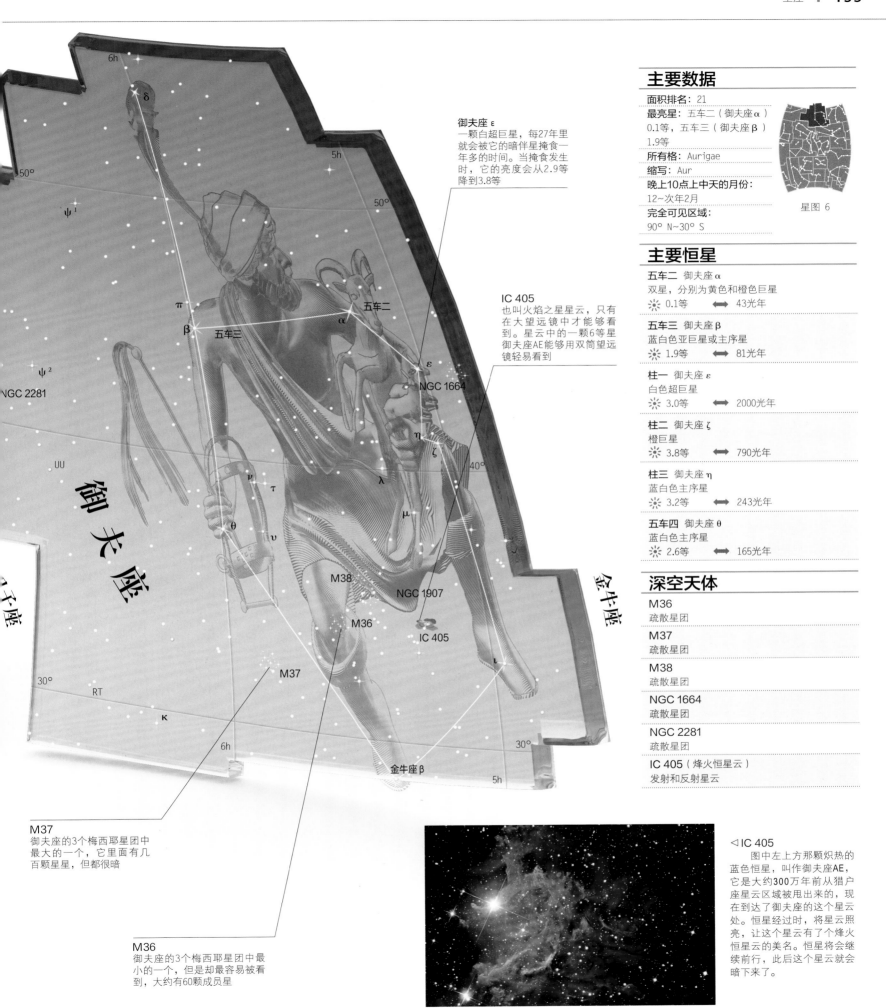

御夫座 ε
一颗白超巨星，每27年里就会被它的暗伴星掩食一年多的时间。当掩食发生时，它的亮度会从2.9等降到3.8等

IC 405
也叫火焰之星星云，只有在大望远镜中才能够看到。星云中的一颗6等星御夫座AE能够用双筒望远镜轻易看到

主要数据

面积排名：	21
最亮星：	五车二（御夫座 α）
	0.1等，五车三（御夫座 β）
	1.9等
所有格：	Aurigae
缩写：	Aur
晚上10点上中天的月份：	
12~次年2月	
完全可见区域：	
90° N~30° S	

星图 6

主要恒星

五车二 御夫座 α
双星，分别为黄色和橙色巨星
☀ 0.1等 ⟷ 43光年

五车三 御夫座 β
蓝白色亚巨星或主序星
☀ 1.9等 ⟷ 81光年

柱一 御夫座 ε
白色超巨星
☀ 3.0等 ⟷ 2000光年

柱二 御夫座 ζ
橙巨星
☀ 3.8等 ⟷ 790光年

柱三 御夫座 η
蓝白色主序星
☀ 3.2等 ⟷ 243光年

五车四 御夫座 θ
蓝白色主序星
☀ 2.6等 ⟷ 165光年

深空天体

M36
疏散星团

M37
疏散星团

M38
疏散星团

NGC 1664
疏散星团

NGC 2281
疏散星团

IC 405（烽火恒星云）
发射和反射星云

M37
御夫座的3个梅西耶星团中最大的一个，它里面有几百颗星星，但都很暗

M36
御夫座的3个梅西耶星团中最小的一个，但是却最容易被看到，大约有60颗成员星

◁ IC 405
图中左上方那颗炽热的蓝色恒星，叫作御夫座AE，它是大约300万年前从猎户座星云区域被甩出来的，现在到达了御夫座的这个星云处。恒星经过时，将星云照亮，让这个星云有了个烽火恒星云的美名。恒星将会继续前行，此后这个星云就会暗下来了。

狮子座 ι
太阳的12倍

五帝座一
太阳的15倍

狮子座 LEO
天上的大雄狮

　　狮子座是黄道带上的一个大星座，像一头蹲伏的狮子，图案很好辨认。狮子的头和胸部的6颗星星组成一个镰刀形状。

　　狮子座代表的是被赫拉克勒斯杀死的狮子，赫拉克勒斯是希腊神话中的英雄，在他的12项伟大功绩中，第一项就是杀死这只狮子。位于狮子的头和胸部的星星，形成了镰刀形状，也像是反写的大问号。在镰刀的最下端是狮子座中最亮的星轩辕十四，代表狮子的心脏。

　　位于镰刀中间的轩辕十二，也就是狮子座 γ，是一对双星。其中两颗橙黄色巨星互相绕转，周期是550年。在它们旁边还有一颗5等星——狮子座40，只是和它们并没有什么关系。轩辕十一（狮子座 ζ）是一颗3等星，用双筒望远镜能够看到在它旁边还有两颗暗一些的伴星，但这3颗星实际上距离很远，因此也是不相关的。

　　狮子的身体下方有好几个用小望远镜就可以看到的旋涡星系，其中最著名的是M65、M66、M95和M96。

　　每年11月，地球都会穿过坦普尔-塔特尔彗星留下的尘埃带，我们就能欣赏到一场流星雨，而这场流星雨的辐射点就位于狮子座镰刀附近，因此叫作狮子座流星雨。但是，狮子座流星雨的流量通常并不大，偶尔才会有很大的爆发，比如1833年就爆发了极其壮观的狮子座流星雨。

据说1833年狮子座流星雨爆发时，流星"像雪花一样"掉落到地上

▷ NGC 3521
　　这幅星系的照片是位于智利的欧洲南方天文台的甚大望远镜拍摄的，它距离我们3500万光年，其中有很多恒星形成区，它们在星系的旋臂上制造出了斑驳的效果。

▽ NGC 3808和NGC 3808A
　　在这幅哈勃望远镜拍摄的照片中，两个旋涡星系缠绕在一起。恒星、气体和尘埃从右边的NGC 3808流向左边小一些的NGC 3808A，环绕在后者周围。

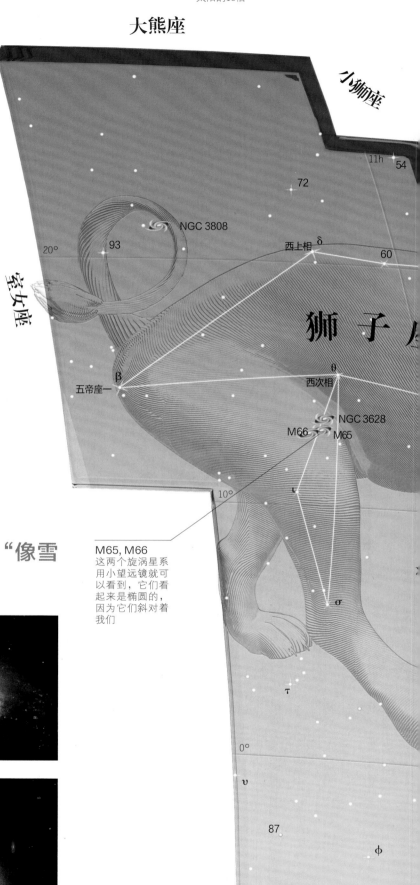

大熊座

小狮座

11h　54

72

NGC 3808

20°　93

西上相 δ　60

室女座

狮 子 座

θ
西次相

五帝座一 β

NGC 3628

M66　M65

10°

ι

σ

M65, M66
这两个旋涡星系用小望远镜就可以看到，它们看起来是椭圆的，因为它们斜对着我们

τ

0°

υ

87

φ

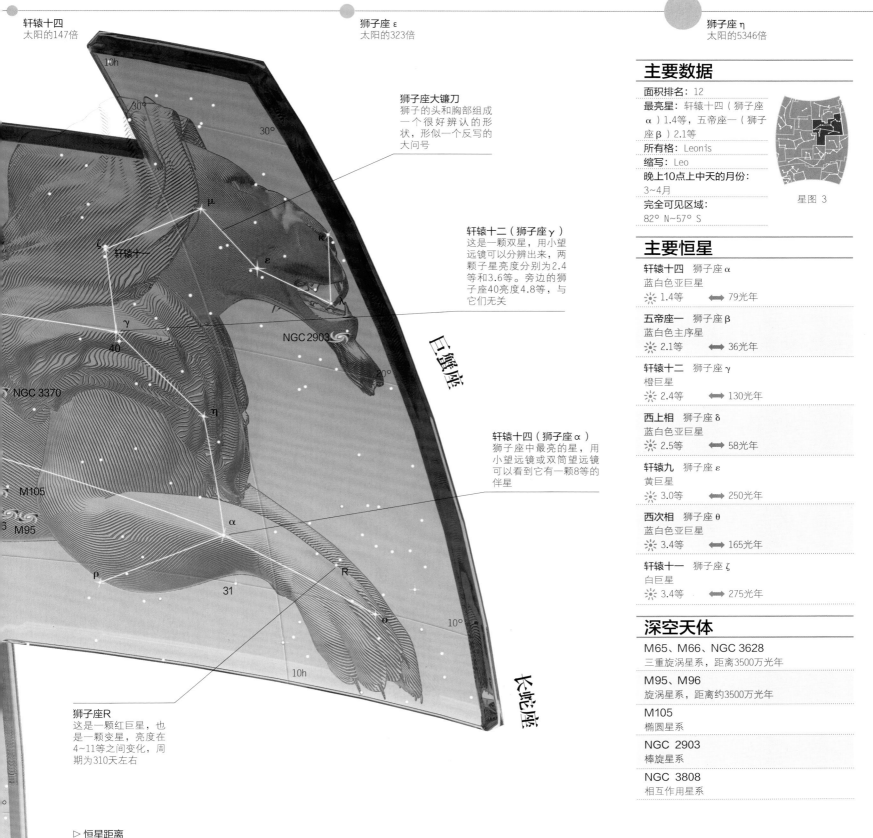

轩辕十四
太阳的147倍

狮子座 ε
太阳的323倍

狮子座 η
太阳的5346倍

10h

30°

30°

20°

μ

ζ

轩辕十一

γ

40

ρ

31

R

σ

10h

10°

狮子座大镰刀
狮子的头和胸部组成一个很好辨认的形状，形似一个反写的大问号

轩辕十二（狮子座 γ）
这是一颗双星，用小望远镜可以分辨出来，两颗子星亮度分别为2.4等和3.6等。旁边的狮子座40亮度4.8等，与它们无关

NGC 2903

轩辕十四（狮子座 α）
狮子座中最亮的星，用小望远镜或双筒望远镜可以看到它有一颗8等的伴星

NGC 3370

M105

M95

巨蟹座

长蛇座

主要数据

面积排名： 12

最亮星： 轩辕十四（狮子座 α）1.4等，五帝座一（狮子座 β）2.1等

所有格： Leonis

缩写： Leo

晚上10点上中天的月份：
3~4月

完全可见区域：
82° N~57° S

星图 3

主要恒星

轩辕十四　狮子座 α
蓝白色亚巨星
☀ 1.4等　◆➡ 79光年

五帝座一　狮子座 β
蓝白色主序星
☀ 2.1等　◆➡ 36光年

轩辕十二　狮子座 γ
橙巨星
☀ 2.4等　◆➡ 130光年

西上相　狮子座 δ
蓝白色亚巨星
☀ 2.5等　◆➡ 58光年

轩辕九　狮子座 ε
黄巨星
☀ 3.0等　◆➡ 250光年

西次相　狮子座 θ
蓝白色亚巨星
☀ 3.4等　◆➡ 165光年

轩辕十一　狮子座 ζ
白巨星
☀ 3.4等　◆➡ 275光年

深空天体

M65、M66、NGC 3628
三重旋涡星系，距离3500万光年

M95、M96
旋涡星系，距离约3500万光年

M105
椭圆星系

NGC 2903
棒旋星系

NGC 3808
相互作用星系

狮子座R
这是一颗红巨星，也是一颗变星，亮度在4~11等之间变化，周期为310天左右

▷ **恒星距离**
组成狮子座图案的恒星中，距离我们最近的是五帝座一，只有36光年。最远的是轩辕十六（狮子座 ρ），距离我们5400光年。尽管这么遥远，但它看起来仍然有3.9等，因为它是一颗超巨星，直径是太阳的37倍。

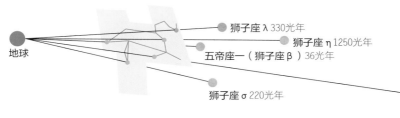

地球

狮子座 λ 330光年

狮子座 η 1250光年

五帝座一（狮子座 β）36光年

狮子座 σ 220光年

狮子座 ρ
5400光年

距离

光度	右执法	东上相
	太阳的4倍	太阳的10倍

△ 草帽星系
　　草帽星系M104是一个旋涡星系，它侧对着我们，看起来像一个宽边草帽，草帽的边缘是一圈暗尘埃带。它位于室女座和乌鸦座交界，距离我们3000万光年。

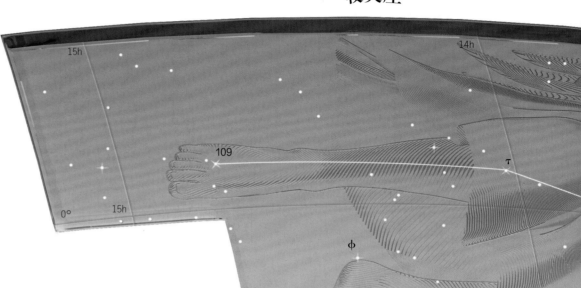

牧夫座

室女座 （VIRGO）
贞洁女神

　　室女座是黄道带上最大的星座，也是全天第二大星座。在室女座中有离我们最近的星系团，还有最亮的类星体。

　　室女座在希腊神话中有好几个身份。有一种说法是，她代表丰收女神得墨忒耳（Demeter）。她的手中握着一束麦穗，代表麦穗的星星是室女座中最亮的恒星角宿一。不过一般来说，室女座通常被认为是古希腊的正义女神狄刻（Dike）的化身，邻近的天秤座代表她用来主持正义的秤。

　　室女座的形状像一个倾斜的字母Y，角宿一就在Y的最底端。在Y的分叉处，就是室女座星系团了。这个巨大的星系团距离我们约5500万光年，拥有超过2000个成员，其中最亮的一个用小望远镜就能看到。室女座星系团非常大，已经延伸到了室女座北边的后发座范围内。其星系团的中心是一个巨大的椭圆星系M87。最亮的类星体（见第60~61页）3C 273也在室女座中，但比室女座星系团远了50倍。

M87是银河系附近质量最大的星系之一，大约是太阳的3万亿倍

天秤座

▷ 恒星距离
　　组成室女座图案的恒星中，距离我们最近的是右执法（室女座β），只有36光年；最亮的恒星角宿一（室女座α）远一些，250光年；最远的是室女座ν，在遥远的1170光年之外。

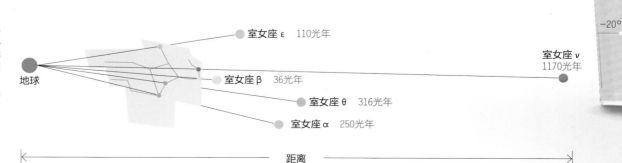

室女座 ε   110光年
室女座 ν   1170光年
地球
室女座 β   36光年
室女座 θ   316光年
室女座 α   250光年

距离

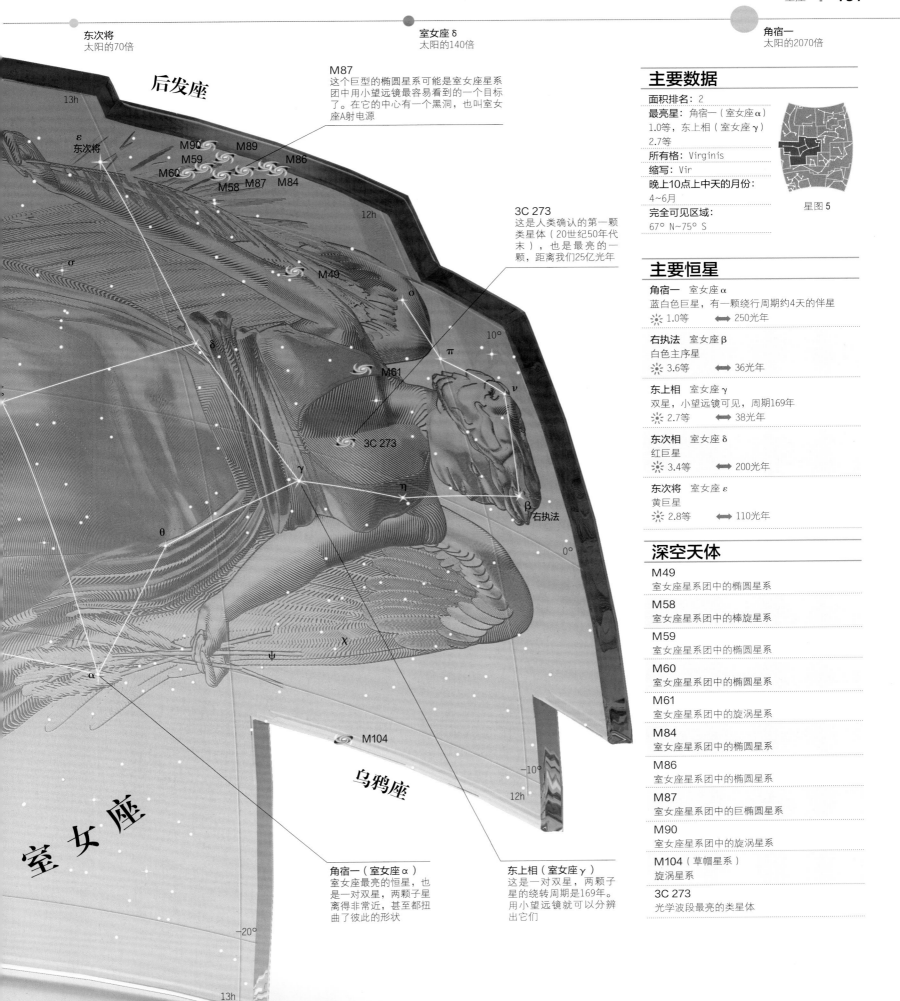

东次将
太阳的70倍

室女座 δ
太阳的140倍

角宿一
太阳的2070倍

后发座

13h

ε
东次将

M90 M89
M59
M60 M86
M58 M87 M84

M87
这个巨型的椭圆星系可能是室女座星系团中用小望远镜最容易看到的一个目标了。在它的中心有一个黑洞，也叫室女座A射电源

σ

12h

M49

o

3C 273
这是人类确认的第一颗类星体（20世纪50年代末），也是最亮的一颗，距离我们25亿光年

δ

10°

π

M61

ν

3C 273

γ

η

β
右执法

θ

α

ψ

χ

M104

乌鸦座

-10°

12h

室女座

-20°

13h

角宿一（室女座 α）
室女座最亮的恒星，也是一对双星，两颗子星离得非常近，甚至都扭曲了彼此的形状

东上相（室女座 γ）
这是一对双星，两颗子星的绕转周期是169年。用小望远镜就可以分辨出它们

主要数据

面积排名：2
最亮星：角宿一（室女座 α）
1.0等，东上相（室女座 γ）
2.7等
所有格：Virginis
缩写：Vir
晚上10点上中天的月份：
4~6月
完全可见区域：
67° N~75° S

星图 5

主要恒星

角宿一　室女座 α
蓝白色巨星，有一颗绕行周期约4天的伴星
☀ 1.0等　⟷ 250光年

右执法　室女座 β
白色主序星
☀ 3.6等　⟷ 36光年

东上相　室女座 γ
双星，小望远镜可见，周期169年
☀ 2.7等　⟷ 38光年

东次相　室女座 δ
红巨星
☀ 3.4等　⟷ 200光年

东次将　室女座 ε
黄巨星
☀ 2.8等　⟷ 110光年

深空天体

M49
室女座星系团中的椭圆星系

M58
室女座星系团中的棒旋星系

M59
室女座星系团中的椭圆星系

M60
室女座星系团中的椭圆星系

M61
室女座星系团中的旋涡星系

M84
室女座星系团中的椭圆星系

M86
室女座星系团中的椭圆星系

M87
室女座星系团中的巨椭圆星系

M90
室女座星系团中的旋涡星系

M104（草帽星系）
旋涡星系

3C 273
光学波段最亮的类星体

后发座 COMA BERENICES
贝勒奈西的头发

后发座代表古埃及皇后贝勒奈西（Berenice）二世那飘逸的长发。后发座没有亮星，但可以借助其他明显的星座寻找，它就位于牧夫座和狮子座之间。在后发座中既有星团，也有星系团。

后发座以前是狮子座的一部分，直到1536年，德国绘图师卡斯帕·弗佩尔（Caspar Vopel）才第一次把它当作独立的星座画在一个天球仪上。后发座中没有亮于4等的星，但是有很多有趣的深空天体。其中M85、M88、M99和M100这些星系位于和室女座交界的地方，都属于室女座星系团的一部分，距离我们大约5000万光年。其他星系则属于后发座星系团，它比室女座星系团远6倍。梅洛特111是离地球最近的疏散星团之一，其中超过20颗星都能用肉眼直接看到。

△ M64
后发座中最亮的星系，它还有个名字叫黑眼星系，因为在明亮的核心外围有一圈暗尘埃带，像一只眼睛，它距离地球1700万光年。

主要数据

面积排名：42

最亮星：后发座β 4.2等，东上将（后发座α）4.3等

所有格：Comae Berenices

缩写：Com

晚上10点上中天的月份：4~5月

完全可见区域：90° N~56° S

星图 5

主要恒星

东上将 后发座α
双星，两颗子星都是主序星
☀ 4.3等 ⟷ 58光年

周鼎一 后发座β
黄色主序星
☀ 4.2等 ⟷ 30光年

郎位一 后发座γ
橙巨星
☀ 4.3等 ⟷ 167光年

后发座 FS
红巨星，半规则变星
☀ 5.6等 ⟷ 736光年

深空天体

梅洛特 111（后发星团）
疏散星团

M53
球状星团

M64
旋涡星系

M85
透镜状星系

M88
旋涡星系

M91
棒旋星系

M99
旋涡星系

M100
旋涡星系

NGC 4565（针状星系）
旋涡星系

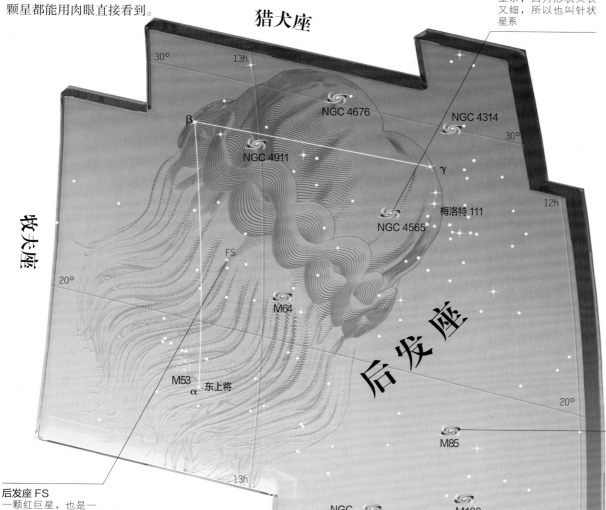

猎犬座

30° 13h

β

NGC 4676

NGC 4314

30°

NGC 4911

γ

梅洛特 111

12h

NGC 4565
一个侧面对着我们的星系，因为形状又长又细，所以也叫针状星系

牧夫座

FS

20°

M64

狮子座

后发座

M53
α 东上将

20°

13h

M85

NGC 4634

M100

M91 M88

M98
M99

12h

室女座

后发座 FS
一颗红巨星，也是一颗半规则变星，亮度在5.3~6.1等之间变化，周期58天

M85
这是一个透镜状星系，直径12.5万光年，距离我们6000万光年

M98
一个几乎侧面向着我们的旋涡星系，距离4400万光年。1791年，它和M99、M100一起被发现，都是室女座星系团的一部分

◁ NGC 5897
　　球状星团，但不像
其他球状星团那样中间
有一个特别密集的核。
它的中心只是稍微比外
面亮一点。

天秤座 正义之秤
LIBRA

天秤座代表正义女神用来主持公平正义的秤。它的一部分
天区曾经属于天蝎座。天秤座是黄道星座中最不显眼的一个，
也是唯一一个代表着非生命形象的黄道星座。

　　古希腊人把这片天区叫作"天蝎的螯"，也就是蝎子的爪子。天秤
座中最亮的两颗星——天秤座 β 和天秤座 α 还分别有个名字叫作
Zubenelgenubi和Zubeneschamali，在阿拉伯语里的意思分别是南边的螯
和北边的螯，这便反映了天秤座过去曾是天蝎座一部分的历史。公元
前5世纪，罗马人开始把它看成一个天平，后来它便成为旁边的室女
手里所拿着的正义之秤的代表，一直沿用到现在。
　　天秤座刚好位于天赤道以南，没有亮星，可以借助它周围
较明亮的星座来寻找。天秤座 δ 是一颗变星，亮度在5~6等之间
变化，周期为2天8小时。天秤座 ι 是一个聚星系统。

天秤座

室女座

天蝎座

氏宿四（天秤座 β）
天秤座最亮的星，是一颗白色的
主序星。有些人通过双筒望远镜
或小型望远镜看到了微微的绿色

主要数据

面积排名： 29

最亮星： 氏宿四（天秤座 β）
2.6等，氏宿一（天秤座 α）
2.8等

所有格： Librae

缩写： Lib

晚上10点上中天的月份：
5~6月

完全可见区域：
60° N~90° S

星图 5

主要恒星

氏宿一+氏宿增七 天秤座 α
双星
☀ 2.8等 ⟺ 75光年

氏宿四 天秤座 β
白色主序星
☀ 2.6等 ⟺ 185光年

氏宿三 天秤座 γ
橙巨星
☀ 3.9等 ⟺ 163光年

深空天体

NGC 5897
球状星团

NGC 5897
球状星团，8.6等，只
能通过望远镜才能看
到。1785年威廉·赫
歇尔首次发现了它，
距离我们45000光年

天秤座 α
是一对明亮的双星，包括一
颗2.8等的蓝白色巨星（中文
名叫氏宿一）和一颗5.2等的
白色主序星（中文名叫氏宿
增七）

光度

天蝎座 ε
太阳的40倍

房宿四
太阳的1265倍

尾宿九
太阳的226倍

心宿二的直径是**太阳**的**800多倍**，从它的一边打一个电话，要**一个多小时**之后，另一边才能收到

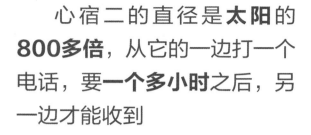

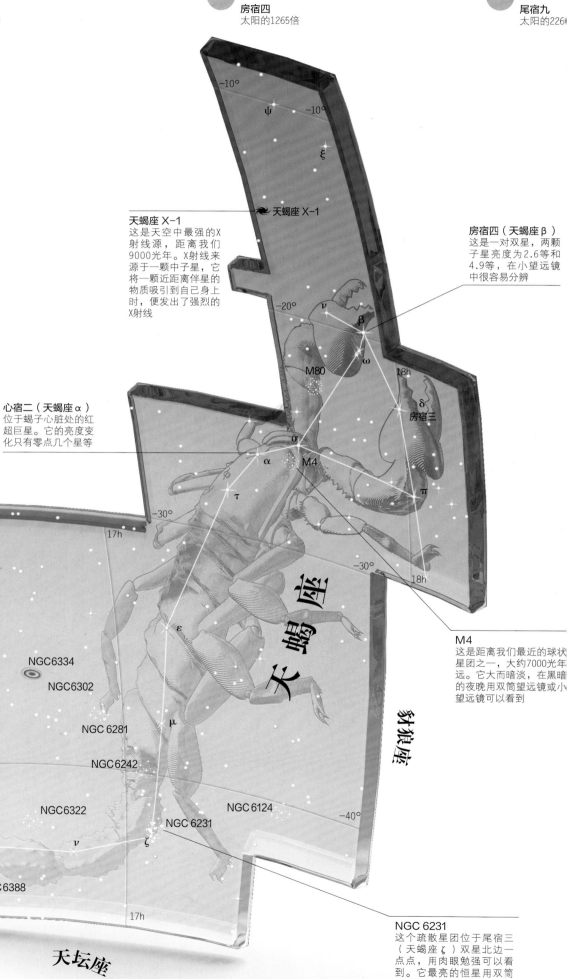

天蝎座 X-1
这是天空中最强的X射线源，距离我们9000光年。X射线来源于一颗中子星，它将一颗近距离伴星的物质吸引到自己身上时，便发出了强烈的X射线

房宿四（天蝎座 β）
这是一对双星，两颗子星亮度为2.6等和4.9等，在小望远镜中很容易分辨

M6
一个疏散星团，也叫蝴蝶星团，肉眼就可以看到。它最亮的恒星是天蝎座BM，一颗橙色巨星

心宿二（天蝎座 α）
位于蝎子心脏处的红超巨星。它的亮度变化只有零点几个星等

M4
这是距离我们最近的球状星团之一，大约7000光年远。它大而暗淡，在黑暗的夜晚用双筒望远镜或小望远镜可以看到

M7
巨大的疏散星团，其中最亮的星为6等，肉眼可见。它的视角达到了满月的两倍

NGC 6231
这个疏散星团位于尾宿三（天蝎座 ζ）双星北边一点点，用肉眼勉强可以看到。它最亮的恒星用双筒望远镜可以分辨出来

天蝎座

豺狼座

南冕座

天坛座

房宿三
太阳的2400倍

尾宿八
太阳的6000倍

心宿二
太阳的9450倍

天蝎座 SCORPIUS
夜空中的大毒蝎

天蝎座是一个显眼的黄道星座，位于天赤道以南。它最明显的特征是一串星星组成弯曲的钩子形状，代表蝎子的尾巴。天蝎座的尾巴正好指向银河中心的位置，因而这附近是银河中恒星非常密集的一片区域。

在希腊神话中，天蝎座代表的就是蛰死猎户的那只蝎子。所以，这对冤家在天空中正好处在相对的位置，天蝎一升起来，猎户就落下去。

天蝎座最亮的星——心宿二是一颗红超巨星，代表蝎子的心脏。从心宿二开始向南弯曲而下的一串恒星，就是蝎子的尾巴。其尾巴的末端就是天蝎座的第二亮星尾宿八（Shaula，来自阿拉伯语，意思就是"蛰针"）。天蝎的尾巴位于银河中恒星非常密集的区域，并且指向银河中心的位置，而且尾巴的附近还分布着很多星团。

天蝎座和相邻星座中的很多亮星距离我们大约都是500光年左右，它们都是一个叫作天蝎–半人马星协的成员，那是一大片恒星形成区，心宿二是其中最亮的一颗恒星。

◁ NGC 6302
也叫小虫星云或蝴蝶星云，是一个复杂的行星状星云。气体从中心的恒星像两个方向喷出，形成了两个"翅膀"。这张照片是哈勃空间望远镜拍摄的。

△ M80
从这张哈勃望远镜拍摄的M80照片中，我们通过颜色就可以识别出一些红巨星。它距离我们28000光年。红巨星是像太阳这样的恒星演化到生命末期的产物。

▷ **恒星距离**
在组成天蝎座图案的恒星中，距离我们最近的是尾宿二（天蝎座ε），距离64光年；最远的是尾宿三（天蝎座ζ¹），2570光年。（天蝎座ζ双星的另一个成员ζ²只有130光年远。）天蝎座很多恒星都是天蝎–半人马星协（一群几乎同时诞生的恒星）的成员，它们离地球的距离都差不多，大约500光年。

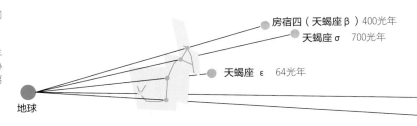

房宿四（天蝎座β）400光年
天蝎座σ 700光年
天蝎座ε 64光年
天蝎座ι¹ 1930光年
天蝎座ζ¹ 2570光年
地球
距离

巨蛇座 γ
太阳的3倍

巨蛇座 η
太阳的15倍

巨蛇座 SERPENS
巨大的毒蛇

与其他星座不同，巨蛇座是全天唯一一个被分割成两部分的星座，巨蛇的头在蛇夫座的一边，尾巴在另一边。这两个部分共同组成了巨蛇座。

巨蛇座代表的是蛇夫手中握着的一条毒蛇，蛇夫的左手握着蛇的头，右手握着蛇的尾巴。

巨蛇座中最亮的星是一颗3等星——天市右垣七（巨蛇座α），位于巨蛇的脖子处，因而它的英文名Unukalhai就来源于阿拉伯语"蛇的脖子"。巨蛇座β是巨蛇的头，它旁边有一颗7等"伴星"，用双筒望远镜可以看到，但是和巨蛇座β并没有关系。巨蛇座的尾部有一个深空天体M16，它是一个被鹰状星云环绕的星团，因哈勃望远镜在鹰状星云内拍下了著名的"创世之柱"照片而出名。天市左垣七（巨蛇座θ）是一颗5等双星，小望远镜可见。旁边的IC 4756是一个疏散星团，用双筒望远镜可以看到。

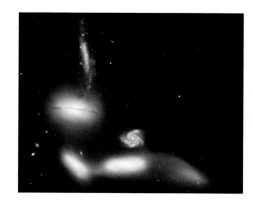

◁ 赛弗特六重星系
一个小星系群，包含4个有相互作用的星系和2个其他成员。在哈勃望远镜的这幅照片里，中间的旋涡星系不是星系群的成员，而是视线方向的一个背景星系。第六个成员根本不是一个星系，而是一个星系被撕裂之后的尾巴。

IC 4756
双筒望远镜可以看到的疏散星团，视大小比满月还大，其中最亮的星是8等

天市左垣七（巨蛇座θ）
一对5等星组成的双星，小双筒望远镜即可分辨

◁ 创世之柱
这是一幅哈勃空间望远镜拍摄的标志性图片，图中是鹰状星云中形成的柱形气体和尘埃。它们是一片恒星形成区，高度有4光年。是一片恒星形成区。同时，它们也在被附近炽热的新生恒星发出的紫外线蚕食着。

▽ 霍格天体
这个星系很特别，它有一圈炽热的蓝色星环，围绕着一个由黄色的年老恒星组成的核心。人们认为这个环可能是其他星系路过这里时被拉扯出来的物质形成的。

M16
双筒望远镜和小型望远镜可以看到的疏散星团，它看起来雾蒙蒙的，因为被鹰状星云环绕着

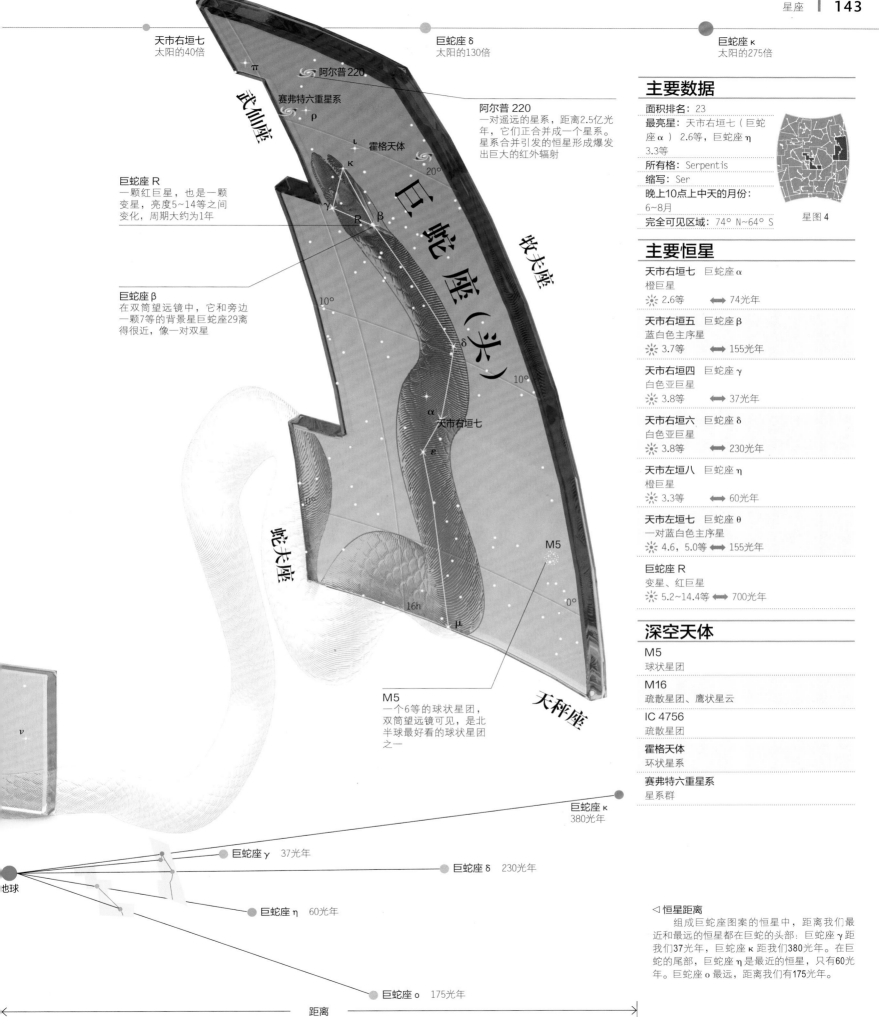

天市右垣七
太阳的40倍

巨蛇座 δ
太阳的130倍

巨蛇座 κ
太阳的275倍

π

阿尔普220

武仙座

赛弗特六重星系

ρ

阿尔普220
一对遥远的星系，距离2.5亿光年，它们正合并成一个星系。星系合并引发的恒星形成爆发出巨大的红外辐射

ι

霍格天体

20°

巨蛇座 R
一颗红巨星，也是一颗变星，亮度5~14等之间变化，周期大约为1年

κ

巨蛇座（头）

牧夫座

γ   R   β

巨蛇座 β
在双筒望远镜中，它和旁边一颗7等的背景星巨蛇座29离得很近，像一对双星

10°

δ

10°

α

天市右垣七

蛇夫座

ε

M5

0°

M5
一个6等的球状星团，双筒望远镜可见，是北半球最好看的球状星团之一

16h

μ

0°

天秤座

ν

巨蛇座 κ
380光年

地球

巨蛇座 γ   37光年

巨蛇座 δ   230光年

巨蛇座 η   60光年

巨蛇座 ο   175光年

距离

主要数据

面积排名：23

最亮星：天市右垣七（巨蛇座 α）2.6等，巨蛇座 η 3.3等

所有格：Serpentis

缩写：Ser

晚上10点上中天的月份：6~8月

完全可见区域：74° N~64° S

星图4

主要恒星

天市右垣七   巨蛇座 α
橙巨星
☀ 2.6等   ⟷ 74光年

天市右垣五   巨蛇座 β
蓝白色主序星
☀ 3.7等   ⟷ 155光年

天市右垣四   巨蛇座 γ
白色亚巨星
☀ 3.8等   ⟷ 37光年

天市右垣六   巨蛇座 δ
白色亚巨星
☀ 3.8等   ⟷ 230光年

天市左垣八   巨蛇座 η
橙巨星
☀ 3.3等   ⟷ 60光年

天市左垣七   巨蛇座 θ
一对蓝白色主序星
☀ 4.6，5.0等   ⟷ 155光年

巨蛇座 R
变星、红巨星
☀ 5.2~14.4等   ⟷ 700光年

深空天体

M5
球状星团

M16
疏散星团、鹰状星云

IC 4756
疏散星团

霍格天体
环状星系

赛弗特六重星系
星系群

◁ **恒星距离**
组成巨蛇座图案的恒星中，距离我们最近和最远的恒星都在巨蛇的头部：巨蛇座 γ 距我们37光年，巨蛇座 κ 距我们380光年。在巨蛇的尾部，巨蛇座 η 是最近的恒星，只有60光年。巨蛇座 ο 最远，距离我们有175光年。

光度		

候
太阳的28倍

宗正一
太阳的43倍

天市左垣
太阳的

蛇夫座 OPHIUCHUS
夜空中的执蛇人

蛇夫座是跨越天赤道的一个巨大星座。它从北边的武仙座延伸到南边的天蝎座和人马座。

蛇夫座代表伟大的医神阿斯克勒庇俄斯，据说他具有起死回生的能力。在天空中，它被描绘成双手握着一条巨蛇（在古希腊，蛇意味着起死回生）的形象，这条蛇就是巨蛇座。

蛇夫座虽然很大，但并不显眼，它最亮的星——侯（蛇夫座α）是一颗2等星，代表蛇夫的头部。蛇夫座最著名的星是巴纳德星，它是一颗10等的红矮星，距离我们仅仅5.9光年。蛇夫座中有很多球状星团，其中M10和M12通过小望远镜最容易看到。太阳在每年12月上半月穿过蛇夫座，然而这个星座在传统占星术中却未被算作黄道星座（见第92~93页）。

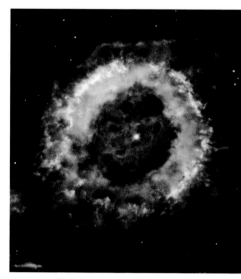

△ NGC 6369
这张哈勃空间望远镜的照片展示的是一个行星状星云，叫作小鬼星云。气体环的宽度大约有1光年，被其核心发出的紫外线照亮。

▷ 双喷流星云
在这张哈勃空间望远镜拍摄的图像中，两瓣发光的气体流以超过100万千米的时速从中心的双星喷出，形成了美丽的蝴蝶形星云。

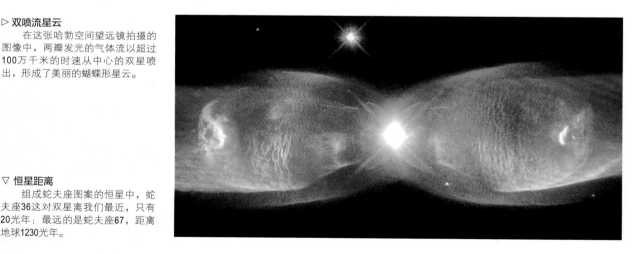

▽ 恒星距离
组成蛇夫座图案的恒星中，蛇夫座36这对双星离我们最近，只有20光年；最远的是蛇夫座67，距离地球1230光年。

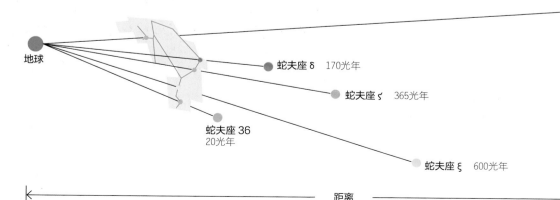

地球

蛇夫座 67
1230光年

蛇夫座 δ   170光年

蛇夫座 ζ   365光年

蛇夫座 36
20光年

蛇夫座 ξ   600光年

距离

主要数据

面积排名：11
最亮星：侯（蛇夫座α）
2.1等，天市左垣十一（蛇夫座η）2.4等
所有格：Ophiuchi
缩写：Oph
晚上10点上中天的月份：
6~7月
完全可见区域：
59° N~75° S

星图 4

主要恒星

侯　蛇夫座α
蓝白巨星
※ 2.1等　⟷ 49光年

宗正一　蛇夫座β
橙巨星
※ 2.8等　⟷ 82光年

天市右垣九　蛇夫座δ
红巨星
※ 2.8等　⟷ 170光年

天市右垣十一　蛇夫座ζ
蓝白色亚矮星
※ 2.6等　⟷ 365光年

天市左垣十一　蛇夫座η
蓝白色亚矮星
※ 2.4等　⟷ 88光年

巴纳德星
红矮星
※ 9.5等　⟷ 5.9光年

深空天体

开普勒星
1604年10月爆发的超新星遗迹

M10
球状星团

M12
球状星团

NGC 6369
行星状星云，也叫小鬼星云

NGC 6633
疏散星团

IC 4665
疏散星团

烟斗星云
暗星云

双喷流星云（闵可夫斯基 2-9）
双极行星状星云

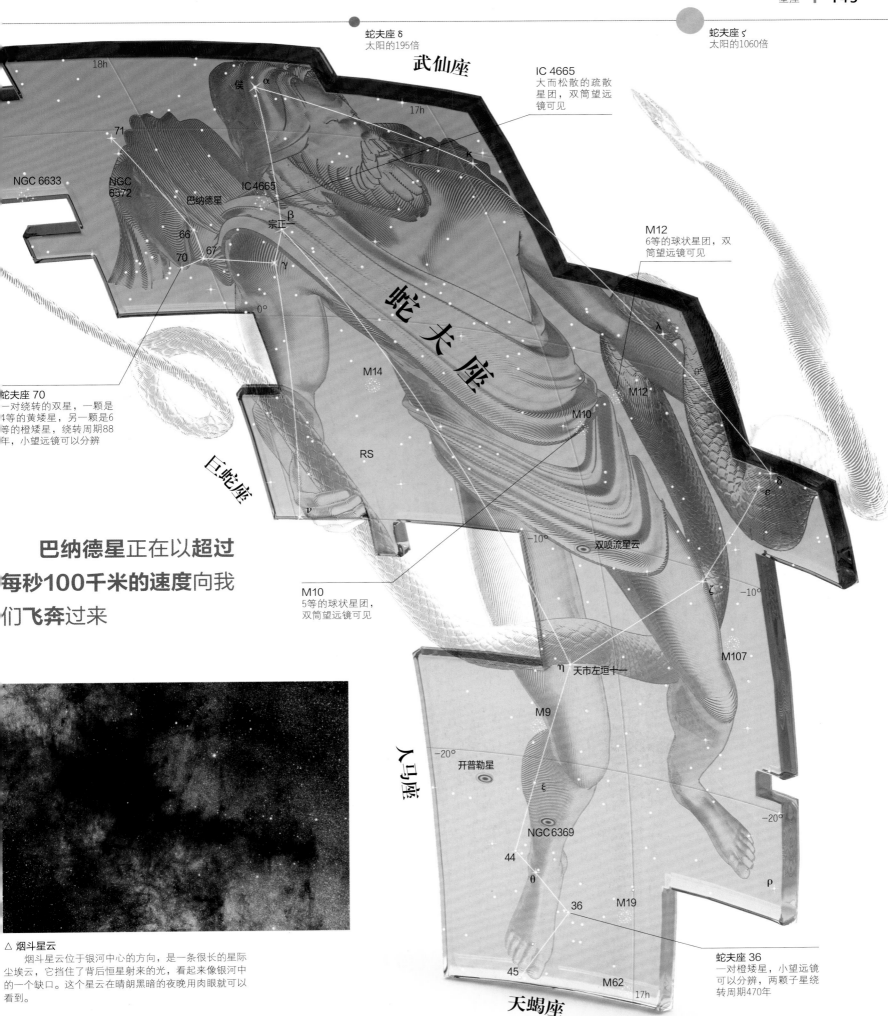

蛇夫座 δ
太阳的195倍

蛇夫座 ζ
太阳的1060倍

18h

武仙座

17h

侯
α

71

IC 4665
大而松散的疏散
星团,双筒望远
镜可见

NGC 6633

NGC
6572

κ

巴纳德星

IC 4665

宗正一
β

M12
6等的球状星团,双
筒望远镜可见

66

67

70

γ

θ

M14

蛇夫座

λ

M12

蛇夫座 70
一对绕转的双星,一颗是
4等的黄矮星,另一颗是6
等的橙矮星,绕转周期88
年,小望远镜可以分辨

0°

RS

M10

巴纳德星正在以**超过**
每秒100千米的速度向我
们飞奔过来

ν

η

θ

ε

双喷流星云

−10°

M10
5等的球状星团,
双筒望远镜可见

巨蛇座

ζ

−10°

M107

η
天市左垣十一

M9

−20°

人马座

开普勒星

ξ

−20°

NGC 6369

44

θ

ρ

36

M19

蛇夫座 36
一对橙矮星,小望远镜
可以分辨,两颗子星绕
转周期470年

△ **烟斗星云**
烟斗星云位于银河中心的方向,是一条很长的星际
尘埃云,它挡住了背后恒星射来的光,看起来像银河中
的一个缺口。这个星云在晴朗黑暗的夜晚用肉眼就可以
看到。

45

M62

17h

天蝎座

天鹰座 [AQUILA]
宙斯化身的雄鹰

天鹰座中的星星组成的图案可以想象成一只在空中翱翔的雄鹰。这只雄鹰是希腊神话中天神宙斯的化身。

天鹰座跨越天赤道，是古希腊最早的48个星座之一。天鹰座在希腊神话中有两个版本，一说它是为宙斯运送霹雳的鹰；在另一个版本中，它是宙斯的化身，把甘尼美德（Ganymede）带到了奥林匹斯山，侍奉众神。这只雄鹰像是正俯冲朝向与它相邻的宝瓶座，而宝瓶座代表的正是甘尼美德。

天鹰座很好找，只要先找到它最亮的星——牛郎星，或者叫河鼓二，也就是天鹰座α；它的英文名Altair，就是阿拉伯语"飞翔的鹰"的意思。它是全天第十二亮星，距离我们仅17光年，是最近的亮星之一。牛郎星和天鹅座的天津四、天琴座的织女星一起组成了夏季大三角。天鹰座η是一颗超巨星，也是肉眼可见的最亮的造父变星之一。它的亮度在3.5~4.4等之间变化，周期为7.2天。

主要数据

面积排名： 22

最亮星： 牛郎星（天鹰座α）
0.8等，河鼓三（天鹰座γ）
2.7等

所有格： Aquilae

缩写： Aql

晚上10点上中天的月份：
7~8月

完全可见区域： 78° N~71° S

星图4

主要恒星

牛郎星 天鹰座α
白色主序星
☀ 0.8等 ⟷ 17光年

河鼓一 天鹰座β
黄色亚巨星
☀ 3.7等 ⟷ 45光年

河鼓三 天鹰座γ
橙巨星
☀ 2.7等 ⟷ 395光年

天市左垣六 天鹰座ζ
白色主序星
☀ 3.0等 ⟷ 83光年

深空天体

NGC 6709
疏散星团

NGC 6751
行星状星云

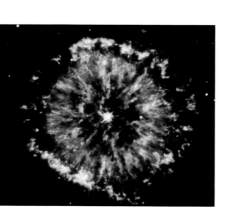

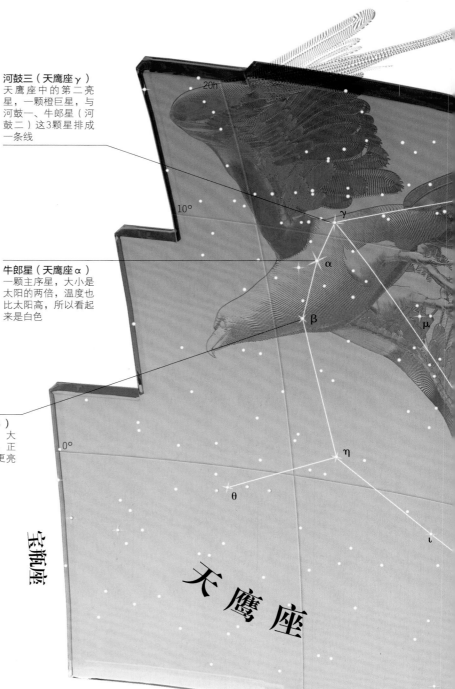

河鼓三（天鹰座γ）
天鹰座中的第二亮星，一颗橙巨星，与河鼓一、牛郎星（河鼓二）这3颗星排成一条线

牛郎星（天鹰座α）
一颗主序星，大小是太阳的两倍，温度也比太阳高，所以看起来是白色

河鼓一（天鹰座β）
一颗黄色亚巨星，大小是太阳的3.5倍，正在准备成为一颗更亮的巨星

宝瓶座

天鹰座

◁ **NGC 6751**
这个行星状星云亮度12.5等，距离地球6500光年。在它的中心是一颗15.5等的白矮星。

盾牌座 天上的盾牌
SCUTUM

盾牌座的大小排在倒数第五位，位于银河中的一片明亮区域，上邻拥有牛郎星的天鹰座，下接人马座。

盾牌座是波兰天文学家赫维留在1684年创立的，为了纪念他的资助人波兰国王约翰三世索别斯基（John III Sobiesci），所以开始这个星座被叫作"索别斯基盾牌座"。它位于天赤道以南，最亮的星是一颗4等星。盾牌座β和盾牌座R是两颗有趣的变星。盾牌座虽然没有亮星，却位于银河中一片恒星密集的区域。盾牌座恒星云就位于其中，这是银河在人马座之外最亮的部分；在这个恒星云中，还有一个著名的野鸭星团，该星团包含了大约3000颗恒星。盾牌座最亮的星是盾牌座α，光度是太阳的132倍。

主要数据

面积排名：84
最亮星：盾牌座α 3.8等，盾牌座β 4.2等
所有格：Scuti
缩写：Sct
晚上10点上中天的月份：7~8月
完全可见区域：74° N~90° S

星图4

主要恒星

天弁一 盾牌座α
橙巨星
☀ 3.8等 ⟺ 199光年

深空天体

M11（野鸭星团，NGC 6705）
疏散星团

M26
疏散星团

盾牌座恒星云
银河中的恒星密集区

△M11
　　也叫野鸭星团，是一个相对紧凑的疏散星团，大约有3000颗恒星，距离6000光年，宽度约20光年，年龄差不多有2.5亿岁了。用肉眼就可以看到它，如果用双筒望远镜或小望远镜能看到更多细节。

天鹰座ς
一颗白色主序星，它位于天鹰的尾巴处，大小和质量都是太阳的2倍，光度是太阳的40倍

NGC 6709
一个松散的星团，它大约有60多颗年轻的恒星，亮度6.7等，肉眼刚好看不到

NGC 6751
一个12.5等的行星状星云，中心有一颗15.5等的白矮星

盾牌座 R
这颗橙色超巨星是一颗脉动变星，亮度在4.5~8.8等之间变化，周期为144天

盾牌座 β
一颗黄巨星，亮度4.2等，距离690光年，大小是太阳的64倍，光度是太阳的1760倍

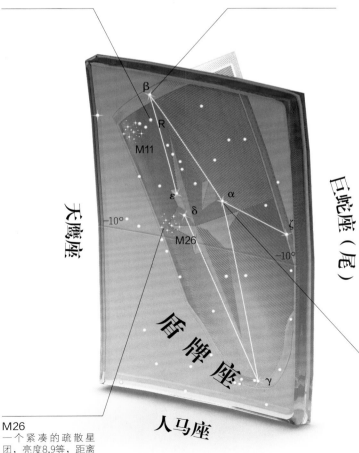

盾牌座 α
盾牌座中最亮的星，亮度3.8等，是一颗橙巨星，直径是太阳的21倍

M26
一个紧凑的疏散星团，亮度8.9等，距离5000光年，其中的恒星年龄为9000万年

狐狸座 VULPECULA
天上的狐狸

狐狸座是北天的一个暗星座，靠近天鹅座的头部，是波兰天文学家赫维留在17世纪末创立的。在狐狸座中有一个著名的行星状星云——哑铃星云。

赫维留最开始把这个星座叫作"狐狸与鹅座"，后来现代天文学家把它简化为狐狸座。狐狸座中稀稀拉拉地分布着一些4等星，以及天鹅座南部银河中一些更暗的恒星。在狐狸座与南边的天箭座交界处，有一群恒星组成了有趣的图案，叫作布罗基星团。用双筒望远镜观测，可以看到其中6颗星排成一条直线，而旁边还伸出一个钩子形，酷似衣架，因此它也叫"衣架星团"。然而它不是一个真正的星团，因为每一颗星和我们的距离都不一样。狐狸座中另一个著名的天体是行星状星云M27，也叫哑铃星云，因为它的形状像个锻炼用的哑铃。

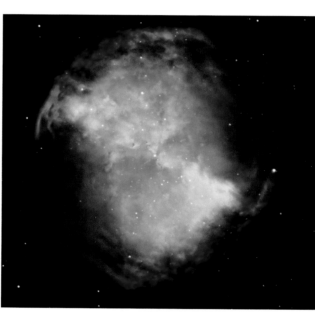

主要数据

面积排名：55
最亮星：狐狸座 α　4.5等，
狐狸座13　4.6等
所有格：Vulpeculae
缩写：Vul
晚上10点上中天的月份：
8~9月
完全可见区域：90° N~61° S

星图4

主要恒星

狐狸座 α
红巨星
☀ 4.5等　⟷ 297光年

狐狸座 T
黄白色超巨星、变星
☀ 5.4~6.1等　⟷ 1200光年

深空天体

M27
行星状星云，距离1200光年

布罗基星团（科林德399，衣架星团）
10颗无关的星

◁ 哑铃星云
即M27，是一个著名的行星状星云，距离我们1200光年。这个星云由一颗正在死亡的恒星喷发出的气体形成，在这张照片的中心有一个暗淡的白点，那是恒星裸露出来的核心。

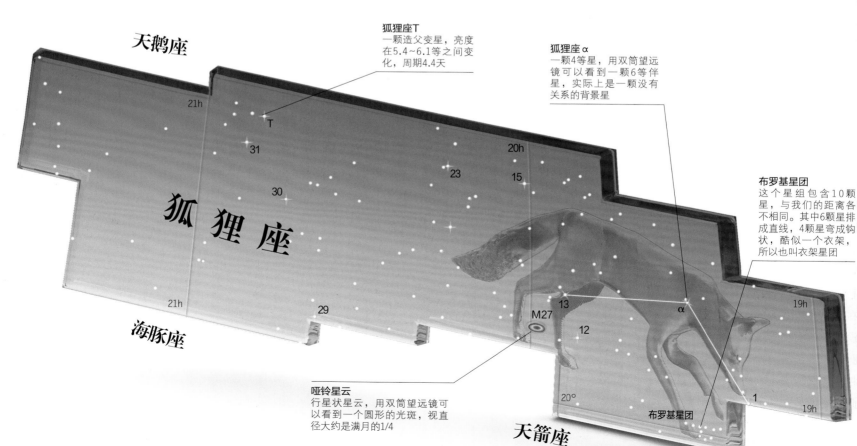

天鹅座

狐狸座T
一颗造父变星，亮度在5.4~6.1等之间变化，周期4.4天

狐狸座 α
一颗4等星，用双筒望远镜可以看到一颗6等伴星，实际上是一颗没有关系的背景星

布罗基星团
这个星组包含10颗星，与我们的距离各不相同。其中6颗星排成直线，4颗星弯成钩状，酷似一个衣架，所以也叫衣架星团

狐 狸 座

海豚座

哑铃星云
行星状星云，用双筒望远镜可以看到一个圆形的光斑，视直径大约是满月的1/4

布罗基星团

天箭座

天箭座 _{SAGITTA}
夜空之箭

天箭座是全天第三小的星座，位于天鹰座和狐狸座之间的银河中。

天箭座是古希腊流传下来的最早的48个星座之一。它的4颗最亮的星都是4等星，组成了一支箭的形状。星座里用双筒望远镜看到的有趣的天体是M71，它一直被认为是一个密集的疏散星团，但即使它不像其他典型的球状星团那样有一个密集的核球，现在仍被归为球状星团。其他值得注意的天体有天箭座WZ，这是一个矮新星系统，它周期性地向外喷发能量；还有项链星云，它是一个行星状星云，周围有一圈亮斑，看起来就像一串项链。

▷ M71
这幅哈勃空间望远镜拍摄的照片显示出球状星团M71中心的亮星。M71距离我们13000光年，直径约27光年。

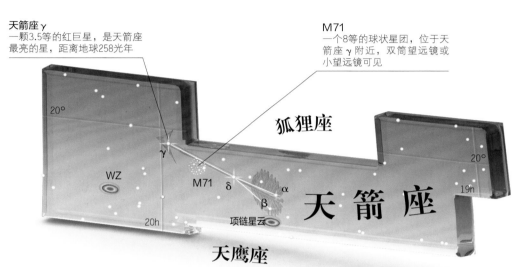

天箭座 γ
一颗3.5等的红巨星，是天箭座最亮的星，距离地球258光年

M71
一个8等的球状星团，位于天箭座 γ 附近，双筒望远镜或小望远镜可见

海豚座 _{DELPHINUS}
海神的信使

海豚座是北天的一个小星座，代表一只海豚，位于飞马座和天鹰座之间的银河边缘。

海豚座的样子让人们很容易想到一只跳跃的海豚。在希腊神话中，海豚是海神波塞冬的信使。海豚座中最亮的两颗星——海豚座 α 和海豚座 β 有着不同寻常的英文名，分别为 "Sualocin" 和 "Rotanev"。这两个名字反过来拼写，就是 Nicolaus Venator（尼哥拉·维纳托）——这是意大利天文学家尼科洛·卡西亚托雷的拉丁名字。他在19世纪初用自己的名字为这两颗星命名，当时没有人发现其中的玄机，名称却流传了下来。海豚座里其他有趣的天体还有海豚座 γ，这是一对角距较远的双星，用双筒望远镜就能辨认出来。此外，星座里还有暗弱的球状星团NGC 6934和一对碰撞的星系ZW II 96。

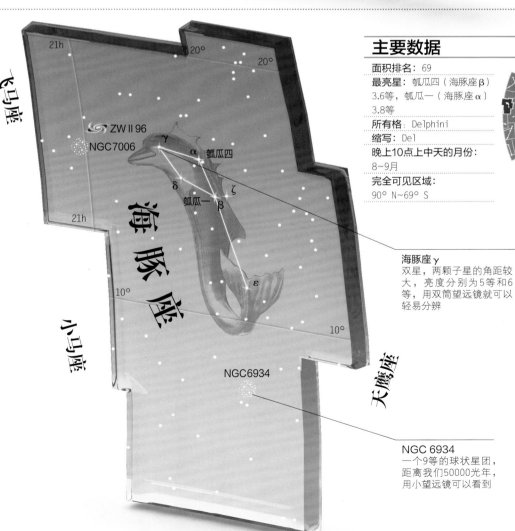

海豚座 γ
双星，两颗子星的角距较大，亮度分别为5等和6等，用双筒望远镜就可以轻易分辨

NGC 6934
一个9等的球状星团，距离我们50000光年，用小望远镜可以看到

飞马座 PEGASUS
长着翅膀的马

　　飞马座是古希腊48个星座之一，这匹会飞的马是柏勒洛丰（Bellerophon）的坐骑。飞马身体的4颗星组成了一个巨大的正方形。

　　飞马座位于宝瓶座和双鱼座的北边，是全天第七大星座。星座的图案描绘出了飞马的头部和前半身，其中最亮的3颗星室宿一、室宿二和壁宿一就是飞马座四边形的3个顶点，第4个顶点是和它相邻的仙女座中的一颗星。

主要数据

面积排名：	7

最亮星：室宿二（飞马座β）
2.3~2.7等，危宿三（飞马座ε）2.4等

所有格：Pegasi

缩写：Peg

晚上10点上中天的月份：
9~10月

完全可见区域：90° N~53° S

星图 3

主要恒星

室宿一　飞马座α
蓝白巨星
☀ 2.5等　⟷ 133光年

室宿二　飞马座β
红巨星、变星
☀ 2.3~2.7等　⟷ 196光年

壁宿一　飞马座γ
蓝白色亚巨星
☀ 2.8等　⟷ 391光年

危宿三　飞马座ε
橙黄色超巨星
☀ 2.4等　⟷ 121光年

离宫四　飞马座η
双星
☀ 3.0等　⟷ 214光年

深空天体

M15
球状星团

NGC 7331
旋涡星系

斯蒂芬五重星系
由5个星系组成的星系群

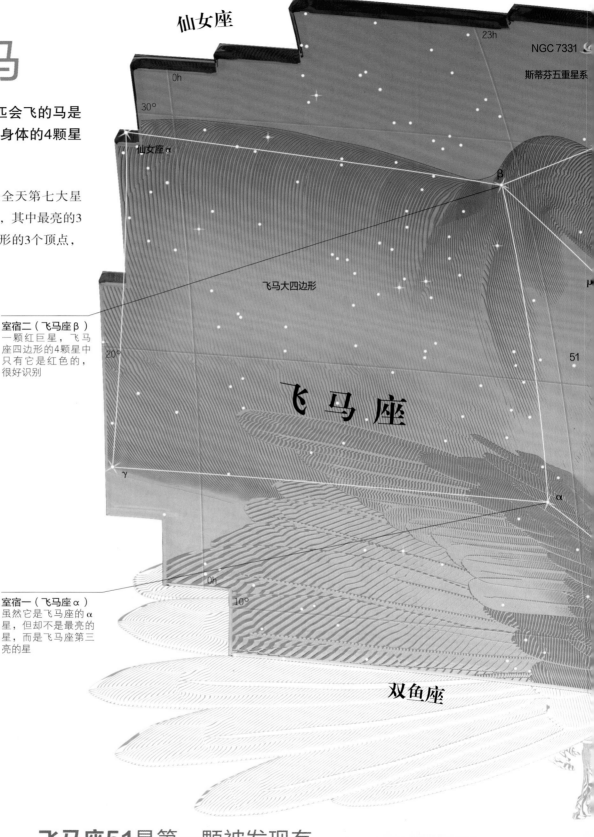

仙女座

NGC 7331

斯蒂芬五重星系

仙女座α

飞马大四边形

室宿二（飞马座β）
一颗红巨星，飞马座四边形的4颗星中只有它是红色的，很好识别

飞马座

室宿一（飞马座α）
虽然它是飞马座的α星，但却不是最亮的星，而是飞马座第三亮的星

双鱼座

飞马座51是第一颗被发现有**系外行星**的**类太阳恒星**

天鹅座

△NGC 7331
　　NGC 7331是一个侧对着我们的旋涡星系，经常被拿来作为从银河系外看银河系模样的例子。

小马座 EQUULEUS
天上的小马驹

　　小马座是全天第二小的星座，没有亮星。它象征一只小马驹的头部，位于飞马座更大的马头旁边。

　　小马座从古时候就开始和飞马座一起成为天上的星座了。希腊神话中的一种说法是，小马座名叫赛莱利斯（Celeris），是飞马座的兄弟或孩子。这是一个暗弱的星座，不容易观察到。小马座γ是一对双星，用双筒望远镜就可以看到它的伴星。

主要数据

面积排名: 87	
最亮星: 虚宿二（小马座α） 3.9等，小马座δ 4.4等	
所有格: Equulei	
缩写: Equ	
晚上10点上中天的月份: 9月	
完全可见区域: 90° N~77° S	

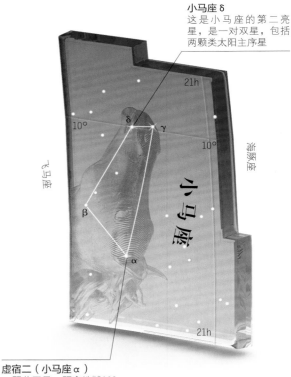

星图3

M15
M15是已知的最致密的球状星团之一，也是北天用双筒望远镜最容易看到的球状星团之一

小马座δ
这是小马座的第二亮星，是一对双星，包括两颗类太阳主序星

危宿三（飞马座ε）
这颗星的英文Enif来自于阿拉伯语"鼻子"一词。它位于飞马的鼻子处，肉眼很容易看到

虚宿二（小马座α）
一颗黄巨星，距离地球190光年，光度是太阳的75倍。它的英文名Kitalpha来自阿拉伯语"一匹马"

宝瓶座

光度　　　　　　　　　　　　　宝瓶座ω¹　　　　　　　　　　　宝瓶座ς　　　　　　　　　　坟墓二
　　　　　　　　　　　　　　　　太阳的17倍　　　　　　　　　　太阳的24倍　　　　　　　太阳的65倍

宝瓶座
手持水瓶的人

　　宝瓶座的形象是一个年轻男孩拿着罐子向外倒水。其中有两个著名行星状星云：螺旋星云和土星星云。

　　在希腊神话中，宝瓶座代表一个叫甘尼美德的年轻牧童，他被宙斯带到了奥林匹斯山上，为众神倒酒。在天空中，他的形象就是拿着一个罐子向外倒水的模样。该星座的北部有4颗星：宝瓶座 γ、宝瓶座 π、宝瓶座 ζ 和宝瓶座 η，它们组成一个"Y"字形，代表着水罐；从这里开始的一连串星星代表水流，向南一直流向南鱼座。

　　每年5月上旬，哈雷彗星留下的尘埃都会和地球相遇，尘埃落入地球大气层，形成了宝瓶座 η 流星雨。这场流星雨的辐射点就位于宝瓶座的"水罐"附近。流星雨极大时，每小时会出现35颗左右可视的流星。

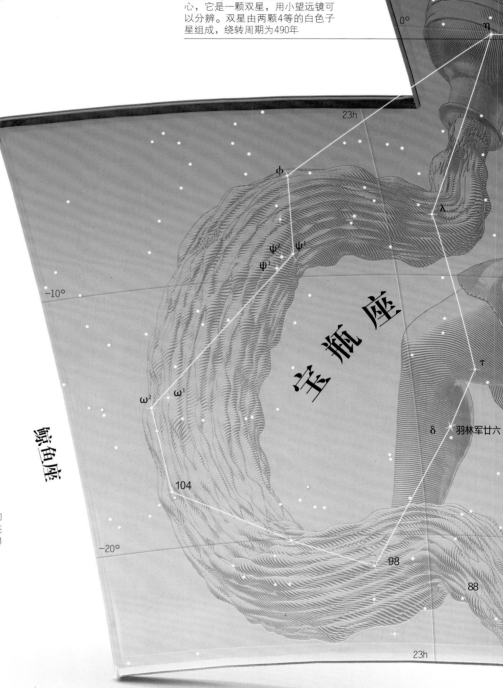

宝瓶座 ζ
宝瓶座 ζ 位于水罐这个星组的中心，它是一颗双星，用小望远镜可以分辨。双星由两颗4等的白色子星组成，绕转周期为490年

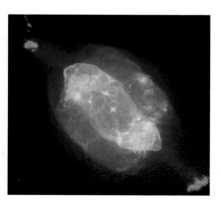

◁ NGC 7009（土星星云）
哈勃空间望远镜眼中的这个行星状星云，两端的亮斑很像土星的光环，由此得名。它距离我们1400光年。

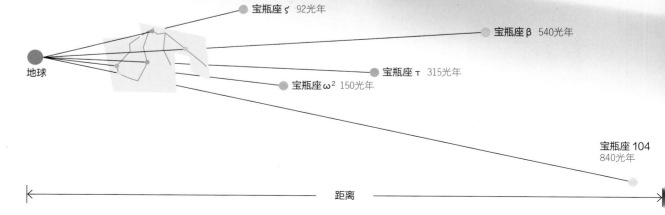

宝瓶座 ζ　92光年
宝瓶座 β　540光年
宝瓶座 τ　315光年
宝瓶座 ω²　150光年
地球
宝瓶座 104　840光年

▷ 恒星距离
　　组成宝瓶座图案的主要恒星中，大部分距离地球都比较近，在100~300光年之间。最近的是宝瓶座 ζ——水罐中心的星，距离地球92光年。最远的是宝瓶座 104，距离地球840光年。

距离

羽林军廿六
太阳的105倍

危宿一
太阳的1480倍

虚宿一
太阳的1635倍

危宿一（宝瓶座 α）
和虚宿一（宝瓶座 β）一
起组成了人的两个肩膀，
其中危宿一位于右肩

M2
球状星团，距离我
们大约37000光年，
在双筒望远镜中是
个模糊的光斑

虚宿一（宝瓶座 β）
和危宿一（宝瓶座
α）一起组成了人的
两个肩膀，其中虚宿
一位于左肩

天鹰座

摩羯座

南鱼座

NGC 7009（土星星云）
这个星云在小望远镜中是
一个扁长的光斑。如果想
看到它延伸到两端如土星
光环的结构，需要更大口
径的望远镜

NGC7293（螺旋星云）
在双筒望远镜和小望远
镜中，它是一个比较大的白
斑，宽度几乎为满月的一
半，是从地球上看过去最
大的行星状星云

▷ **NGC 7293（螺旋星云）**
螺旋星云是距离太阳最近的
行星状星云，仅有650光年远。它
的气体云跨越3光年的空间，中间
有一颗白矮星。

主要数据

面积排名: 10

最亮星: 危宿一（宝瓶座 α）
2.9等，虚宿一（宝瓶座 β）
2.9等

所有格: Aquarii

缩写: Aqr

晚上10点上中天的月份:
9~10月

完全可见区域:
65° N~86° S

星图 3

主要恒星

危宿一 宝瓶座 α
黄色超巨星
☀ 2.9等　⟺ 525光年

虚宿一 宝瓶座 β
黄色超巨星
☀ 2.9等　⟺ 540光年

坟墓二 宝瓶座 γ
蓝白色主序星
☀ 3.8等　⟺ 165光年

羽林军廿六 飞马座 δ
蓝白色主序星
☀ 3.3等　⟺ 160光年

坟墓一 飞马座 ζ
白色巨星
☀ 3.7等　⟺ 92光年

深空天体

M2
6等的球状星团

M72
球状星团

M73
一小群暗弱、不相连的星星

NGC 7009（土星星云）
与土星大小相当的行星状星云

NGC 7252（原子能和平用途星系）
碰撞星系

NGC 7293（螺旋星云）
巨大的行星状星云

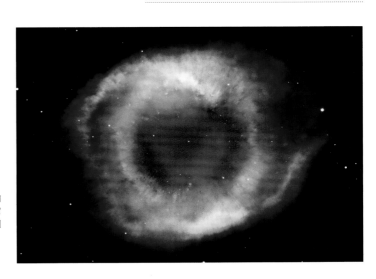

双鱼座 PISCES
绑在一起的两条鱼

双鱼座是古希腊48个星座之一，也是一个黄道星座，它代表两条鱼。双鱼座最显著的特征是其中一圈星星组成了"双鱼座小环"。

双鱼座是一个暗弱的星座，位于宝瓶座和白羊座之间。要想找到它，可以借助飞马座四边形，在四边形的南边有一圈星星，那是双鱼座中一条"鱼"的身体。另一条"鱼"头朝向相反的方向，但它们被丝带绑在了一起，外屏七（双鱼座α）是两条丝带的结点。在希腊神话中，这两条鱼分别代表阿佛洛狄忒（Aphrodite）和她的儿子厄洛斯（Eros）。双鱼座最出名的一点是，春分点就位于双鱼座，太阳从这里由南向北穿过天赤道。这个点是天球坐标（见第90~91页）的起点。

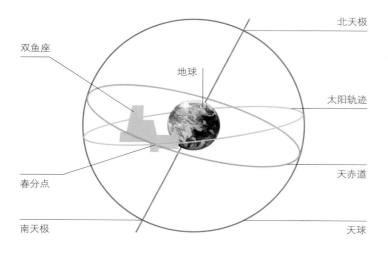

△春分点
春分点位于双鱼座中，每年3月太阳在这一点由南向北穿过天赤道，是赤经的起始点。春分点最早位于白羊座中，由于岁差的原因，也即地球自转轴的缓慢摆动，春分点的位置已经移动到了双鱼座。

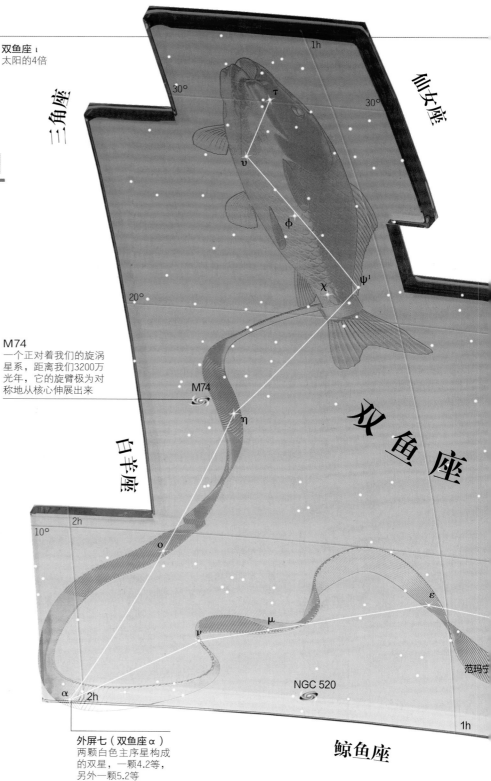

双鱼座ι
太阳的4倍

M74
一个正对着我们的旋涡星系，距离我们3200万光年，它的旋臂极为对称地从核心伸展出来

外屏七（双鱼座α）
两颗白色主序星构成的双星，一颗4.2等，另外一颗5.2等

（三角座　仙女座　白羊座　双鱼座　鲸鱼座）

▷恒星距离
组成双鱼座图案的主要恒星中，最近和最远的都位于小环中：双鱼座ι最近，距离我们只有45光年；双鱼座TX最远，距离我们有900光年。这两颗星也分别是组成双鱼座图案的恒星里光度最小和最大的两颗，双鱼座ι光度是太阳的4倍，双鱼座TX光度则是太阳的690倍。

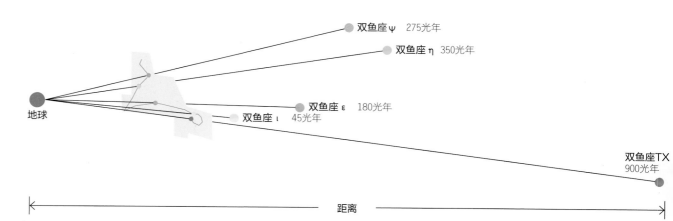

双鱼座ψ　275光年
双鱼座η　350光年
地球
双鱼座ε　180光年
双鱼座ι　45光年
双鱼座TX　900光年

距离

双鱼座 γ
太阳的52倍

外屏七
太阳的55倍

双鱼座 η
太阳的355倍

双鱼座TX
太阳的690倍

主要数据

面积排名：14
最亮星：双鱼座 η 3.6等，双鱼座 γ 3.7等
所有格：Piscium
缩写：Psc
晚上10点上中天的月份：10~11月
完全可见区域：83° N~56° S

星图 3

主要恒星

外屏七 双鱼座 α
白色主序星、双星
☀ 4.2，5.2等 ⟷ 151光年

霹雳一 双鱼座 β
蓝白色主序星
☀ 4.5等 ⟷ 408光年

霹雳二 双鱼座 γ
黄巨星
☀ 3.7等 ⟷ 138光年

右更二 双鱼座 η
黄色超巨星
☀ 3.6等 ⟷ 350光年

深空天体

M74
旋涡星系，NGC 628

NGC 520
两个融合的星系

NGC 7714
扭曲的旋涡星系

△NGC 520
　　这是夹杂着暗带的恒星和气体团，其实是两个正在融合的星系。这个过程开始于3亿年前，它们的星系盘已经融合在一起了，但核心还没有融合。NGC 520距离我们9000万光年。

▷ NGC 7714
　　大约1亿年前，这个旋涡星系和一个稍小的星系展开了一场引力拔河比赛。在相互作用过程中，它烟雾状的星环从中心被拉扯出来。蓝色的弧形是恒星形成时爆发出的物质。

飞马座

TV

20°

0h

10°

ω

ν

θ

7

23h

TX

小环

λ

γ

β

κ

NGC 7714

0°

0h

27

33

30

宝瓶座

23h

0°

双鱼座 β
一颗蓝白色主序星，直径大约是太阳的5倍，光度是太阳的750倍

双鱼座TX
一颗红巨星，亮度在4.8~5.2等之间变化

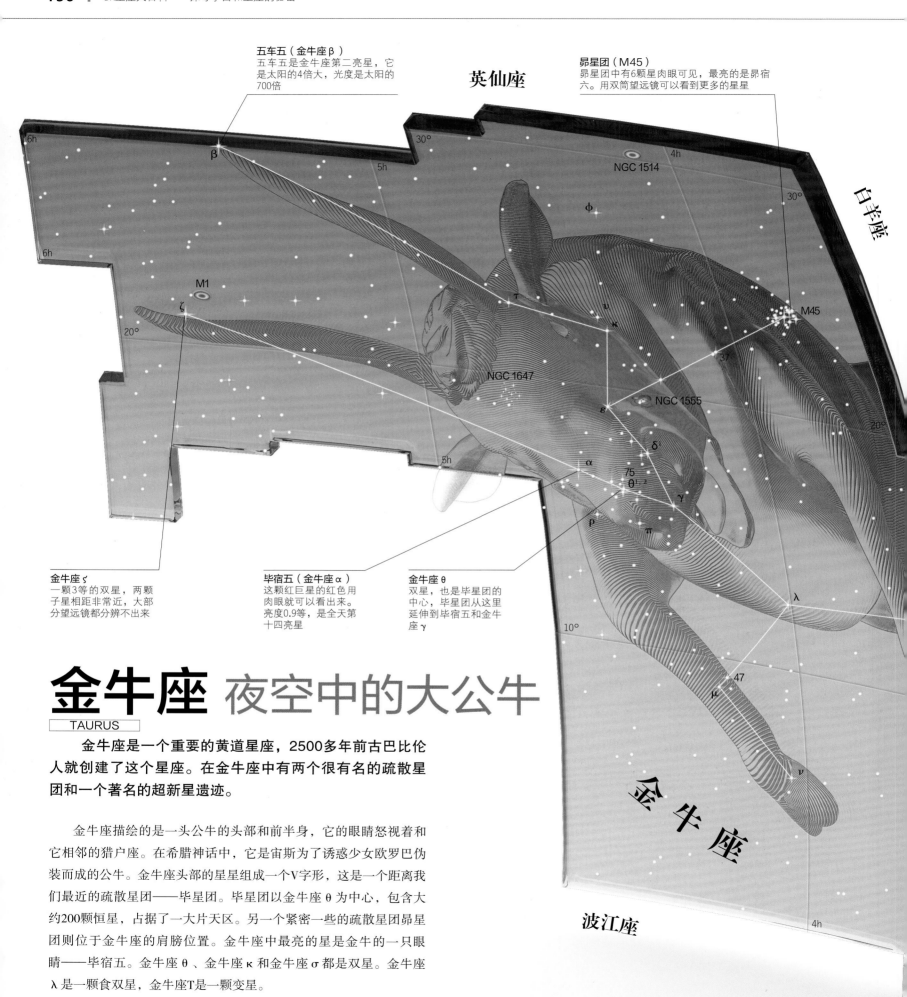

五车五（金牛座β）
五车五是金牛座第二亮星，它是太阳的4倍大，光度是太阳的700倍

昴星团（M45）
昴星团中有6颗星肉眼可见，最亮的是昴宿六。用双筒望远镜可以看到更多的星星

英仙座

白羊座

NGC 1514

NGC 1647

NGC 1555

M1

M45

金牛座ζ
一颗3等的双星，两颗子星相距非常近，大部分望远镜都分辨不出来

毕宿五（金牛座α）
这颗红巨星的红色用肉眼就可以看出来。亮度0.9等，是全天第十四亮星

金牛座θ
双星，也是毕星团的中心，毕星团从这里延伸到毕宿五和金牛座γ

波江座

金牛座

金牛座 夜空中的大公牛

TAURUS

金牛座是一个重要的黄道星座，2500多年前古巴比伦人就创建了这个星座。在金牛座中有两个很有名的疏散星团和一个著名的超新星遗迹。

金牛座描绘的是一头公牛的头部和前半身，它的眼睛怒视着和它相邻的猎户座。在希腊神话中，它是宙斯为了诱惑少女欧罗巴伪装而成的公牛。金牛座头部的星星组成一个V字形，这是一个距离我们最近的疏散星团——毕星团。毕星团以金牛座θ为中心，包含大约200颗恒星，占据了一大片天区。另一个紧密一些的疏散星团昴星团则位于金牛座的肩膀位置。金牛座中最亮的星是金牛的一只眼睛——毕宿五。金牛座θ、金牛座κ和金牛座σ都是双星。金牛座λ是一颗食双星，金牛座T是一颗变星。

主要数据

面积排名：17
最亮星：毕宿五（金牛座α）
0.9等，五车五（金牛座β）
1.7等
所有格：Tauri
缩写：Tau
晚上10点上中天的月份：
12~次年1月
完全可见区域：88° N~58° S

星图 6

主要恒星

毕宿五　金牛座α
红巨星
☀ 0.9等　⟷ 67光年

五车五　金牛座β
蓝白色巨星
☀ 1.7等　⟷ 134光年

天关　金牛座ζ
双星
☀ 3.0等　⟷ 445光年

昴宿六　金牛座η
昴星团中的蓝白色巨星
☀ 2.9等　⟷ 403光年

深空天体

毕星团
以金牛座θ为中心的疏散星团

M45（昴星团）
疏散星团

M1（蟹状星云）
超新星遗迹

NGC 1514
行星状星云

NGC 1555（欣德变星云）
反射星云

△M1
它有一个知名度更高的名字叫蟹状星云，是1054年爆发的超新星的遗迹，当时在白天都可以看到这颗超新星。蟹状星云的宽度大约10光年，现在仍然在膨胀中，丝状的气体从中心向外喷发出来。在遗迹的中心有一颗中子星。

白羊座 [ARIES]
长着金羊毛的公羊

白羊座是黄道星座之一，描绘的是一只蹲在地上、回头望向金牛座的公羊。白羊座没有亮星，不是很容易找到。

在希腊神话中，这只公羊长着金羊毛，被伊阿宋（Jason）和阿尔戈号巨船的英雄船员们苦苦追寻。白羊座中最明显的部分是3颗星组成的一条弧线，代表了白羊的头部。2000多年前，春分点就位于白羊座，那是太阳由南向北穿过天赤道的点，也是赤经0时的位置。现在春分点已经位于它的邻居双鱼座中了。

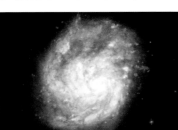

◁NGC 695
这个旋涡星系正对着我们，距离我们4.5亿光年。它的旋臂松散地缠绕在一起，不是很清晰。恒星形成区的明亮节点位于尘埃和气体交织的网格中，整个星系的样子十分特别。

主要数据

面积排名：39
最亮星：娄宿三（白羊座α）
2.0等，娄宿一（白羊座β）
2.7等
所有格：Arietis
缩写：Ari
晚上10点上中天的月份：
11~12月
完全可见区域：
90° N~58° S

星图 3

主要恒星

娄宿三　白羊座α
黄橙色巨星
☀ 2.0等　⟷ 66光年

娄宿一　白羊座β
双星
☀ 2.7等　⟷ 59光年

娄宿二　白羊座γ
双星
☀ 3.9等　⟷ 164光年

娄宿增五　白羊座λ
双星
☀ 4.8等　⟷ 129光年

深空天体

NGC 695
旋涡星系

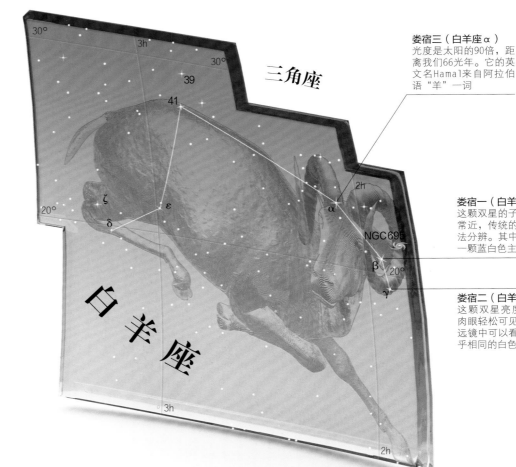

娄宿三（白羊座α）
光度是太阳的90倍，距离我们66光年。它的英文名Hamal来自阿拉伯语"羊"一词

娄宿一（白羊座β）
这颗双星的子星距离非常近，传统的望远镜无法分辨。其中的主星是一颗蓝白色主序星

娄宿二（白羊座γ）
这颗双星亮度3.9等，肉眼轻松可见。在小望远镜中可以看到两颗几乎相同的白色子星

光度

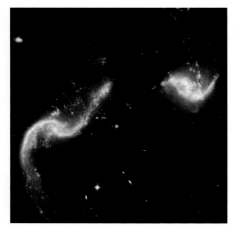

△阿尔普256
这两个星系被合称为阿尔普256，距离我们3.5
亿光年。它们刚刚开始融合，相互的作用扭曲了
它们的形状，触发了很多恒星的形成。

鲸鱼座 CETUS
海怪塞特斯

鲸鱼座跨越天赤道，是全天第四大星座。它不是
特别明显，找起来有些困难。

鲸鱼座是古希腊48个星座之一，描绘的是被派去吞食锁在
悬崖上的公主安德洛墨达的海怪塞特斯。珀尔修斯救下公主，
将海怪杀死。海怪塞特斯的形象有点四不像，它有一颗很大的
头，前脚和身子像陆地上的哺乳动物，尾巴却像海蛇。

鲸鱼座中有好几个值得注意的恒星和深空天体。刍藁增二
是最著名的变星之一，它的亮度随着长期规律的脉动而变化。
而鲸鱼座UV是一颗红矮耀星，亮度会毫无征兆地戏剧性地变
亮。鲸鱼座τ是一颗类太阳恒星，距离我们仅有12光年，有5
颗行星绕着它运行。

鲸鱼座τ
太阳的0.5倍

天困一（鲸鱼座α）
鲸鱼座的第二亮星，大小是太阳
的89倍，质量是太阳的2.3倍。
它有一颗5.6等的伴星，但和它并
没有什么关系，用双筒望远镜可
以看到

M77
M77距离我们4700万光年，是
距离我们最近也是最亮的赛
弗特星系，在它的中心有一
个超大质量黑洞，质量是太
阳的1500万倍

刍藁增二（鲸鱼座o）
亮度随着体积的变化而变
化，呈现出明显的红色。
它的亮度在2.0~10等之间
变化，周期322天左右，最
亮时肉眼可见，最暗时只
能用望远镜看到

金牛座

Arp 147

M77

艾贝尔370

NGC799/800

波江座

NGC908

鲸鱼座δ
650光年

刍藁增二（鲸鱼座o） 299光年

鲸鱼座θ 115光年

地球

鲸鱼座τ 12光年

鲸鱼座ι 275光年

距离

◁恒星距离
组成鲸鱼座图案的主要恒星距离我们在
12~650光年之间。最近的是鲸鱼座τ，是距
离我们最近的类太阳黄色主序星之一。最远
的、也是光度最大的是鲸鱼座δ，这是一颗
蓝巨星，光度是太阳的800多倍。

刍藁增二
太阳的19倍

鲸鱼座γ
太阳的21倍

土司空
太阳的115倍

天囷一
太阳的490倍

鲸鱼座δ
太阳的805倍

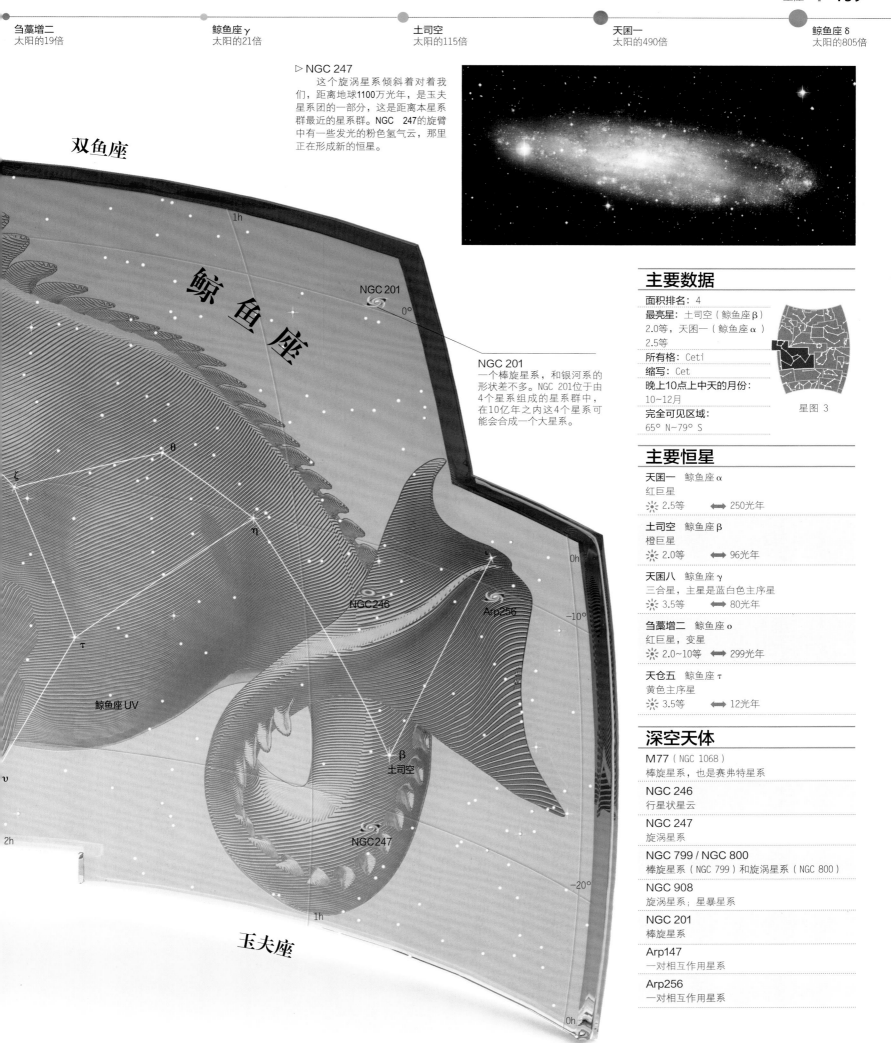

▷ NGC 247
这个旋涡星系倾斜着对着我们，距离地球1100万光年，是玉夫星系团的一部分，这是距离本星系群最近的星系群。NGC 247的旋臂中有一些发光的粉色氢气云，那里正在形成新的恒星。

双鱼座

鲸鱼座

NGC 201

1h

0°

NGC 201
一个棒旋星系，和银河系的形状差不多。NGC 201位于由4个星系组成的星系群中，在10亿年之内这4个星系可能会合成一个大星系。

θ

ζ

η

NGC246

Arp256

0h

τ

-10°

鲸鱼座 UV

υ

β
土司空

2h

NGC247

-20°

1h

玉夫座

0h

主要数据

面积排名：4

最亮星：土司空（鲸鱼座β）
2.0等，天囷一（鲸鱼座α）
2.5等

所有格：Ceti

缩写：Cet

晚上10点上中天的月份：
10~12月

完全可见区域：
65° N~79° S

星图 3

主要恒星

天囷一 鲸鱼座α
红巨星
☀ 2.5等 ⟷ 250光年

土司空 鲸鱼座β
橙巨星
☀ 2.0等 ⟷ 96光年

天囷八 鲸鱼座γ
三合星，主星是蓝白色主序星
☀ 3.5等 ⟷ 80光年

刍藁增二 鲸鱼座ο
红巨星，变星
☀ 2.0~10等 ⟷ 299光年

天仓五 鲸鱼座τ
黄色主序星
☀ 3.5等 ⟷ 12光年

深空天体

M77（NGC 1068）
棒旋星系，也是赛弗特星系

NGC 246
行星状星云

NGC 247
旋涡星系

NGC 799 / NGC 800
棒旋星系（NGC 799）和旋涡星系（NGC 800）

NGC 908
旋涡星系；星暴星系

NGC 201
棒旋星系

Arp147
一对相互作用星系

Arp256
一对相互作用星系

光度

波江座 一条大河
ERIDANUS

波江座从猎户座南边开始，向着南天蜿蜒而去，一直到亮星水委一为止。在古希腊时期波江座并没有延伸到这么靠南的地方，直到欧洲的航海家们描绘南天的星座时，波江座才得以被延伸。

波江座代表的是希腊神话中的一条河，太阳神赫利俄斯（Helios）的儿子法厄同驾驶着父亲的战车穿越天空时，就掉进了这条河里。

古希腊的天文学家把这条河的最南端定到天园六（波江座 θ）。后来波江座被延伸到更南的地方，一直到水委一（波江座 α）。在英文中，天园六（Acamar）和水委一（Achernar）的名字都来自阿拉伯语，意思是"河的尽头"。现在的88个星座中，波江座是南北跨度最大的星座，跨越了将近60度。

波江座中有几个值得关注的天体，比如快速自转而形态略微扁平的恒星水委一、经典的棒旋星系NGC 1309，以及周围包围着一个环的星系NGC 1291，在它的环中正在诞生新的恒星。

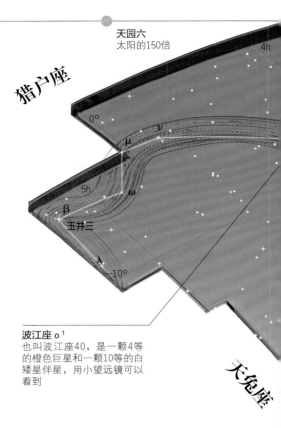

波江座 ε
太阳的0.3倍

玉井三
太阳的51倍

天园六
太阳的150倍

波江座 o¹
也叫波江座40，是一颗4等的橙色巨星和一颗10等的白矮星伴星，用小望远镜可以看到

水委一，波江座最亮的星，是已知的**最扁的恒星**

△NGC 1309
这个棒旋星系的宽度大约是我们银河系的3/4，距离我们1亿光年。在这张哈勃望远镜的照片中，旋臂中的明亮区域是新生恒星的活动区域，而褐色的尘埃带则从老年恒星组成的淡黄色核心中旋转着向外延伸。

◁ NGC 1291
在这张NASA的斯皮策望远镜拍摄的红外波段伪彩色照片中，NGC 1291外面包围着一圈新生恒星环。在照片中，红色代表年轻的恒星，蓝色代表年老的恒星，它们都在星系的中心。这样的星系都是年轻的星系，恒星首先集中在星系核心附近形成，当核心的气体耗尽，恒星的形成就转移到外围区域，就像这里正在发生的一样。

▷ **恒星距离**
组成波江座图案的主要恒星距离我们在10~810光年之间。最近和最远的恒星都在该星座的北部：波江座 ε 距离地球10.5光年，波江座 λ 距离地球810光年。

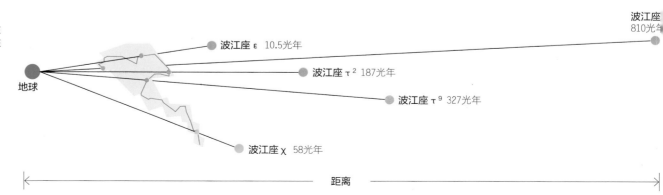

波江座 ε 10.5光年

波江座 τ² 187光年

波江座 τ⁹ 327光年

波江座 χ 58光年

波江座
810光年

地球

距离

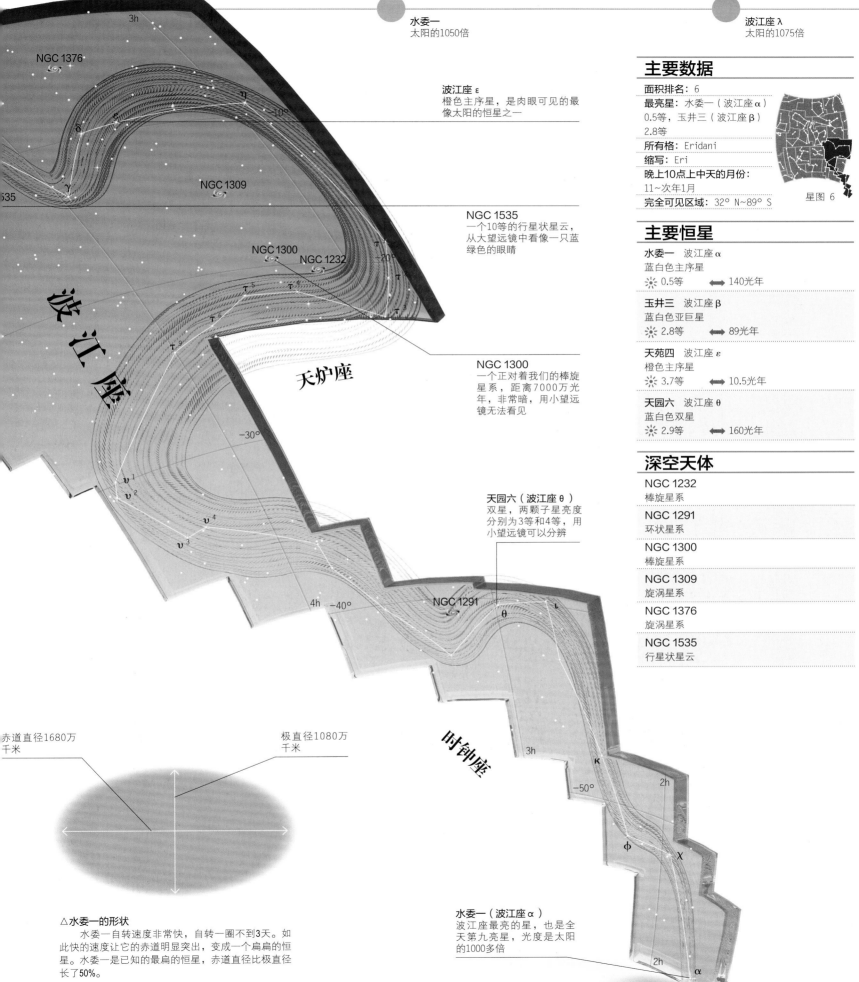

水委一
太阳的1050倍

波江座 λ
太阳的1075倍

波江座 ε
橙色主序星，是肉眼可见的最像太阳的恒星之一

NGC 1376

NGC 1309

NGC 1535
一个10等的行星状星云，从大望远镜中看像一只蓝绿色的眼睛

NGC 1300
NGC 1232

波 江 座

天炉座

NGC 1300
一个正对着我们的棒旋星系，距离7000万光年，非常暗，用小望远镜无法看见

天园六（波江座 θ）
双星，两颗子星亮度分别为3等和4等，用小望远镜可以分辨

NGC 1291

时钟座

赤道直径1680万千米

极直径1080万千米

△水委一的形状
　　水委一自转速度非常快，自转一圈不到3天。如此快的速度让它的赤道明显突出，变成一个扁扁的恒星。水委一是已知的最扁的恒星，赤道直径比极直径长了50%。

水委一（波江座 α）
波江座最亮的星，也是全天第九亮星，光度是太阳的1000多倍

主要数据

面积排名：6	
最亮星：水委一（波江座 α）0.5等，玉井三（波江座 β）2.8等	
所有格：Eridani	
缩写：Eri	
晚上10点上中天的月份：11~次年1月	
完全可见区域：32° N~89° S	

星图 6

主要恒星

水委一　波江座 α
蓝白色主序星
☀ 0.5等　　⟷ 140光年

玉井三　波江座 β
蓝白色亚巨星
☀ 2.8等　　⟷ 89光年

天苑四　波江座 ε
橙色主序星
☀ 3.7等　　⟷ 10.5光年

天园六　波江座 θ
蓝白色双星
☀ 2.9等　　⟷ 160光年

深空天体

NGC 1232
棒旋星系

NGC 1291
环状星系

NGC 1300
棒旋星系

NGC 1309
旋涡星系

NGC 1376
旋涡星系

NGC 1535
行星状星云

光度

猎户座 χ¹
太阳的1倍

参宿三
太阳的4945倍

参宿一
太阳的8940倍

猎户座 天上的猎手
ORION

猎户座的恒星组成了一个非常容易识别的图案，大多数喜欢看星星的人都不会陌生。猎户座里有好几颗亮星，以及猎户座大星云，是夜空中最美的景观之一。

猎户座是一个古老的星座，在希腊神话里，它象征一名猎人或勇士，名字叫奥利翁。这位勇士是海神波塞冬的儿子，是一名实力非凡的猎人。他虽然很厉害，却死在一只蝎子的毒针之下，这也许是对他自负的报应。那只蝎子就是夜空中的天蝎座。猎户座和天蝎座遥遥相对，每当天蝎座升起时，猎户座就从西边落下。在猎户座的身后，跟着大犬座和小犬座，它们是猎户的两只猎犬。

猎户座中两颗最明亮的星，在颜色上形成了鲜明对比：参宿四是一颗红超巨星，它代表着猎户的一个肩膀；参宿七是一颗蓝超巨星，代表着猎户的一只脚。在猎户的腰带周围，集结了这个星座中的诸多亮点。腰带非常好找，它由3颗星组成：参宿一、参宿二、参宿三，笔直又均匀地排成一条直线。在腰带的下方，是一群星星和星云组成的猎户的宝剑，猎户座大星云M42就在这里。它是天空中最大，也是离我们最近的星云，实际上那是一大片不断有新恒星诞生的区域。在猎户座大星云周围还有其他的星云，比如马头星云。马头星云是一个暗星云，它在发射星云IC 434的背景上勾勒出了一个马头的轮廓。

当参宿四以超新星爆发结束自己的生命时，它在一瞬间释放的能量，比太阳一生释放的能量还要多

▷ 参宿四
红超巨星参宿四比太阳大500倍以上。如果把参宿四放在太阳系的中心，那么从太阳到木星轨道之间的区域都会被它吞没。参宿四是一颗相对年轻又不稳定的恒星，亮度不规则地变化着。在未来100万年内，参宿四随时都会爆发，可能形成一颗超新星。

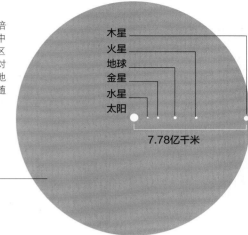

木星
火星
地球
金星
水星
太阳

7.78亿千米

参宿四
半径8.2亿千米

▷ M42
这就是大名鼎鼎的猎户座大星云。它的宽度约为24光年，是一个正在诞生新恒星的地方。照片呈现粉红色，是因为星云内的氢元素气体受到年轻恒星的激发，发射出粉红色的光。在星云中还有很多尘埃形成的暗星云，它们在照片中呈现出暗淡的粉色。

▽ 猎户座四边形
在猎户座大星云中心的恒星形成区，有一团聚星叫作"猎户座四边形"。除了照片中的能够看到的4颗，还有2颗更暗的恒星。

▷ 恒星距离
猎户座的两颗最亮的恒星中，参宿四离我们更近一些，只有不到500光年。参宿七远一些，大约860光年。但大部分时间，参宿七看起来更亮一些，因为它本身发出的光要强一些。组成猎户腰带的3颗星，离我们的距离差别非常大，参宿二是3颗星中最远的一颗，而且实际上还是构成猎户座图案的所有恒星中距离地球最远的一颗，有将近2000光年。构成图案的恒星里最近的一颗是猎户座π³，离我们只有26光年远。

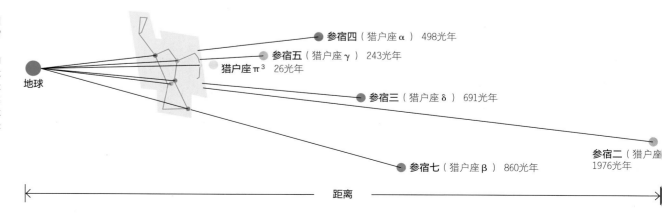

地球

参宿四（猎户座α） 498光年
参宿五（猎户座γ） 243光年
猎户座π³ 26光年
参宿三（猎户座δ） 691光年
参宿七（猎户座β） 860光年
参宿二（猎户座 1976光年

距离

参宿四
太阳的13415倍

参宿七
太阳的51665倍

参宿二
太阳的67480倍

主要数据

面积排名：	26
最亮星：	参宿七（猎户座 β）
	0.2等，参宿四（猎户座 α）
	0.0~1.3等
所有格：	Orionis
缩写：	Ori
晚上10点上中天的月份：	
	12~次年1月
完全可见区域：	79° N~67° S

星图 6

参宿四 猎户座 α
红超巨星，变星
☀ 0.0~1.3等 ⟷ 498光年

参宿七 猎户座 β
蓝超巨星，通常是猎户座最亮的星
☀ 0.2等 ⟷ 860光年

参宿五 猎户座 γ
蓝白色巨星
☀ 1.6等 ⟷ 243光年

参宿三 猎户座 δ
双星，猎户腰带最西边的星
☀ 2.3等 ⟷ 691光年

参宿二 猎户座 ε
蓝超巨星，猎户腰带中间的星
☀ 1.7等 ⟷ 1976光年

参宿一 猎户 ζ
双星，猎户腰带最东边的星
☀ 1.7等 ⟷ 736光年

猎户座四边形 猎户座 θ¹
M42中心的一个聚星系统，包含6颗恒星
☀ 5.1等 ⟷ 1600光年

参宿增一 猎户座 σ
聚星系统，包含4颗恒星
☀ 3.8等 ⟷ 1072光年

M42（猎户座星云）
明亮的发射星云

M78
反射星云

NGC 2169
疏散星团

B33（马头星云）
亮星云IC 434背景上的暗星云

NGC 1981
巨大而稀疏的疏散星团

NGC 2174
也被称为猴头星云，是6400光年外的一个发射星云

参宿一（猎户座 ζ）
组成猎户腰带的3颗星亮度差不多，参宿一是最东边的一颗。中间的是参宿二，最西边的是参宿三

M42
猎户座大星云，在晴朗的夜晚，用肉眼看来是一团模糊的光斑

参宿七（猎户座 β）
蓝超巨星，全天第七亮星

金牛座

猎户座

麒麟座

天兔座

NGC 2174
NGC 2175
NGC 2169
NGC 2112
M78
IC 434
NGC 2024
NGC 1981
M42
NGC 1981

参宿四
参宿五
参宿二
参宿三
参宿六

猎户座星云

1 猎户的宝剑

　　猎户座星云是夜空中被观测和记录得最多的天体之一。肉眼看来它不过是代表着猎户宝剑的一团模糊的光斑，然而在照片中，这团模糊的光斑变成了恒星诞生的绚烂旋涡。在这张大星云的全景图中，我们可以看到所有大质量的恒星诞生区。这张照片是由位于智利的欧洲帕瑞纳天文台的可见光和近红外巡天望远镜"维斯塔"（VISTA）所拍摄的。

2 星云的心脏

　　在猎户座大星云这个恒星温床的"心脏"处，包含了数千颗年轻的恒星和成长中的原恒星。幼年恒星从尘埃和气体中诞生过后，反过来就把它们给吹走，在星云中形成一个巨大的空洞，也就是照片中的红色部分。空洞顶部那明亮的星光来自一个由年轻恒星组成的紧密的疏散星团，我们称之为猎户座四边形（见第162页）。

3 红外合成

　　这张红外照片结合了斯皮策和赫歇尔两大空间望远镜的数据。它展现出猎户座大星云里直径约10光年的一片区域，猎户座四边形星团就在照片的左侧。在红外波段下，相对于气体和恒星，反倒是尘埃最为明亮。红色区域表现的是，低温尘埃凝聚成的团块环绕在那些正在诞生中的恒星周围；而蓝色区域则展现出温度略高一些的尘埃被那些已经完整形成的年轻热恒星所加热的情形。

4 高温气体

　　猎户座大星云里这片蓝色区域，是由XM牛顿望远镜在X射线波段下拍到的高温气云。它看起来就像是填补了猎户座大星云里大空洞，这个空洞在可见光和红外图像中都看到。高温气体云产生于一次激烈的碰撞，自一颗大质量恒星的星风猛烈地撞进周围体并被加热到几百万摄氏度，从而形成了这的高温气体云。图中亮黄色的团块就是猎户四边形。

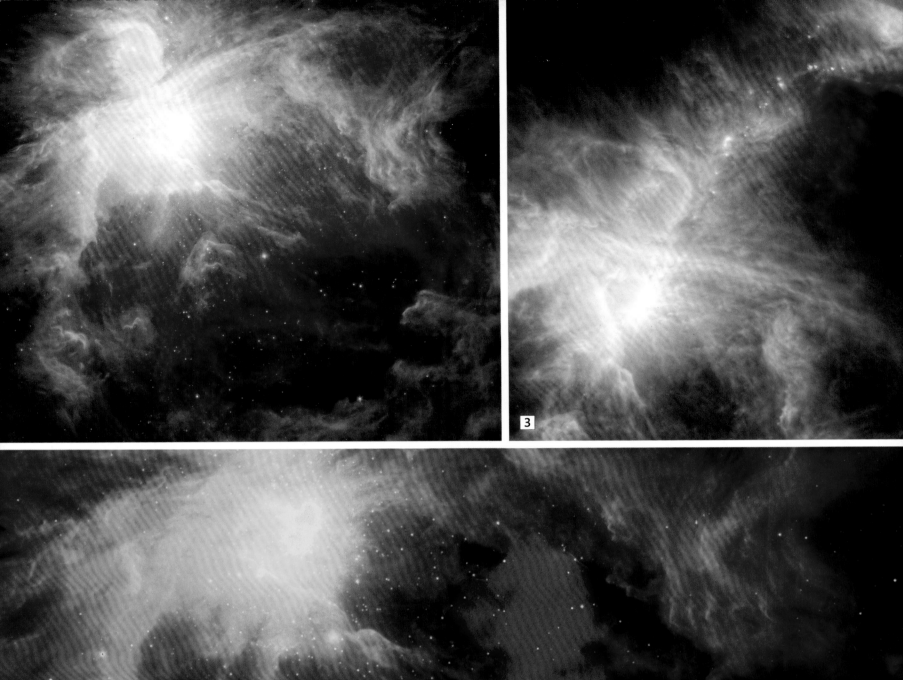

双子座 孪生兄弟
GEMINI

　　双子座是黄道星座中一个明显的星座，它代表了希腊神话中的一对双胞胎——卡斯托和波吕克斯兄弟。双子座的两颗最亮星分别位于两兄弟的头部。双子座有趣的观察对象包括一个明亮的星团和一个外形不寻常的行星状星云。

　　在希腊神话中，卡斯托和波吕克斯是斯巴达王妃勒达的两个儿子。据说波吕克斯是天神宙斯的儿子，是不朽的神仙；而卡斯托，则是勒达的丈夫、国王廷达瑞俄斯的儿子，是个凡人。在古希腊神话的著名史诗中，两兄弟参加了阿尔戈号巨轮的航行去寻回金羊毛。

　　整体来看，夜空中的双子座是呈长方形的，两颗主要恒星之一——北河二，是一个著名的聚星系统（见右下图表），其中最明亮的两颗子星可以在小望远镜下区分开来。虽然北河二是双子座的α星，却并不是双子座的最亮星；最亮星是那两颗主要恒星中的另一颗——北河三（双子座β）。

　　双子座流星雨是一年中最壮观的几场流星雨之一，它的辐射点就位于北河二附近。流星雨在每年12月13日前后出现，最多的时候一个小时能看到100颗流星。与大部分流星雨不同的是，双子座流星雨的母体不是彗星，而是一颗名为法厄同的小行星。

▽M35
这个大星团约有200颗恒星，位于双子座和金牛座边界，通过双筒望远镜就能轻易找到。用望远镜观测时，还能看到更暗淡但更加紧凑的星团NGC 2158（就在画面的左下方）。M35大约离我们2800光年远，NGC 2158则还要远1万光年。

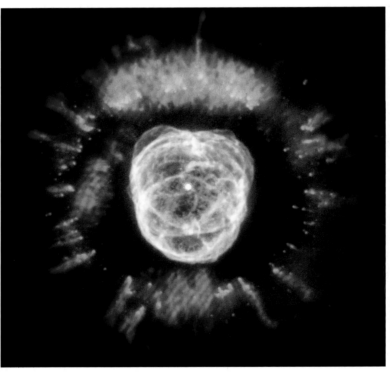

△NGC 2392
这个外形与众不同的行星状星云，因其酷似一个被毛皮兜帽裹住的人脸，所以也被称作爱斯基摩星云。所谓的"兜帽"其实是一个从中央恒星飘散出去的气体环，在小型望远镜中能观察到它盘状的形态。爱斯基摩星云距离我们约有5000光年。

主要数据

面积排名：30
最亮星：北河三（双子座β）1.1等，北河二（双子座α）1.6等
所有格：Geminorum
缩写：Gem
晚上10点上中天的月份：1～2月
完全可见区域：90° N～55° S

星图6

主要恒星

北河二 双子座α
蓝白色聚星
☀ 1.6等　⟷ 51光年

北河三 双子座β
橙巨星
☀ 1.1等　⟷ 34光年

井宿三 双子座γ
蓝白亚巨星
☀ 1.9等　⟷ 110光年

天樽二 双子座δ
白色主序星
☀ 3.5等　⟷ 60光年

井宿五 双子座ε
黄超巨星
☀ 3.0等　⟷ 845光年

深空天体

M35
约有200颗恒星的大而明亮的疏散星团

NGC 2392（爱斯基摩星云）
行星状星云，也被称作小丑脸星云

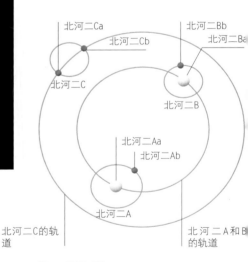

北河二Ca
北河二Cb
北河二Bb
北河二Ba
北河二C
北河二B
北河二Aa
北河二Ab
北河二A
北河二C的轨道
北河二A和B的轨道

△北河二聚星系统
通过小型天文望远镜可以看出北河二是一对双星：北河二A和北河二B，每460年彼此绕行一次，它们中每一颗恒星自身又都是一对双星。再进一步看，北河二A和北河二B还共有一颗暗淡的红矮星伴星，也就是北河二C，这又是一颗食变双星。它们共同组成了一个著名的完全由引力所束缚的六合星系统。

星座中的α星并不总是这个星座的最亮星——北河二就是一个例子，它是双子座的α星，却比北河三暗

井宿三
太阳的165倍

井宿五
太阳的3490倍

双子座ζ
太阳的3860倍

天猫座

8h

30°

8h

北河二 α

σ

北河三（双子座β）
北河三是一颗橙巨
星，也是双子座中的
最亮星

β

κ

τ

ι

υ

θ

7h

30°

御夫座

M35
在晴朗的夜空中，肉眼
刚好能看到它。M35是
一个位于双子座底部的
巨大而细长的星团

巨蟹座

20°

NGC2392

NGC 2392
也被称为爱斯基摩星
云。这个星云由一个
垂死恒星抛出的气体
壳组成，我们需要用
一个大型天文望远镜
才能看到其中的细节

双 子 座

小犬座

δ

天樽二

λ

ζ

ε 井宿五

γ

μ

ν 20°

η

M35

金牛座

双子座 η
一颗约350光年外的红
巨星。双子座 η 的亮
度以8个月为周期，在
3.1~3.9等间变化

30

ξ

7h

井宿三

双子座 ζ
这颗造父变星的亮度
以10.2天为周期，在
3.6~4.2等间变化

▷ **恒星距离**
　　虽然北河二和北河三是神话中的双胞胎，
但这两颗恒星其实并不相关。北河二（双子座
α）大约在51光年外，而北河三（双子座β）
则在34光年之外。从星系尺度上来说，这两颗
恒星距我们都相对较近。相比于构成双子座
图案的恒星中最远的那颗——约1375光年外的
双子座ζ，北河二和北河三可近得多了。

北河二（双子座α） 51光年

北河三（双子座β） 34光年

井宿五（双子座ε） 845光年

地球

双子座λ 100光年

双子座ζ
1375光年

距离

巨蟹座 CANCER
天上的大螃蟹

巨蟹座是黄道星座中最暗淡的星座，但是它就位于狮子座和双子座之间，借助这两个星座中的亮星还是很容易找到巨蟹座的。

在希腊神话中，巨蟹座代表的是一只螃蟹。当大英雄赫拉克勒斯与九头蛇许德拉搏斗时，就是这只螃蟹袭击了他。巨蟹座里有4颗星组成一个四边形，也就是螃蟹的身体；而巨蟹座α和巨蟹座ι则是螃蟹的两只螯：巨蟹座α的英文叫Acubens，就是阿拉伯语里"螯"的意思。在西方另一个神话里，巨蟹座的鬼宿三（巨蟹座γ）和鬼宿四（巨蟹座δ）代表了一北一南两只驴子，这两颗星位于M44（蜂巢星团）的一边，而M44则代表了喂驴的槽。巨蟹座里的恒星都不明亮，可谓荒凉，值得一提的只有巨蟹座ι。这是一颗黄巨星，它还有一颗用双筒望远镜就能看到的伴星。此外，巨蟹座α和巨蟹座ζ都是聚星。

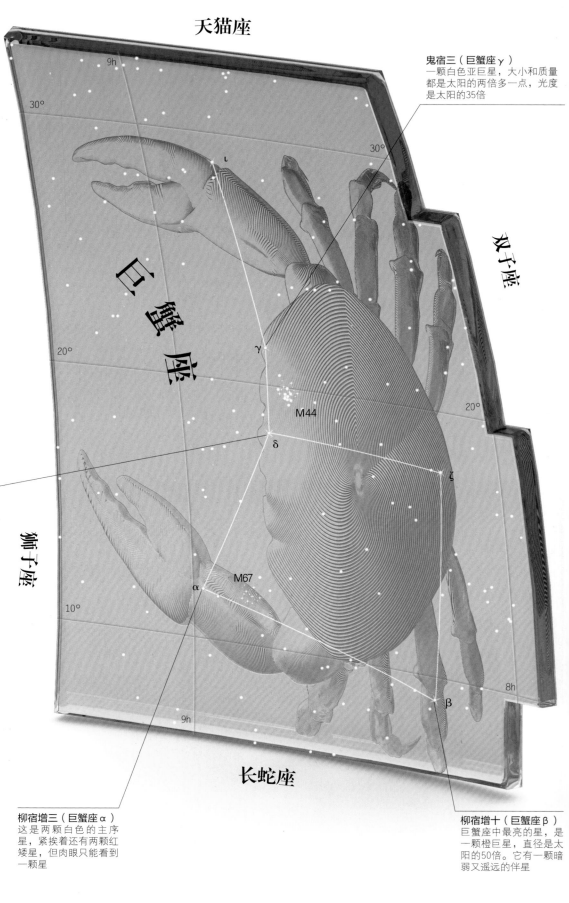

天猫座

鬼宿三（巨蟹座γ）
一颗白色亚巨星，大小和质量都是太阳的两倍多一点，光度是太阳的35倍

双子座

巨蟹座

狮子座

长蛇座

鬼宿四（巨蟹座δ）
一颗3.9等的橙巨星，直径是太阳的11倍，光度是太阳的50倍

柳宿增三（巨蟹座α）
这是两颗白色的主序星，紧挨着还有两颗红矮星，但肉眼只能看到一颗星

柳宿增十（巨蟹座β）
巨蟹座中最亮的星，是一颗橙巨星，直径是太阳的50倍。它有一颗暗弱又遥远的伴星

△ M44
在西方也叫蜂巢星团或马槽星团，在中国古代叫鬼星团或积尸气。它的年龄只有6亿岁，是一个相对松散、年轻的星团，在天空中占据了3倍满月大小的天区。用肉眼看它就是一团星星，用双筒望远镜可以分辨出一些6等和更暗的星。M44位于590光年外，是距离地球最近的疏散星团之一。

主要数据

面积排名：31

最亮星：柳宿增十（巨蟹座 β） 3.5等，鬼宿四（巨蟹座 δ） 3.9等

所有格：Cancri

缩写：CnC

晚上10点上中天的月份：2~3月

完全可见区域：90° N~57° S

星图 6

主要恒星

柳宿增三　巨蟹座 α
白色主序星，聚星
☀ 4.3等 ⟷ 188光年

柳宿增十　巨蟹座 β
橙巨星，双星
☀ 3.5等 ⟷ 303光年

鬼宿三　巨蟹座 γ
白色亚巨星
☀ 4.7等 ⟷ 181光年

鬼宿四　巨蟹座 δ
橙巨星
☀ 3.9等 ⟷ 131光年

深空天体

M44（蜂巢星团、马槽星团、鬼星团）
疏散星团

M67
疏散星团

△ M67
　　疏散星团M67大约50亿岁了，是已知最老的疏散星团之一。它包含100多颗恒星，化学成分与太阳以及红巨星相同。M67距离我们2600光年，比M44（蜂巢星团）更远，也更小、更密集，但它仍然占据了满月大小的天区。用双筒望远镜就可以看到它。

小犬座 CANIS MINOR
猎户的小猎犬

　　小犬座是古希腊天文学家所描绘出的星座之一。这个星座虽然很小，但却很容易找到，因为这里有一颗十分明亮的星——南河三。

　　小犬座是猎户的两只猎犬中较小的那一个。在星座的图案中，这只"小犬"的形象基本上就是它最亮的两颗星——南河三和南河二组成的。小犬座差不多正好位于天赤道上，而除了南河三，这个星座实在是乏善可陈。南河三是全天第八亮星，它的英文名Procyon在希腊语中的意思是"大狗的前面"，因为对于地中海地区而言，在大犬座里更亮的恒星天狼星（西方称为"狗星"）升起之前的一小会儿，南河三会率先升起来。南河三和天狼星与我们的距离差不多，因此它们的亮度差别就能反映出它们真实光度的区别。像天狼星一样，南河三也是一颗双星，伴星南河三B也是一颗白矮星，用大型望远镜可以看到。南河三也是组成冬季大三角的一个角。

主要数据

面积排名：71

最亮星：南河三（小犬座 α） 0.4等，南河二（小犬座 β） 2.9等

所有格：Canis Minoris

缩写：CMi

晚上10点上中天的月份：2月

完全可见区域：89° N~77° S

星图 6

主要恒星

南河三　小犬座 α
白色主序星、双星
☀ 0.4等 ⟷ 11光年

南河二　小犬座 β
蓝白色主序星
☀ 2.9等 ⟷ 162光年

△冬季大三角
　　南河三（左上角）是北半球冬季大三角的一个角，另外两个角是大犬座明亮的天狼星（下面中间）和猎户座的红超巨星参宿四（右上角）。

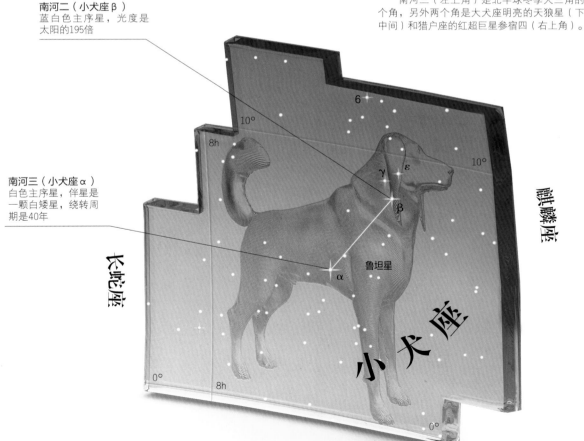

南河二（小犬座 β）
蓝白色主序星，光度是太阳的195倍

南河三（小犬座 α）
白色主序星，伴星是一颗白矮星，绕转周期是40年

鲁坦星

长蛇座

麒麟座

小犬座

光度

麒麟座 α
太阳的48倍

麒麟座 δ
太阳的265倍

麒麟座 γ
太阳的515倍

麒麟座 MONOCEROS
独角兽

麒麟座虽然很大，但是却没有亮星，所以并不明显。然而它却拥有很多值得关注的聚星和星团、星云等深空天体。

麒麟座位于长蛇座和猎户座之间，南面是大犬座，北面是小犬座。麒麟座 β 是天空中最好看的三合星之一，它的3颗5等星可以用小望远镜分辨出来。麒麟座 δ 是一对分得比较开但并不相关的双星，用双筒望远镜可以看到。麒麟座 ε 是一颗4等星，它还有一颗不相关的更暗一些的伴星，用小望远镜可以看到。

由于麒麟座正好位于银河中，因此那里有很多星团和星云。其中用双筒望远镜容易看到的是星座南边的M50和北边的NGC 2264。对着NGC 2264长时间曝光，还能在它周围看到一个暗弱的星云，中间有一个暗的尘埃带，那就是锥状星云。还有一个漂亮的深空天体是玫瑰星云，它围绕在细长的星团NGC 2244周围。

NGC 2264
这个疏散星团距离我们2500光年，用双筒望远镜可以看到。在小望远镜中，它看起来是三角形的。它最亮的成员是一颗5等星——麒麟座S

NGC 2244
这个细长的星团就位于玫瑰星云的中间，距离我们大约5500光年，用双筒望远镜能够看到。玫瑰星云（NGC 2237）比NGC 2244大3~4倍

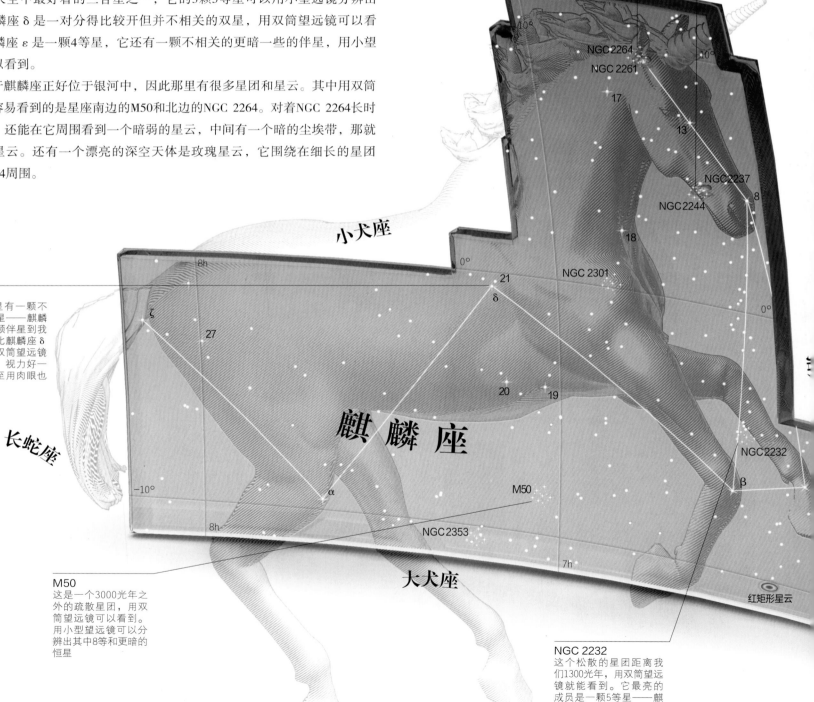

麒麟座 δ
这颗4等星有一颗不相关的伴星——麒麟座21。这颗伴星到我们的距离比麒麟座 δ 更近，用双筒望远镜可以看到，视力好一些的人甚至用肉眼也可以分辨

M50
这是一个3000光年之外的疏散星团，用双筒望远镜可以看到。用小型望远镜可以分辨出其中8等和更暗的恒星

NGC 2232
这个松散的星团距离我们1300光年，用双筒望远镜就能看到。它最亮的成员是一颗5等星——麒麟座10

麒麟座 β
太阳的1175倍

麒麟座 ζ
太阳的1655倍

麒麟座13
太阳的142000000倍

主要数据

面积排名:	35
最亮星:	麒麟座 α　3.9等,
	麒麟座 γ　4.0等
所有格:	Monocerotis
缩写:	Mon
晚上10点上中天的月份:	
1~2月	
完全可见区域:	
78° N~78° S	

星图 6

主要恒星

阈丘增七 麒麟座 α
黄巨星
☀ 3.9等　⟺ 148光年

参宿增廿六 麒麟座 β
三合星，3颗星都是蓝白色主序星
☀ 3.7等　⟺ 680光年

参宿增廿八 麒麟座 γ
橙巨星
☀ 4.0等　⟺ 500光年

阈丘增三 麒麟座 δ
蓝白色主序星
☀ 4.2等　⟺ 385光年

深空天体

M50
疏散星团，包含大约80颗星

NGC 2237（玫瑰星云）
星团NGC 2244周围的星云

NGC 2264
疏散星团，包含大约40颗星

红矩形星云
行星状星云，距离2300光年

△NGC 2237
　　这团像鲜花一样盛开的气体，就是玫瑰星云，它围绕在星团NGC 2244周围。星团中的恒星从这片星云中诞生，然后新生的恒星将周围的气体照亮。星云的视直径比满月还大。用双筒望远镜可以轻松看到星团，然而星云却非常暗，只能在使用望远镜拍摄的照片中才能看出来，如上图所示。

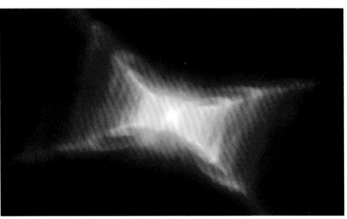

▷红矩形星云
　　这张照片是哈勃空间望远镜拍摄的红矩形星云，它是一个不同寻常的行星状星云。气体和尘埃从中心向外扩张，形成一个明显的X形结构。

麒麟座是**1612年**由荷兰绘图师**普朗修斯创立的**

麒麟座13
3930光年

麒麟座 ε　120光年

麒麟座 ζ　1060光年

麒麟座 β　680光年

地球

麒麟座 α　148光年

◁ 恒星距离
　　组成麒麟座图案的主要恒星，和我们的距离差别悬殊。最近的麒麟座 ε（也叫麒麟座8）距离地球120光年。最远的麒麟座13，距离地球超过3900光年。

← 距离 →

光度

长蛇座54
太阳的7倍

长蛇座R
太阳的37倍

长蛇座π
太阳的42倍

长蛇座 | HYDRA
九头蛇许德拉

长蛇座是天空中面积最大的星座，它代表被希腊大英雄赫拉克勒斯杀死的怪兽。星座中最东边的6颗星组成了蛇的头部，很容易认出来。

在希腊神话中，与赫拉克勒斯对抗的是一条有着9个头的怪蛇许德拉，但是在星座中描绘的长蛇座只有一个头。长蛇头部的几颗星星位于天球赤道以北、巨蟹座的南边，而身体的大部分以及尾巴在天球赤道以南。

长蛇座中最亮的星——星宿一，位于这只怪兽的心脏部位。它的周围很空，没有什么亮星，所以它的英文名Alphard在阿拉伯语里就是"孤零零的星"的意思。长蛇座中两个重要的深空天体是旋涡星系M83和行星状星云NGC 3242。

长蛇座是88个星座中**面积最大的一**个，东西跨度超过了天球的**1/4**

主要数据

面积排名：1	
最亮星：星宿一（长蛇座α）	
2.0等，长蛇座γ 3.0等	
所有格：Hydrae	
缩写：Hya	
晚上10点上中天的月份：	
2~6月	
完全可见区域：54° N~83° S	

星图 5

主要恒星

星宿一 长蛇座 α
橙巨星
☀ 2.0等　⟷ 180光年

平一 长蛇座 γ
黄巨星
☀ 3.0等　⟷ 145光年

柳宿五 长蛇座 ε
四合星系统
☀ 3.4等　⟷ 130光年

长蛇座R
刍藁型变星
☀ 5.0等　⟷ 405光年

深空天体

M68
球状星团

M83（南风车星系）
旋涡星系

NGC 3242（木魂星云）
行星状星云，也叫眼睛星云

△M83
这个旋涡星系也叫南风车星系，它比银河系小，但是恒星诞生和死亡的活动区域却比银河系大得多。蓝色和洋红色区域都是恒星诞生区。图中还可以看到很多超新星遗迹、上千个星团和数十万颗恒星。

M68
在双筒望远镜和小型望远镜中，球状星团M68看起来像是一颗模糊的星星

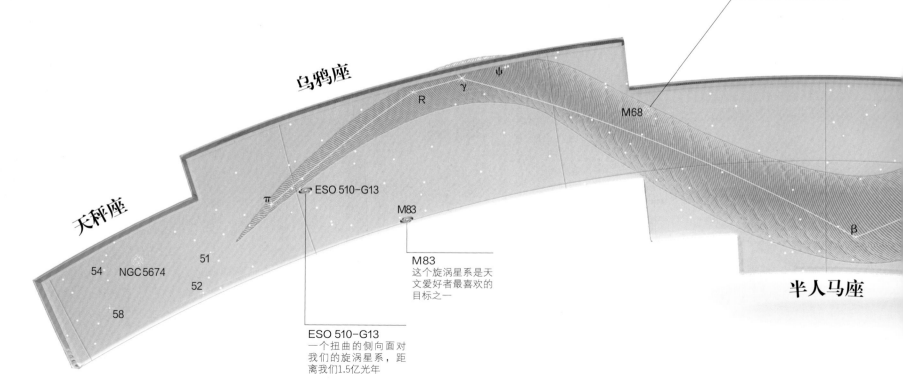

乌鸦座

天秤座

半人马座

ESO 510-G13

M83

M68

β

π

R　γ　ψ

51

54　NGC 5674

52

58

M83
这个旋涡星系是天文爱好者最喜欢的目标之一

ESO 510-G13
一个扭曲的侧向面对我们的旋涡星系，距离我们1.5亿光年

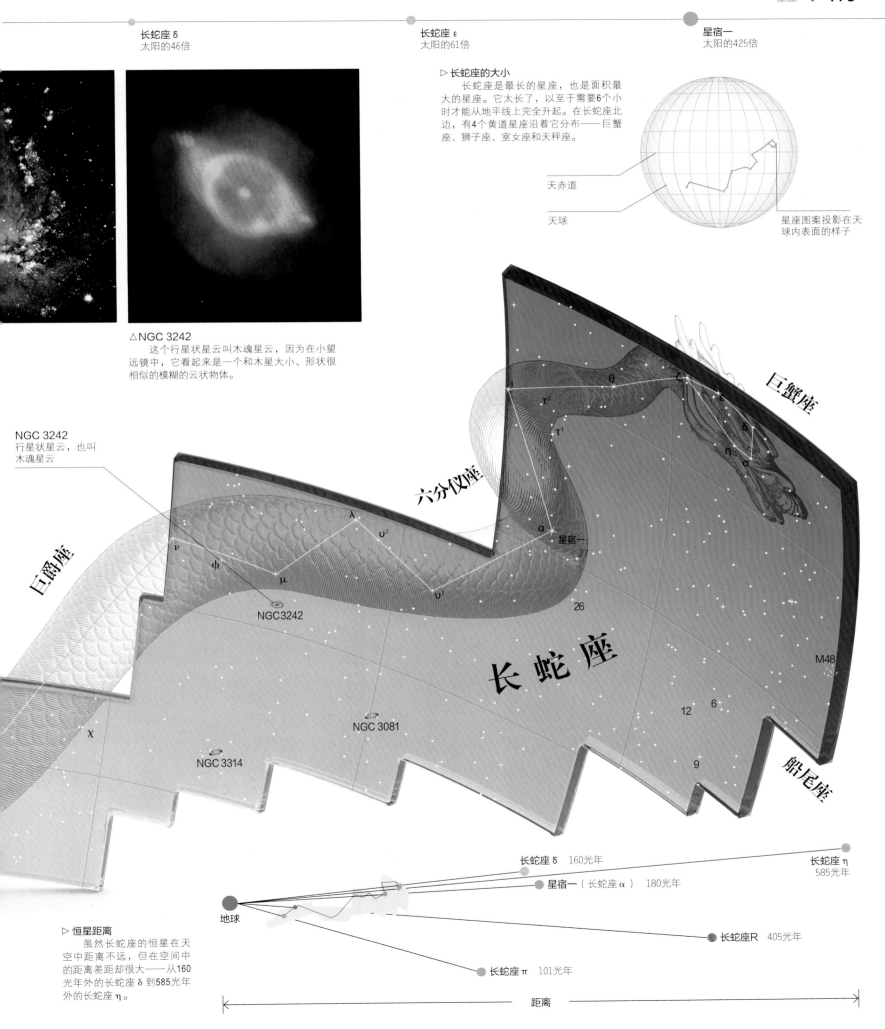

长蛇座 δ
太阳的46倍

长蛇座 ε
太阳的61倍

星宿一
太阳的425倍

▷ 长蛇座的大小
　　长蛇座是最长的星座，也是面积最大的星座。它太长了，以至于需要6个小时才能从地平线上完全升起。在长蛇座北边，有4个黄道星座沿着它分布——巨蟹座、狮子座、室女座和天秤座。

天赤道

天球

星座图案投影在天球内表面的样子

△NGC 3242
　　这个行星状星云叫木魂星云，因为在小望远镜中，它看起来是一个和木星大小、形状很相似的模糊的云状物体。

NGC 3242
行星状星云，也叫木魂星云

巨爵座

六分仪座

巨蟹座

NGC3242

NGC 3081

NGC 3314

长蛇座

星宿一

M48

船尾座

▷ 恒星距离
　　虽然长蛇座的恒星在天空中距离不远，但在空间中的距离差距却很大——从160光年外的长蛇座 δ 到585光年外的长蛇座 η。

地球

长蛇座 δ　160光年

星宿一（长蛇座 α）　180光年

长蛇座 η
585光年

长蛇座R　405光年

长蛇座 π　101光年

距离

六分仪座 SEXTANS
天上的六分仪

六分仪座是一个位于天赤道上的暗弱星座。在狮子座的轩辕十四附近可以找到它。

组成六分仪座的主要恒星只有3颗，这个星座是1687年波兰天文学家赫维留创立的，它代表在航船上用来定位用的一种仪器。六分仪座的星星相对较暗，最亮的星只有4.5等；其中的星系则要用大望远镜才能看到。六分仪座中的NGC 3115亮度8.5等，在观测条件好的时候用双筒望远镜也能够看到，它的形状像一个纺锤，所以也叫纺锤星系。六分仪17和六分仪座18两颗相互无关的恒星离得很近，用双筒望远镜可以分辨。

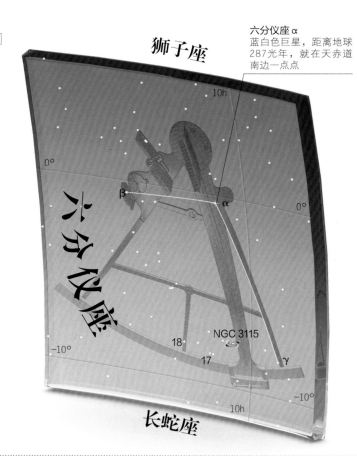

狮子座

六分仪座α
蓝白色巨星，距离地球287光年，就在天赤道南边一点点

NGC 3115

长蛇座

主要数据

面积排名：47

最亮星：六分仪座α 4.5等，六分仪座γ 5.1等

所有格：Sextantis

缩写：Sex

晚上10点上中天的月份：3~4月

完全可见区域：78° N~83° S

星图 5

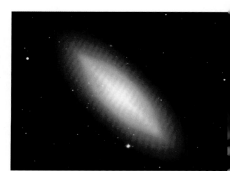

△NGC 3115

这个巨大的透镜状星系侧向对着地球；中心的恒星核球很明显，里面深藏着一个超大质量黑洞。它距离我们3000万光年。在天龙座里也有一个纺锤星系，不要将它们搞混。

乌鸦座 阿波罗的圣鸟
CORVUS

乌鸦座中最亮的4颗星组成了一只乌鸦的身体，这便是乌鸦座的图案。

乌鸦座代表的是古希腊之神阿波罗的圣鸟乌鸦，它的故事和相邻的巨爵座（代表酒杯）和长蛇座（代表水蛇）有关。阿波罗派乌鸦用酒杯盛水，但是回来的时候他却没有把乌鸦和酒杯带回来，而是带回了一只水蛇。寻找乌鸦座最简单的方法是先找到室女座的角宿一，在角宿一的西南方就是乌鸦座了。乌鸦座四边形的一个角是乌鸦座δ，这是一对双星，包括一颗3等的蓝色星和一颗围绕它转动的暗星。乌鸦座中还有一对碰撞星系，称为触须星系，它们是离我们最近、最年轻的碰撞星系之一。

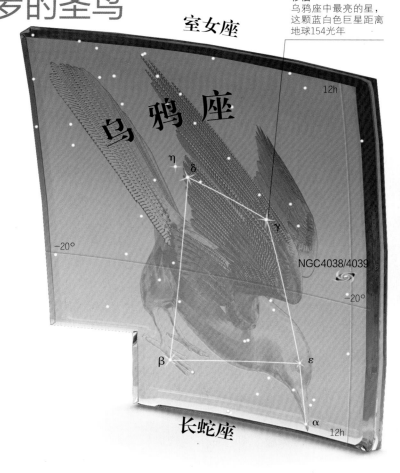

室女座

轸宿一
乌鸦座中最亮的星，这颗蓝白色巨星距离地球154光年

NGC4038/4039

长蛇座

主要数据

面积排名：70

最亮星：轸宿一（乌鸦座γ）2.6等，乌鸦座β 2.6等

所有格：Corvi

缩写：Crv

晚上10点上中天的月份：4~5月

完全可见区域：65° N~90° S

星图 5

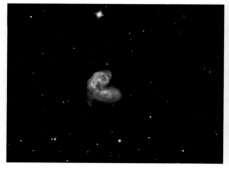

△ NGC 4038 / NGC 4039

这两个星系中伸出了两条暗弱的尾巴，看起来像一对触须，所以叫作"触须星系"。这两条尾巴由恒星、气体和尘埃组成，是几亿年前两个星系开始相互作用时形成的。星系的碰撞能够形成巨大的恒星形成区，发光的氢元素气体包围在它们周围。

巨爵座 天空中的大酒杯
CRATER

巨爵座被描绘成有两个柄的酒杯，它是希腊之神阿波罗饮酒的杯子。不过，如果把这个星座的形象想象成蝴蝶领结，似乎还更容易找到它。

　　巨爵座源自古希腊48个星座，它的故事和旁边的乌鸦座（乌鸦）和长蛇座（水蛇）有关。据说阿波罗让乌鸦拿着酒杯去取水，结果乌鸦不仅回来晚了，还谎称水蛇不让他取水，阿波罗很生气，把它们三个升上天空形成星座。巨爵座里没有什么亮星，最亮的星是巨爵座δ，只有3.6等。巨爵座中的深空天体要用大望远镜才能看到，比如棒旋星系NGC 3981。它和NGC 3511、NGC 3887这几个星系都是由英国天文学家赫歇尔在18世纪80年代中期发现的。更远的还有RXJ 1131，它是一颗类星体，距离地球60亿光年。

主要数据

面积排名：53
最亮星：巨爵座δ 3.6
等，翼宿一（巨爵座α）
4.1等
所有格：Crateris
缩写：Crt
晚上10点上中天的月份：
4月
完全可见区域：
65° N~90° S

星图 5

主要恒星

翼宿一 巨爵座α
橙巨星
☀ 4.1等　⟷ 159光年

翼宿七 巨爵座δ
橙巨星
☀ 3.6等　⟷ 195光年

深空天体

NGC 3511
棒旋星系

NGC 3887
棒旋星系

NGC 3981
棒旋星系

RXJ 1131
类星体，由超大质量黑洞提供能量

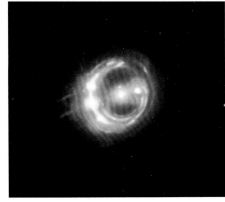

△ RXJ 1131
　　照片中的4个粉红色的点就是类星体RXJ 1131。之所以呈现出多个像是因为来自类星体的光线被前面的椭圆星系弯曲了。这个椭圆星系就位于照片中心，和类星体RXJ 1131在相同的视线方向上，但离我们要近得多。

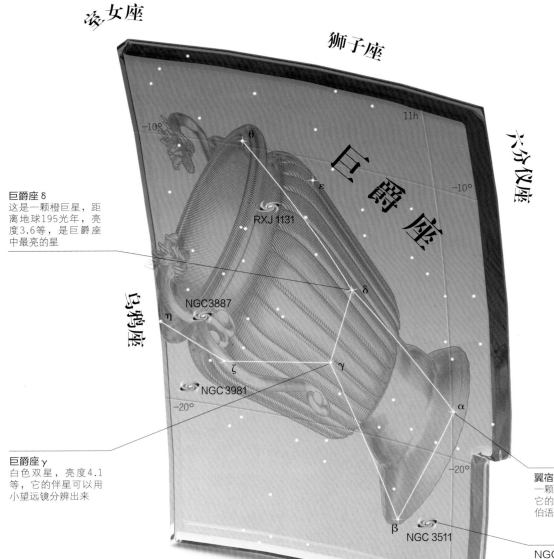

室女座

狮子座

六分仪座

巨爵座

11h

−10°

−10°

RXJ 1131

θ

ε

δ

巨爵座δ
这是一颗橙巨星，距离地球195光年，亮度3.6等，是巨爵座中最亮的星

乌鸦座

η

NGC3887

ζ

γ

NGC 3981

−20°

α

β

NGC 3511

−20°

11h

长蛇座

巨爵座γ
白色双星，亮度4.1等，它的伴星可以用小望远镜分辨出来

翼宿一（巨爵座α）
一颗橙巨星，亮度4.1等，它的英文名Alkes来自阿拉伯语"杯子"一词

NGC 3511
一个几乎侧面对着地球的棒旋星系

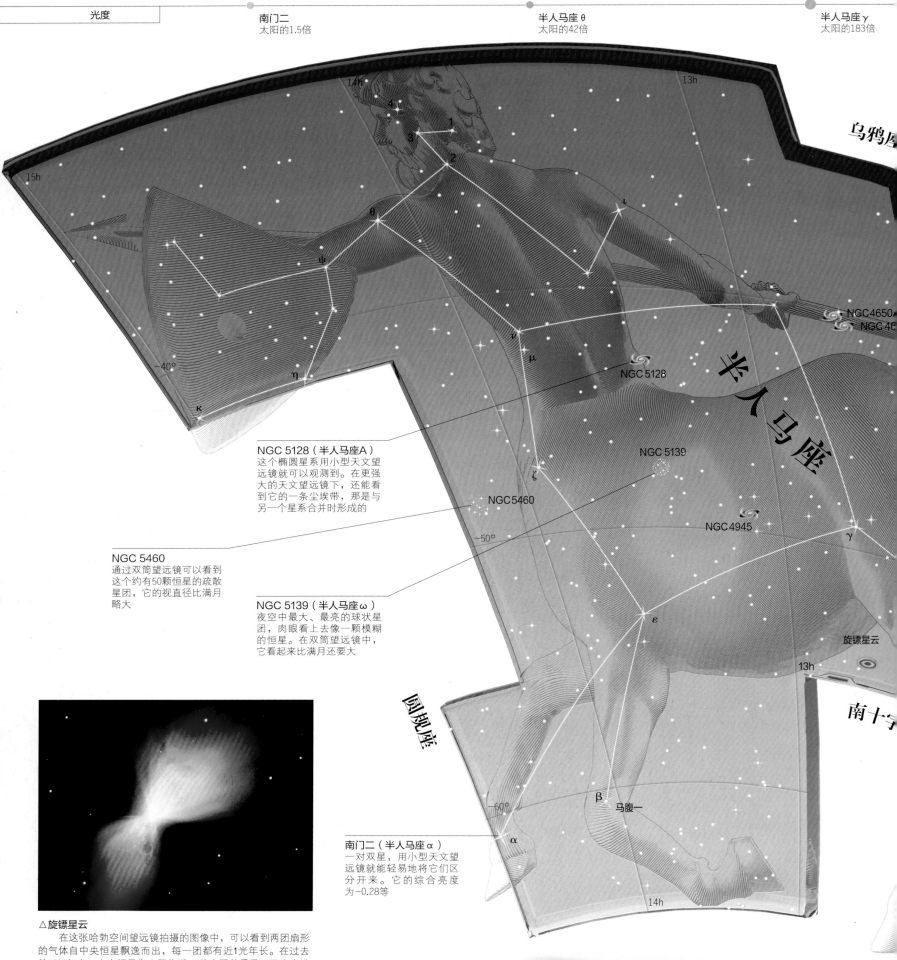

光度

南门二
太阳的1.5倍

半人马座 θ
太阳的42倍

半人马座 γ
太阳的183倍

乌鸦座

半人马座

NGC 4650A
NGC 46

NGC 5128

NGC 5139

NGC 5460

NGC 4945

NGC 5128（半人马座A）
这个椭圆星系用小型天文望
远镜就可以观测到。在更强
大的天文望远镜下，还能看
到它的一条尘埃带，那是与
另一个星系合并时形成的

NGC 5460
通过双筒望远镜可以看到
这个约有50颗恒星的疏散
星团，它的视直径比满月
略大

NGC 5139（半人马座ω）
夜空中最大、最亮的球状星
团，肉眼看上去像一颗模糊
的恒星。在双筒望远镜中，
它看起来比满月还要大

旋镖星云

圆规座

南十字

β
马腹一

α

南门二（半人马座α）
一对双星，用小型天文望
远镜就能轻易地将它们区
分开来。它的综合亮度
为-0.28等

△旋镖星云
　　在这张哈勃空间望远镜拍摄的图像中，可以看到两团扇形
的气体自中央恒星飘逸而出，每一团都有近1光年长。在过去
的1500年中，中央恒星失去了将近1.5倍太阳的质量。因为在地
面望远镜拍摄的图像中呈现出回旋镖的形态，因此被命名为旋
镖星云。

半人马座 η
太阳的895倍

半人马座 ε
太阳的1815倍

马腹一
太阳的7170倍

半人马座 CENTAURUS
半人马喀戎

半人马座是一个明显的星座。在半人马座里，有离太阳最近的恒星，也有从地球上看最亮的球状星团。

作为古希腊48个星座之一，半人马座所代表的是一只睿智的半人半马怪兽——喀戎。喀戎曾在皮立翁山的洞穴教导古希腊传说中的众神与英雄。

肉眼看上去，南门二（半人马座 α）是夜空中的第三亮星，仅次于天狼星和老人星。使用天文望远镜观测，还可以将它区分为一对都呈金黄色的恒星，这是一对真实双星，以80年为周期互相绕转。南门二是肉眼能看到的恒星里距离太阳最近的一颗，但在这个双星系统中还有第三位成员—— 一颗名叫"比邻星"的红矮星，只有在天文望远镜里才能看到它。比邻星到太阳的距离比那另外两颗到太阳距离要近差不多1/10光年多一点，这使它成为宇宙中距离我们太阳系最近的恒星。在半人马座的心脏部位，有一个明亮的球状星团——NGC 5139（半人马座 ω），由于它过于明亮，以至于一开始它被归类为恒星。它以北的NGC 5128（半人马座A）被看作是一个椭圆星系与旋涡星系合并所产生的星系。

NGC 3918
这个行星状星云在小型天文望远镜中可见，它的形态像一个蓝色的圆盘，因此也被俗称为蓝行星状星云

主要数据

面积排名：9
最亮星：南门二（半人马座 α）−0.1等 马腹一（半人马座 β）0.6等
所有格：Centauri
缩写：Cen
晚上10点上中天的月份：
4~6月
完全可见区域：
25° N~90° S

星图5

主要恒星

南门二 半人马座 α
双星，分别为黄色和橙色主序星
☀ −0.28等 ⟷ 4.4光年

马腹一 半人马座 β
蓝白巨星
☀ 0.6等 ⟷ 390光年

库楼七 半人马座 γ
蓝白色亚巨星
☀ 2.2等 ⟷ 130光年

南门一 半人马座 ε
蓝白巨星
☀ 2.3等 ⟷ 430光年

库楼二 半人马座 η
蓝白色主序星
☀ 2.3等 ⟷ 305光年

库楼三 半人马座 θ
橙巨星
☀ 2.1等 ⟷ 59光年

深空天体

NGC 5139（半人马座 ω）
球状星团

旋镖星云
行星状星云

NGC 3766
疏散星团

NGC 3918（蓝行星状星云）
行星状星云

NGC 5128（半人马座A）
特殊星系，射电源

▽ **恒星距离**
半人马座中有距离太阳最近的恒星——比邻星，距离仅为4.2光年。半人马座 ε 是星座中亮度最高的恒星之一，它到地球的距离是比邻星到地球距离的100倍；半人马座 o¹ 是最遥远的恒星，它到地球的距离几乎是比邻星到地球距离的1400倍。

12h
−40°
δ
−50°
12h
π
NGC 3918
o
−60°
NGC 3766
λ

地球
半人马座 μ 505光年
半人马座 ζ 382光年
半人马座 ε 430光年
比邻星 4.2光年
半人马座 o¹ 5720光年
距离

光度

十字架一
太阳的148倍

南十字座 ε
太阳的158倍

南十字座 CRUX
南天的十字架

尽管是全天最小的星座，但凭借着4颗明亮的恒星，南十字座在夜空中依然非常耀眼。它位于银河里恒星比较密集的一段，其中有南半球夜空里的珍宝之———宝盒星团。

南十字座位于半人马座的前后腿之间，是天空中由4颗亮星组成的最紧凑的图案。其中的最亮星在古希腊时期就为人所知，但直到16世纪才被作为独立的星座标绘出来。南十字座首次以现在的形态出现是在1598年，普朗修斯的天球仪上。它最初被称为Crux Australis，意思是"南方的十字架"，现在则简称Crux。十字架南端的恒星是南十字座的最亮星，中文名叫十字架二，它和十字架一、十字架三都能在夜空中恒星亮度的排行榜中排到前25位。在比南十字座4颗明亮的主要恒星都遥远得多的地方——600光年以外，有一块被称作"煤袋星云"的楔形暗星云。它隔绝了来自银河系致密恒星区的光亮，因此这个由气体和尘埃组成的暗星云用肉眼就可以看到。煤袋星云以北距离10倍远的地方是宝盒星团（NGC 4755）。它肉眼看上去好似一颗模糊的星星，但在双筒望远镜下就可以分辨出星团中单独的恒星。

十字架三（南十字座β）
一颗蓝白巨星，同时也是一颗变星，亮度以6小时为周期在1.25~1.35等之间变化

半人马座

十字架一（南十字座γ）
一颗直径至少是太阳的85倍的红巨星，从双筒望远镜中可以看到它的一颗6等伴星，但实际上它们并不相关

十字架四（南十字座δ）
一颗蓝白亚巨星，正处于从主序星演化为红巨星的阶段

南十字座 ε
一颗橙巨星，质量约为太阳的1.4倍，直径约为太阳的33倍。它的距离是230光年，亮度为3.6等

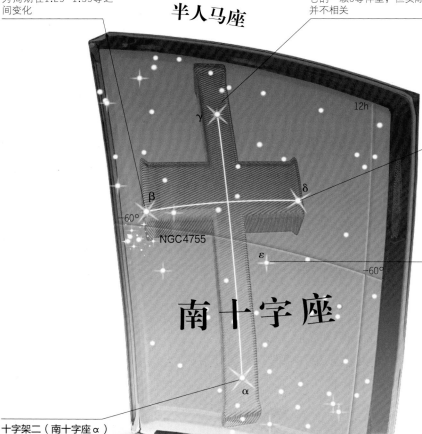

NGC4755

南 十 字 座

苍蝇座

十字架二（南十字座α）
一颗蓝白色亚巨星，用望远镜可以观测到它有一颗伴星，是一颗蓝白色主序星，亮度为1.8等

▷ 定位南天极
几个世纪以来，南十字座一直被用来指示南天极的位置。如上图中，它的4颗亮星和旁边半人马座的2颗最亮星（南门二和马腹一）都很容易找到。将十字架一和十字架二的连线向南延长，再作一条马腹一和南门二连线的中垂线，两线的交点就在南极点的东边不远处，旁边最近的恒星是南极座σ。

十字架一

十字架二

马腹一

南门二

实际的南天极

南极座σ

南十字座 δ
太阳的750倍

十字架三
太阳的2010倍

十字架二
太阳的4180倍

NGC 4755
又叫宝盒星团，因其酷似装满闪亮珠宝的
盒子外观而得名。这个疏散星团中有几十
颗蓝白巨星，还有一颗红宝石颜色的超巨
星在星团的中央。这个星团的宽度约为**20**
光年，距离地球有**6400**光年。此外，宝盒
星团的年龄大约有**1500**万年，是目前已知
最年轻的星团之一。

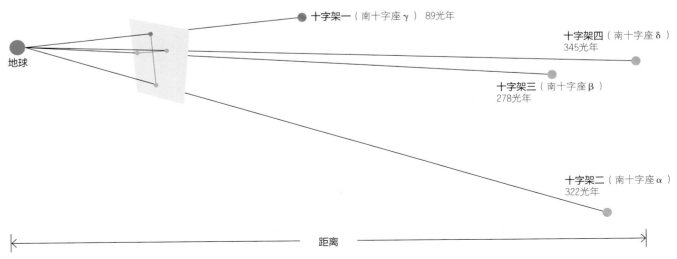

十字架一（南十字座 γ） 89光年

十字架四（南十字座 δ）
345光年

十字架三（南十字座 β）
278光年

十字架二（南十字座 α）
322光年

地球

距离

▷ **恒星距离**
　　组成南十字座图案的4颗亮星中，有3颗
到地球的距离大致相同：十字架三距离278
光年，十字架二距离322光年，十字架四距
离345光年。十字架北边顶端的十字架一是
南十字座里距离我们最近的一颗恒星，仅有
89光年，也是宇宙中已知的离我们最近的红
巨星之一。

豺狼座 LUPUS
夜空中的豺狼

豺狼座位于银河的边缘，在天蝎座和半人马座之间。豺狼座的星座图案在夜空中不容易辨认出来，但也包含了一些有意思的恒星。

在过去的星图上，豺狼座最早被画成半人马怪兽喀戎手中的长矛所钉住的野生动物，到了现代才被画成一只单独的豺狼：它的两颗最亮星——豺狼座 α 和豺狼座 β 标出了豺狼的后腿，而球状星团NGC 5986则是豺狼的头部。夜观星空的人们也许会发现，如果将豺狼座 α 看作豺狼的嘴，将豺狼座 β 看作豺狼的后脖颈，会让整个星座看上去更像一匹狼。用小型天文望远镜可以观测到豺狼座 κ 和豺狼座 μ 是两对双星，使用更大一点的望远镜还能看到豺狼座 μ 其实是一个三合星系统。

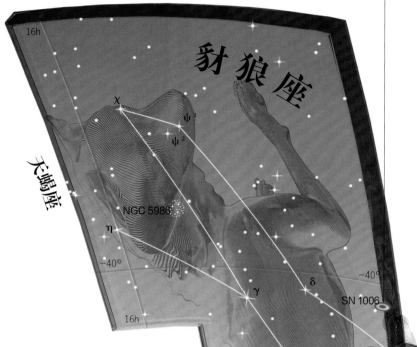

SN 1006
一个7000光年以外、直径约为60光年的超新星遗迹。它是历史上记录到的最明亮的超新星事件

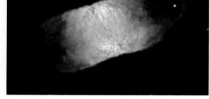

△视网膜星云
从地球上看，这个行星状的星云呈现为长方形，但这是因为我们从侧面看的缘故，实际上这个星云是环状的。星云的中央是一颗濒死的恒星，它把气体和尘埃向四周推开，形成了环状结构。

▽ SN 1006
钱德拉X射线空间望远镜花费8天时间拍摄了10张照片，叠加后得出了下面这张SN 1006的图像。当一颗白矮星发生超新星爆发时，将物质喷射到太空，便形成了这样的超新星遗迹。

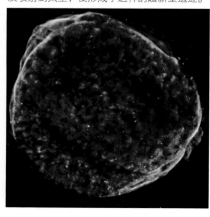

NGC 5882
这个行星状星云有两层气体壳从中央的濒死恒星向外扩散：内层气体壳呈狭长状，而外层则是非球对称的不规则形状

豺狼座 α
亮度为2.3等，是豺狼座的最亮星。它的质量约为太阳的10倍，光度以7小时为周期轻微地变化

矩尺座 NORMA
夜空中的三角尺

　　这是一个很小的星座，它直到18世纪50年代才被创建，之后又被划出一部分而变得更小。矩尺座位于银河之中，恒星非常富集。

　　法国天文学家拉卡耶最初在这片天区设立星座的时候，给它起名为"Norma et Regula"，意为三角尺和直尺。后来星座边界被重新划分，那把"尺子"被分配到了旁边的天蝎座中。由此造成的一个结果就是，现在的矩尺座没有α星和β星。矩尺座的图案就像一个三角尺，由3颗呈直角排列的恒星组成。整个星座都很暗淡，躲在银河里很难被辨认出来。

△ ESO 137-001

　　在这张图上，由伪彩色突出显示的是ESO 137-001星系背后两条冷气流的踪迹。这个星系正朝着矩尺座星系团的中心运动，那是最靠近银河系的一个大质量星系团。这些痕迹有可能是气流从星系的旋臂中脱离的时候形成的。

主要数据

面积排名：74

最亮星：矩尺座 γ^2　4.0
等，矩尺座 ε　4.5等

所有格：Normae

缩写：Nor

晚上10点上中天的月份：
6月

完全可见区域：
29° N~90° S

星图2

主要恒星

矩尺座 γ^1
黄超巨星，双星矩尺座 γ 的其中一颗子星
☀ 5.0等　⟷ 1436光年

矩尺座 γ^2
黄巨星，双星矩尺座 γ 的其中一颗子星
☀ 4.0等　⟷ 129光年

矩尺座 ε
双星系统，两颗子星亮度分别为5等和7等
☀ 4.5等　⟷ 400光年

矩尺座 η
黄巨星
☀ 4.7等　⟷ 218光年

深空天体

NGC 6067
疏散星团

NGC 6087
疏散星团

NGC 6167
疏散星团

沙普利1
行星状星云，也叫细指环星云

艾贝尔3627
星系团，也叫矩尺座星系团

天蝎座

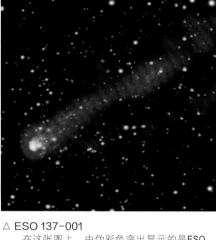

矩尺座 γ¹
它与另一颗视线方向上一致的恒星形成了一对光学双星，矩尺座 γ¹是较远的那一颗

矩尺座 μ
这颗蓝色超巨星是已知光度最强的恒星之一。它的光度至少是太阳光度的330000倍，虽然在离地球3200光年那么远的地方，依然可以用肉眼看见

NGC 6167

μ

16h

ε

−50°

γ^2 γ^1 η

−50°

沙普利1

NGC 6067

NGC 6067
一个疏散星团，约有100颗恒星，距离地球约4600光年。它的视直径约为月球的一半

矩尺座 γ²
这是一颗黄巨星，也是矩尺座 γ 这个光学双星的两颗子星中距离我们较近的那颗

矩尺座

天坛座

圆规座

NGC 6087
一个疏散星团，约有40颗炽热而年轻的蓝白色恒星。距离我们大约是3000光年，但依然肉眼可见

NGC 6087

16h

南三角座

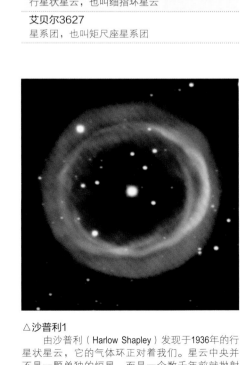

△沙普利1
　　由沙普利（Harlow Shapley）发现于1936年的行星状星云，它的气体环正对着我们。星云中央并不是一颗单独的恒星，而是一个数千年前就抛射出外层气体的双星系统。两颗恒星的相互作用将喷射出的气体塑造成了一个近乎完美的圆环。

天坛座 [ARA]
天上的祭坛

天坛座位于天蝎座以南的银河中。它是48个古希腊星座之一，其形态是一个源自古希腊神话的祭坛。

天坛座代表的是天上的祭坛。在古希腊神话中，诸神在与泰坦巨人展开争夺宇宙大权的战争前曾在这里立誓。最终，诸神获得了胜利，成为众神之王的宙斯便将祭坛升上天空，用以纪念这场战争。

尽管天坛座的图案在银河明亮的光带中并不显眼，但还是很容易被定位出来。它的最亮星天坛座α和天坛座β、星团NGC 6193都能用肉眼看见。值得一提的还有球状星团NGC 6397、NGC 6362，以及一颗类似太阳、有至少4颗行星环绕它运行的恒星——天坛座μ。

△NGC 6326
这是一个距离地球11000光年的行星状星云，气体从星云中央的白矮星中奔逸而出。在这张照片里，红颜色的是氢，蓝颜色的是氧。

◁NGC 6362
这个球状星团中央有一些蓝色的恒星，它们是形成于恒星碰撞或者恒星间的物质转移，这使得这些恒星被加热并且看起来比它们的邻居更显年轻。

主要数据

面积排名： 63
最亮星： 天坛座β 2.9等
天坛座α 3.0等
所有格： Arae
缩写： Ara
晚上10点上中天的月份：
6~7月
完全可见区域：
22° N~90° S

星图2

主要恒星

杆二 天坛座α
蓝白色主序星
☀ 3.0等 ⟷ 267光年

杆三 天坛座β
橙超巨星
☀ 2.9等 ⟷ 645光年

深空天体

NGC 6193 / NGC 6188
疏散星团和与之关联的发射星云

NGC 6326
行星状星云

NGC 6352
球状星团

NGC 6362
球状星团

NGC 6397
球状星团

刺缸星云
一个小的、年轻的行星状星云

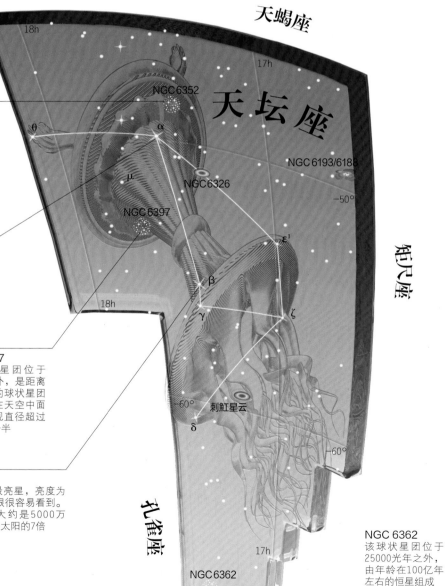

天蝎座

天坛座

NGC 6352
一个松散的球状星团，其中的恒星年龄都超过了120亿年。这个星团在19500光年之外，亮度为7.8等

NGC 6193/6188

天坛座α
一颗亮度为3.0等的恒星，在夜空中很容易找到。它的体积是太阳的4.5倍，质量是太阳的9.6倍

NGC 6397
这个球状星团位于8200光年外，是距离我们最近的球状星团之一。它在天空中面积较大，视直径超过了满月的一半

矩尺座

天坛座β
天坛座的最亮星，亮度为2.9等，肉眼很容易看到。它的年龄大约是5000万年，质量是太阳的7倍

刺缸星云

孔雀座

NGC 6362
该球状星团位于25000光年之外，由年龄在100亿年左右的恒星组成

NGC 6362

南冕座 CORONA AUSTRALIS
南天的皇冠

南冕座是面积最小的星座之一，同时也是古希腊48星座之一，尽管它并没有任何相关的神话传说。

南冕座的形象和北冕座不太一样，北冕座是镶嵌着珠宝的耀眼皇冠，而南冕座则是花草编织而成的桂冠。在其他古老文明之中，南冕座的形象也各有不同：在中国古代，南冕座的恒星被看成是一只鳖；而在澳大利亚土著看来，南冕座的恒星则是一个回旋镖，或是一个浅口的碟子。

南冕座中没有特别亮的恒星，但由这些恒星组成的明亮弧形使得这个星座很容易被找到。它的两颗最亮星——南冕座α和南冕座β，看起来似乎没什么差别，其实却大不相同。南冕座β更大、光度更强，但却比南冕座α距离地球远了将近4倍，这使得二者在夜空中闪烁着同等亮度的光芒。南冕座的北部是一大片星云区域，其中的NGC 6729是距离我们最近的产星星云之一，大约只有400光年远。

△ 花冠星团
从这张红外线和X射线的叠加照片中可以看到花冠星团里的年轻恒星。花冠星团距离NGC 6729不远，距离地球420光年，是离地球最近且最活跃的恒星诞生区之一。

◁ NGC 6729
这个星云中最年轻的恒星被隐藏在致密的气体和尘埃云中。这些年轻的恒星正抛掷高速的物质喷流，形成的冲击波使得周围的气体发出光芒。

南冕座α
一颗与太阳类似的主序星，但它是白色的，大小是太阳的2倍，光度是太阳的31倍

南冕座γ
一对双星，绕转周期是122年，用小型天文望远镜就可以将它们区分出来

人马座

南冕座β
一颗巨星，大小是太阳的43倍，光度是太阳的730倍。虽然南冕座β的光度是南冕座α的13倍，但由于前者的距离更远，因此在夜空中两颗星的亮度一样

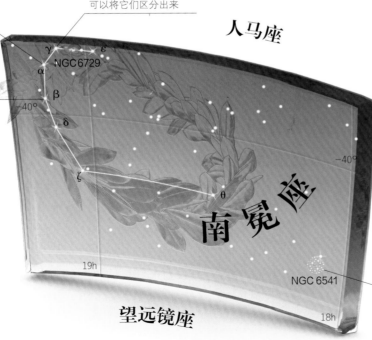

NGC 6729

南冕座

天蝎座

NGC 6541

望远镜座

NGC 6541
一个22000光年外的球状星团。在双筒望远镜下可见，它的视直径是满月的1/3

主要数据

面积排名: 80

最亮星: 南冕座α 4.1等，南冕座β 4.1等

所有格: Coronae Australis

缩写: CrA

晚上10点上中天的月份:
7~8月

完全可见区域:
44° N~90° S

星图4

主要恒星

鳖六 南冕座α
白色主序星
☀ 4.1等　⟷ 125光年

鳖五 南冕座β
黄巨星
☀ 4.1等　⟷ 475光年

深空天体

NGC 6541
球状星团

NGC 6729
产星星云

花冠星团
疏散星团

光度

人马座ω
太阳的8倍

天渊一
太阳的29倍

箕宿一
太阳的49倍

天渊三
太阳的

人马座 SAGITTARIUS
半人半马的射手

人马座是一个巨大的黄道星座，代表传说中手执弓箭的一只半人半马怪兽。它位于银河中一片恒星密集的区域，银河系的中心就在人马座方向。

人马座中几颗主要的恒星组成了一个茶壶形状，是最容易辨认的特征。人马座 ζ、人马座 σ、人马座 τ 和人马座 φ 组成了壶把，人马座 γ、人马座 δ 和人马座 ε 组成了壶嘴，而人马座 λ 则是壶盖的顶端。星座中最亮的星不是人马座 α（通常星座中最亮的星是 α 星），而是人马座 ε。在人马座中，α 星只有4.0等，而 ε 星却是1.8等。

人马座包含了银河中恒星十分密集的区域，因为银河系的中心就在这个方向上。更准确地说，银河的中心就位于射电源人马座A*的方向，人们认为那里有一个超大质量的黑洞。

人马座中有15个梅西耶天体，数量在所有星座中是最多的。最值得关注的有M8（礁湖星云）、M20（三叶星云）和一个明亮的球状星团M22。

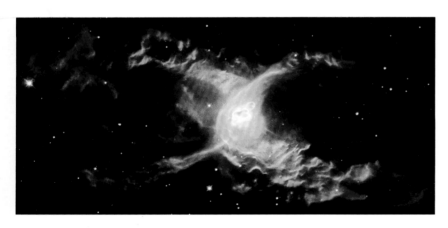

◁ **红蜘蛛星云**
巨大的震波扫过NGC 6537这个形似蜘蛛的行星状星云。这些波是因为中心恒星外层扩张时压缩和加热了周围的星际气体造成的。

▽ **恒星距离**
组成人马座图案的主要恒星距离从78光年到3600光年不等。最近的是人马座 λ，也就是茶壶壶盖的顶端。在地球上看，人马座 μ 离人马座 λ 很近，而实际上人马座 μ 是最远的一颗星，比 λ 距地球远了3500多光年。

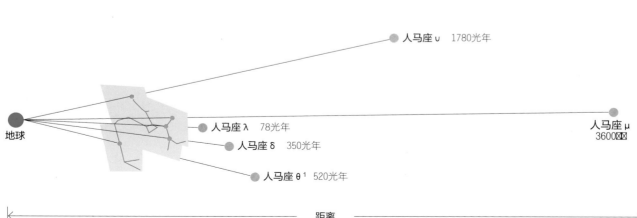

地球

人马座 υ   1780光年

人马座 λ   78光年

人马座 δ   350光年

人马座 θ¹   520光年

人马座 μ
3600光年

距离

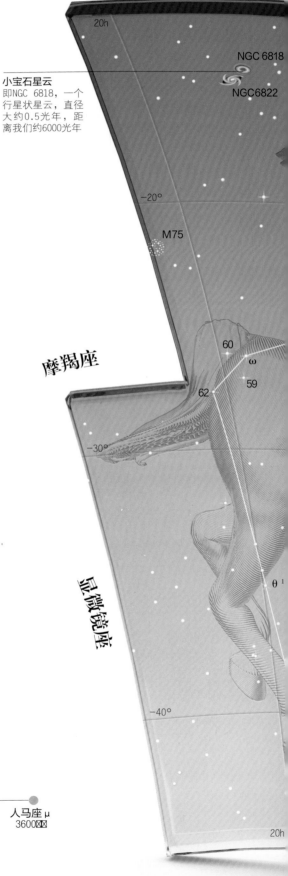

小宝石星云
即NGC 6818，一个行星状星云，直径大约0.5光年，距离我们约6000光年

NGC 6818

NGC6822

M75

摩羯座

显微镜座

60
ω
59

62

θ¹

−20°

−30°

−40°

20h

天渊二
太阳的210倍

箕宿三
太阳的325倍

斗宿四
太阳的640倍

人马座υ
太阳的4050倍

M22
最亮的球状星团之一，在双筒望远镜中是一个模糊的光斑，大小约为满月直径的2/3

欧米伽星云
即M17，在双筒望远镜和小望远镜中都能看到，外形是一个大写希腊字母 Ω 的样子，也叫天鹅星云或马蹄星云

三叶星云
即M20，一个被尘埃带分割成3部分的星云，在长时间曝光的照片中能够看得很清楚

盾牌座

19h

υ

ρ

43

π

ξ²

σ

NGC 6716

M17

M18

M25

M24

M22

μ

NGC 6537

M23

18h

−20°

M28

M21

M20

λ

M8

M55

τ

φ

ζ

M54

δ

NGC 6565

人 马 座

M70

M69

X

γ

人马座A*

NGC 6723

ε

南冕座

−40°

η

18h

α

β¹

β²

天渊二（人马座 β¹）
一颗 4 等星，有一颗没有关联的伴星天渊一（人马座 β²），肉眼就可以分辨

礁湖星云
也叫M8，一个扁长的星云，宽度是满月的3倍，用双筒望远镜很容易看到，其中还包含了一个星团NGC 6530

主要数据

面积排名：15

最亮星：箕宿三（人马座 ε）1.8等，斗宿四（人马座 σ）2.1等

所有格：Sagittarii

缩写：Sgr

晚上10点上中天的月份：7~8月

完全可见区域：44° N~90° S

星图 4

主要恒星

天渊三　人马座 α
蓝白色主序星
☀ 4.0等　⟷ 182光年

天渊二　人马座 β¹
蓝白色主序星
☀ 4.0等　⟷ 310光年

天渊一　人马座 β²
白色主序星
☀ 4.3等　⟷ 134光年

箕宿一　人马座 γ
橙巨星
☀ 3.0等　⟷ 97光年

箕宿二　人马座 δ
橙巨星
☀ 2.7等　⟷ 350光年

箕宿三　人马座 ε
蓝白巨星
☀ 1.8等　⟷ 143光年

斗宿六　人马座 ζ
蓝白色主序星
☀ 2.6等　⟷ 88光年

斗宿二　人马座 λ
橙色亚巨星
☀ 2.8等　⟷ 78光年

斗宿四　人马座 σ
蓝白色主序星
☀ 2.1等　⟷ 228光年

深空天体

M8（礁湖星云）
发射星云

M17（欧米伽星云）
发射星云，也叫天鹅星云或马蹄星云

M20（三叶星云）
发射和反射星云

M22
球状星团

NGC 6537（红蜘蛛星云）
行星状星云

NGC 6818（小宝石星云）
行星状星云

NGC 6565
行星状星云

摩羯座 CAPRICORNUS
半羊半鱼的潘神

摩羯座是黄道星座中最小的一个，代表一只半羊半鱼的奇怪生物。它位于人马座和宝瓶座之间，包含了一些有趣的恒星。

在古希腊神话中，摩羯座代表长得像山羊的潘神。他在逃离怪兽提丰（Typhon）的时候，下半身变成了鱼身隐藏在河中。摩羯座中没有明亮的星团和星云，星系也非常暗淡，很难用小望远镜看到，但是有一些恒星用业余的设备是可以欣赏的。摩羯座α是一对令人印象深刻的、没有关联的双星：一颗黄色超巨星（摩羯座α¹，牛宿增六）和一颗橙巨星（摩羯座α²，牛宿二）。用小望远镜还能够看到摩羯座α¹本身又是双星，用大望远镜可以看到摩羯座α²是一颗三合星。

主要数据
面积排名：40
最亮星：垒壁阵四（摩羯座 δ） 2.8等，牛宿一（摩羯座 β） 3.1等
所有格：Capricorni
缩写：Cap
晚上10点上中天的月份：8~9月
完全可见区域：62° N~90° S

星图 4

主要恒星
牛宿二 摩羯座 α²
橙巨星，三合星
☀ 3.6等 ⟷ 105光年

牛宿一 摩羯座 β
黄巨星，聚星
☀ 3.1等 ⟷ 327光年

垒壁阵四 摩羯座 δ
白巨星，食双星
☀ 2.8等 ⟷ 37光年

深空天体
M30
球状星团

HCG 87（希克森致密群87）
致密星系群

牛宿二和牛宿增六（摩羯座 α）
一对光学双星，包含一颗黄色超巨星牛宿增六（摩羯座 α¹）和一颗橙巨星牛宿二（摩羯座 α²）

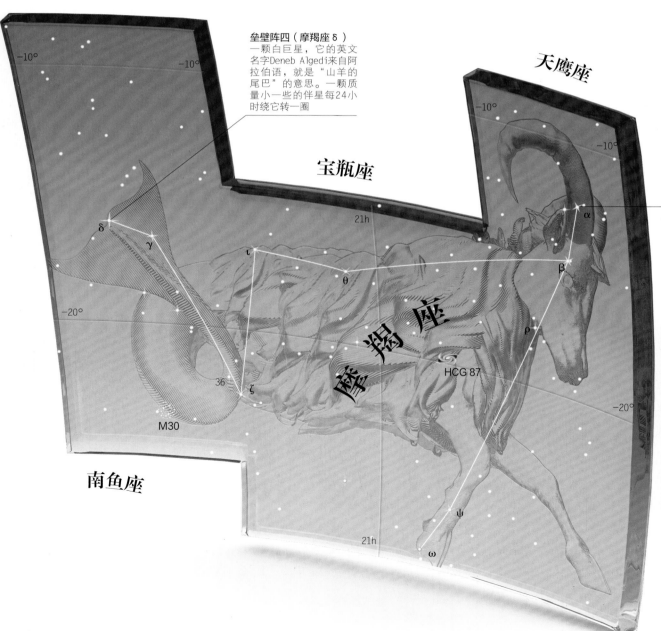

垒壁阵四（摩羯座 δ）
一颗白巨星，它的英文名字Deneb Algedi来自阿拉伯语，就是"山羊的尾巴"的意思。一颗质量小一些的伴星每24小时绕它转一圈

△HCG 87（希克森致密群87）
这4个星系中，有3个属于这个被称为HCG 87的星系群。它们互相靠得非常近，被彼此之间的引力所影响。一条暗淡的恒星潮汐桥从侧向面对我们的盘状星系（中下方）伸出，连接了和它最近的椭圆星系（右下方）。第三个星系是一个旋涡星系，在它内部（照片上方）正在进行激烈的恒星形成过程。靠近中心的小旋涡星系是个遥远的背景星系。

南鱼座 PISCIS AUSTRINUS
南天的鱼

　　南鱼座是古希腊天文学家设定的48个星座中最靠南的星座之一，它是一个小小的星座，一圈暗淡的星星大致组成一条鱼的形状。通过南鱼座中最明亮的恒星——北落师门，可以很容易找到它。

　　据说南鱼座是另一个不明显的星座——双鱼座所代表的两条鱼的父亲或母亲。这个星座最值得一提的是它的最亮星北落师门，它是全天第十八亮星。北落师门的英文名Fomalhaut来自于阿拉伯语，意思是"鱼嘴"，因为它就位于南鱼座这条鱼的嘴的位置。这颗星之所以出名，还是因为人们在它周围第一次发现了环绕恒星的物质盘。这个物质盘的直径是我们太阳系的好几倍，而且那里有行星正在形成。其中一颗行星已经被我们拍到了，叫作北落师门b，它每1700年才绕恒星公转一圈。南鱼座中其他的恒星都相对较暗，也没有什么值得看的深空天体。

主要数据

面积排名： 60

最亮星： 北落师门（南鱼座 α） 1.2等，南鱼座 ε 4.2等

所有格： Piscis Austrini

缩写： PsA

晚上10点上中天的月份：
9~10月

星图 3

完全可见区域：
53° N~90° S

主要恒星

北落师门 南鱼座 α
蓝白色主序星
 1.2等 ⟷ 25光年

羽林军八 南鱼座 ε
蓝色主序星
☀ 4.2等 ⟷ 744光年

深空天体

北落师门周围的碎屑盘
形成行星的物质环带

HCG 90（希克森致密群90）
致密星系群

△ HCG 90（希克森致密群90）
　　这3个星系是HCG 90的一部分。HCG 90是一个拥有16个星系成员的致密星系群，距离我们1.1亿光年。这3个星系中有2个是椭圆星系，第三个是有很多尘埃的旋涡星系。这个旋涡星系已经被离它最近的椭圆星系扭曲了，而且还会继续被那两个椭圆星系拉扯、分解，然后被它们吞噬。最终这三个星系很可能将融合成一个巨大的星系。

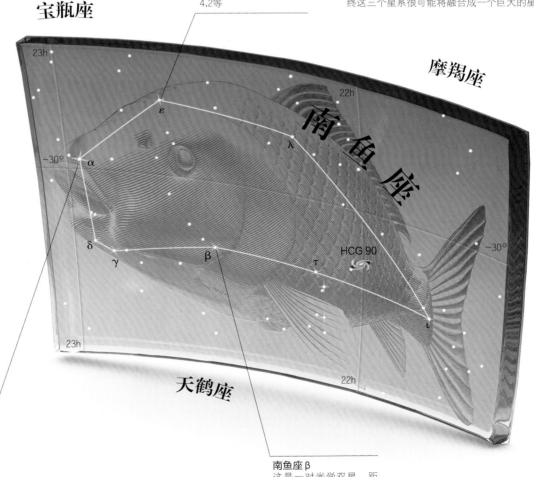

宝瓶座

摩羯座

南鱼座

天鹤座

南鱼座 ε
这颗星位于鱼背上，是一颗蓝色的主序星。它距离地球744光年，亮度4.2等。

北落师门（南鱼座 α）
这颗明亮的恒星距离地球只有25光年，它是一颗蓝白色主序星，周围有一圈碎屑盘和一颗绕它公转的行星

南鱼座 β
这是一对光学双星，距离我们135光年，两颗子星亮度分别是4.3等和7.7等

天鹤座 GRUS
夜空中的仙鹤

天鹤座是在16世纪末才被创立的，它最显著的特征是从仙鹤的喙一直延伸到尾巴的那一串恒星。

天鹤座是荷兰航海家凯泽和豪特曼创立的，他们在1595年远征东印度的时候观测南半球的天空，回到荷兰后把他们的发现告诉了地图绘制师普朗修斯，然后普朗修斯便根据这些观测记录创立了12个新的星座，这些星座一直沿用至今（这12个星座除了天鹤座，还有天燕座、蝘蜓座、剑鱼座、水蛇座、印第安座、苍蝇座、孔雀座、凤凰座、南三角座、杜鹃座和飞鱼座）。

天鹤座中那一长串恒星穿过仙鹤的脖子和身体，可以继续向南延长，一直到杜鹃座的小麦哲伦云。仙鹤脖子中的天鹤座 δ 是肉眼可见的双星，包含两颗巨星：一颗4.0等的黄巨星，距离我们150光年远；以及一颗4.1等的红巨星，距离我们420光年远。其他值得关注的天体还有星系NGC 7424和行星状星云IC 5148，后者也叫"备胎星云"。

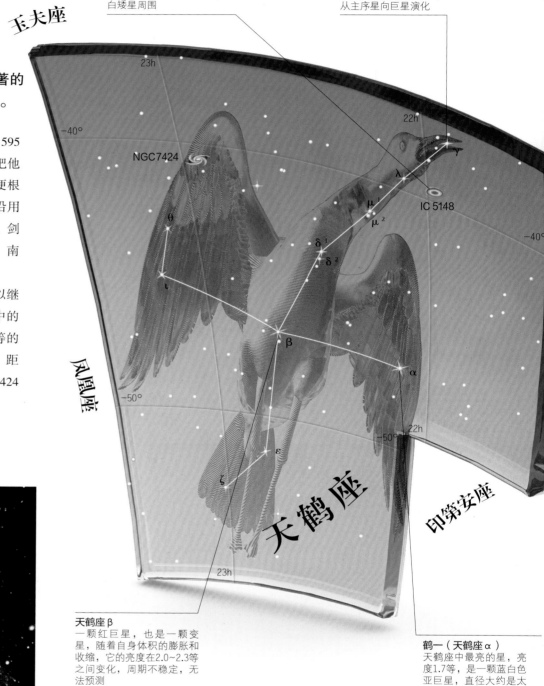

IC 5148
也叫备胎星云，是一个距离我们3000光年远的行星状星云。在小望远镜中，它是一个环状的光斑，围绕在一颗白矮星周围

天鹤座 γ
一颗蓝白色亚巨星，直径是太阳的4倍；它正在从主序星向巨星演化

玉夫座

凤凰座

天鹤座

印第安座

天鹤座 β
一颗红巨星，也是一颗变星，随着自身体积的膨胀和收缩，它的亮度在2.0~2.3等之间变化，周期不稳定，无法预测

鹤一（天鹤座 α）
天鹤座中最亮的星，亮度1.7等，是一颗蓝白色亚巨星，直径大约是太阳的3.5倍

◁ **NGC 7424**
这个星系和银河系大小差不多，直径大约10万光年，距离我们3700万光年。它被分类为中间星系——介于旋涡星系和棒旋星系之间的一类星系。它松散的旋臂中主要是年轻的恒星，让旋臂呈现出蓝色；因为中间的环状结构多数是年老的恒星，所以呈现出淡橙色。

天鹤座中的星星原来是**南鱼座的一部分**，直到16世纪末才被划分出来

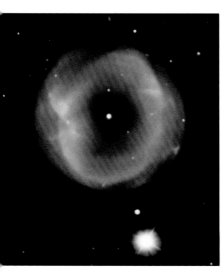

△IC 5148
　　一颗死亡的恒星抛射出幽灵般的气体壳层，形似一只汽车轮胎，因此它也叫作备胎星云。气体壳层的直径有好几光年，从中心的白矮星（行星状星云中间明亮的白色天体，是原来恒星的遗迹）向外加速扩张。

显微镜座
MICROSCOPIUM

天上的显微镜

　　显微镜座是一个又小又暗的南天星座，它是在18世纪中叶被添加到天上的。显微镜座的图案是由几颗不明显的星星大致组成的一个矩形。

　　显微镜座是法国天文学家拉卡耶创立的14个星座之一。它位于摩羯座南边，夹在两个更显眼的星座——南鱼座和人马座之间。显微镜座中没有什么有趣的天体，既没有亮星，也没有什么深空天体；星座中的星系太暗了，用天文爱好者级别的望远镜观测也无能为力。显微镜座中有几颗变星，其中显微镜座 θ 是最亮的一颗，然而它的亮度变化很难察觉，只有0.1个星等。

主要数据

面积排名：66
最亮星：显微镜座 γ 4.7等，显微镜座 ε 4.7等
所有格：Microscopii
缩写：Mic
晚上10点上中天的月份：8~9月
完全可见区域：62° N~90° S

星图 4

主要恒星

显微镜座 α
黄巨星
☀ 4.9等　　◀▶ 380光年

离瑜增一 显微镜座 γ
黄巨星
☀ 4.7等　　◀▶ 230光年

离瑜二 显微镜座 ε
蓝白色亚巨星
☀ 4.7等　　◀▶ 180光年

深空天体

ESO 286-19
两个碰撞的星系

显微镜座AU周围的碎屑盘
一颗年轻恒星周围轨道上的尘埃物质

显微镜座 γ
一颗黄巨星，大小是太阳的10倍，质量是太阳的2.5倍，亮度4.7等

摩羯座

南鱼座

人马座

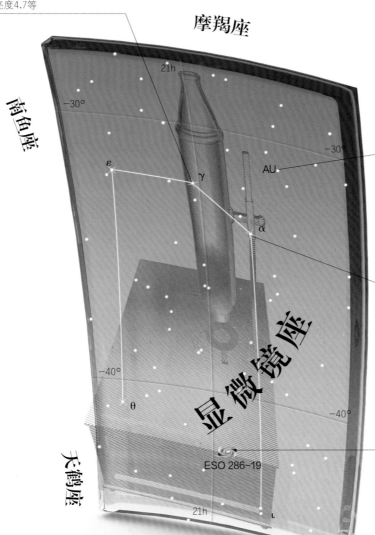

21h

−30°

−30°

−40°

−40°

ε

γ

AU

α

θ

ι

显微镜座

显微镜座AU
暗弱的红矮星，距离32光年。它的周围环绕着一圈尘埃环，那里的物质有可能形成行星

显微镜座 α
一颗黄巨星，直径是太阳的16倍，光度是太阳的160倍。它和一颗10等星组成一对光学双星

ESO 286-19

21h

ESO 286-19
600光年外的一个不寻常的天体。它包含两个原本是盘状的星系，现在正处于碰撞的过程中

主要数据

面积排名：45
最亮星：鹤一（天鹤座 α）1.7等，天鹤座 β 2.0~2.3等
所有格：Gruis
缩写：Gru
晚上10点上中天的月份：9~10月
完全可见区域：33° N~90° S

星图 3

主要恒星

鹤一 天鹤座 α
蓝白色亚巨星
☀ 1.7等　　◀▶ 101光年

鹤二 天鹤座 β
变星、红巨星
☀ 2.0~2.3等　　◀▶ 177光年

败臼一 天鹤座 γ
蓝白色亚巨星
☀ 3.0等　　◀▶ 210光年

深空天体

NGC 7424
中间旋涡星系

IC 5148（备胎星云）
行星状星云

玉夫座 雕塑家
SCULPTOR

　　玉夫座不亮也不出众，但是很容易找到，因为它就位于南鱼座最亮星北落师门的东边。玉夫座中有几个有趣的星系。

　　玉夫座是法国天文学家拉卡耶在1754年创立的。最早这个星座被命名为"雕刻家的工作室"，描绘的是一个大理石头像、一个木槌和一个凿子摆放在桌子上的形象。但是玉夫座的几颗星星组成的形状却更容易让人联想到牧羊人的曲柄手杖。玉夫座只有一些4等以及更暗的恒星，它们都没有英文名字。在玉夫座中，有一个玉夫座星系群，包含十几个星系，是离本星系群最近的星系群之一。NGC 253位于星系群的中间，由德裔英国天文学家卡罗琳·赫歇尔在1783年发现。附近还有一个球状星团NGC 288，由她的哥哥威廉·赫歇尔在1785年发现。

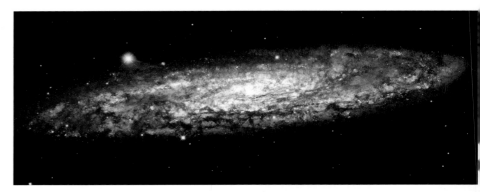

△NGC 253
　　这个旋涡星系是玉夫座星系群中最大最亮的成员。它距离我们1100万光年，亮度7.5等。在双筒望远镜中是一个模糊的椭圆形。由于它正在快速地产生新的恒星，所以被归类为星暴星系。

▷NGC 300
　　这个旋涡星系很难区分它的核心和弥散的旋臂。它距离我们仅有600光年，可能位于银河系和玉夫座星系团之间。

主要数据

面积排名：36

最亮星：玉夫座α 4.3等，玉夫座β 4.4等

所有格：Sculptoris

缩写：Scl

晚上10点上中天的月份：10~11月

完全可见区域：50° N~90° S

星图 3

主要恒星

玉夫座α
蓝白色巨星
☀ 4.3等　⟷ 776光年

火鸟一　玉夫座β
蓝白色亚巨星
☀ 4.4等　⟷ 174光年

深空天体

NGC 55
不规则星系

NGC 253
玉夫座星系群中的旋涡星系

NGC 288
球状星团

NGC 300
旋涡星系

NGC 7793
玉夫座星系群中的旋涡星系

ESO 350-40（车轮星系）
旋涡星系和环状星系的合体

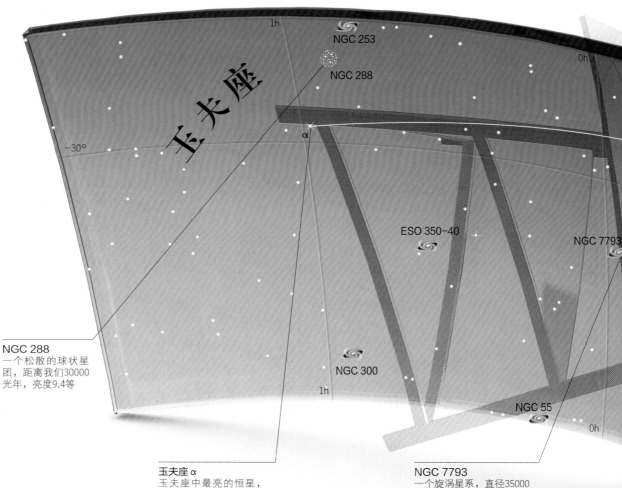

NGC 288
一个松散的球状星团，距离我们30000光年，亮度9.4等

玉夫座α
玉夫座中最亮的恒星，是一颗776光年外的蓝白色巨星。它的直径是太阳的7倍，光度是太阳的1700倍

NGC 7793
一个旋涡星系，直径35000光年，距离我们1300万光年。它是玉夫座星系群中最亮的成员之一

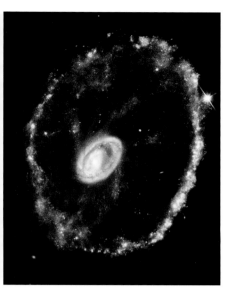

△ESO 350-40
这个星系距离我们5亿光年，直径15万光年。它车轮形的外观来源于一场剧烈的星系碰撞——当一个小星系从一个大的旋涡星系中间穿过，产生的冲击波就会将周围的气体和尘埃清扫出去。这个过程还会触发外围蓝色环中数十亿颗恒星的诞生。

雕具座 CAELUM
雕刻师的凿子

雕具座很小，也很不明显。星座的图案就是由两颗星星连起来，代表一只雕刻师的凿子。

雕具座是南天最小的星座之一，位于波江座和天鸽座之间。它是法国天文学家拉卡耶在1754年创立的14个星座之一。雕具座这么小，离银盘又远，这意味着它里面没有什么深空天体，恒星聊胜于无，其中只有雕具座α、雕具座β和雕具座γ亮度高于5等。

主要数据

面积排名：81
最亮星：雕具座α　4.5等，雕具座β　5.0等
所有格：Caeli
缩写：Cae
晚上10点上中天的月份：12~次年1月
完全可见区域：41°N~90°S

星图 6

主要恒星

雕具座α
白色主序星、双星
☀ 4.5等　⟷ 66光年

雕具座β
白色亚巨星
☀ 5.0等　⟷ 93光年

深空天体

类星体HE0450-2958
类星体，也被归类于赛弗特星系

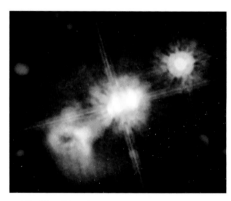

△类星体HE0450-2958
这个类星体位于星座北边，它极其不寻常，因为它所在的星系被类星体耀眼的光芒掩盖，很难直接看到。这张照片是由红外图像和可见光图像合成的，其中红外图像由欧洲南方天文台的甚大望远镜拍摄，而可见光图像则由哈勃空间望远镜拍摄。

宝瓶座

南鱼座

天鸽座

波江座

雕具座

绘架座

时钟座

HE0450-2958

雕具座γ
一颗4.6等的橙巨星，位于雕具座西边的边界处。用小望远镜可以看出它是一颗双星，有一颗8.1等的伴星

雕具座β
一颗白色的恒星，正在从主序星向巨星演化，距离我们93光年，亮度为5.0等

玉夫座β
这颗4.4等的蓝白色亚巨星，通常被归类为年老的亚巨星，但它也有可能是一颗很年轻的矮星

雕具座α
这颗白色恒星只有4.5等，却是雕具座中最亮的星。它有一颗暗得多的红矮星伴星，用大望远镜可以看到

天炉座 FORNAX
化学家的熔炉

天炉座位于鲸鱼座的南边，其中3颗星连起来组成一个大开口的V字形。这个星座因天炉座星系团而出名，那是我们所看到的宇宙的最深处之一。

天炉座原来叫"化学熔炉座"，代表的是化学家的炉子。它是法国天文学家拉卡耶在1751–1752年间观测南天之后命名的14个星座之一。天炉座星系团就在这里，它包含很多星系，距离我们6200万光年。其中一些较亮的成员用爱好者的设备就能看到。星座中最亮的是椭圆星系NGC 1316（也叫天炉座A），也是天空中最强的射电源之一。棒旋星系NGC 1365是星系团中最大的旋涡星系。天炉座北部的一小片天区被哈勃空间望远镜特别地拍摄过，即著名的哈勃极深场，其中包含了10000多个星系，是人类见过的宇宙中最深邃的地方。

△ NGC 1097

这个巨大的赛弗特星系，亮度10.3等，是天空中最亮的棒旋星系之一。它正在和它上面的一个小椭圆星系NGC 1097A相互作用。这不是第一个被NGC 1097影响的小星系，它曾在几十亿年前吞噬过一个矮星系。

△ NGC 1350

这个旋涡星系内部区域的旋臂形成了一个完整的环，像太空中一只巨大的眼睛。外围旋臂中的蓝色意味着恒星在那里诞生。透过外围的部分还能看到其他的星系。NGC 1350距离我们8500万光年，直径13万光年。

主要数据

面积排名：41

最亮星：天炉座α 3.9等，天炉座β 4.5等

所有格：Fornacis

缩写：For

晚上10点上中天的月份：11~12月

完全可见区域：50° N~90° S

星图 3

主要恒星

天炉座α
双星
☼ 3.9等 ⟷ 46光年

天炉座β
黄巨星
☼ 4.5等 ⟷ 169光年

深空天体

NGC 1097
棒旋星系，也被分类为赛弗特星系

NGC 1316（天炉座A）
射电源、椭圆星系

NGC 1350
旋涡星系

NGC 1365
棒旋星系

NGC 1398
棒旋星系

IC 335
透镜状星系

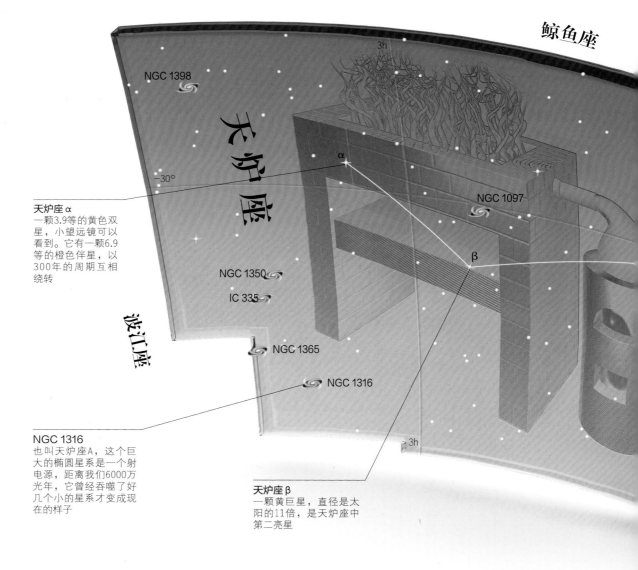

鲸鱼座

天炉座

波江座

NGC 1398

3h

α

NGC 1097

天炉座α
一颗3.9等的黄色双星，小望远镜可以看到。它有一颗6.9等的橙色伴星，以300年的周期互相绕转

–30°

NGC 1350

IC 335

β

NGC 1365

NGC 1316

NGC 1316
也叫天炉座A，这个巨大的椭圆星系是一个射电源，距离我们6000万光年，它曾经吞噬了好几个小的星系才变成现在的样子

天炉座β
一颗黄巨星，直径是太阳的11倍，是天炉座中第二亮星

3h

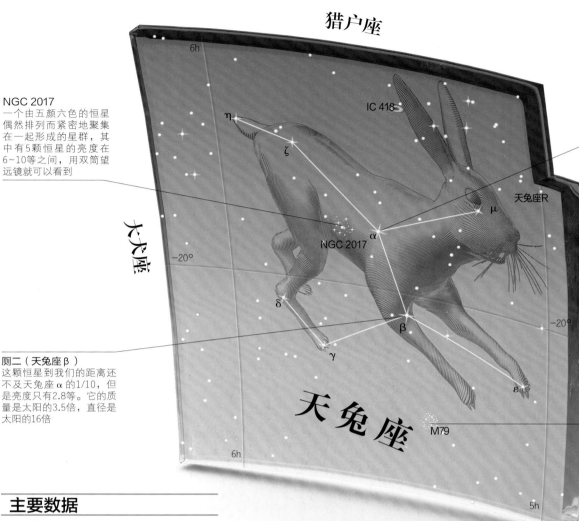

猎户座

NGC 2017
一个由五颜六色的恒星偶然排列而紧密地聚集在一起形成的星群,其中有5颗恒星的亮度在6~10等之间,用双筒望远镜就可以看到

大犬座

厕一(天兔座α)
这是天兔座中最亮的星,亮度2.6等,质量是太阳的14倍,直径是太阳的129倍,光度是太阳的32000倍

IC 418

天兔座R

波江座

厕二(天兔座β)
这颗恒星到我们的距离还不及天兔座α的1/10,但是亮度只有2.8等。它的质量是太阳的3.5倍,直径是太阳的16倍

天 兔 座

M79

M79
这个暗弱的球状星团包含15万颗恒星,其中大多数是红巨星。它的年龄超过110亿岁,距离我们41000光年远

主要数据

面积排名:51

最亮星:厕一(天兔座α)2.6等,厕二(天兔座β)2.8等

所有格:Leporis

缩写:Lep

晚上10点上中天的月份:
1月

完全可见区域:
62° N~90° S

星图 6

主要恒星

厕一　天兔座α
白色超巨星
☀ 2.6等　⬌ 2130光年

厕二　天兔座β
黄巨星
☀ 2.8等　⬌ 160光年

屏二　天兔座ε
橙巨星
☀ 3.2等　⬌ 213光年

深空天体

M79
球状星团,即NGC 1904

NGC 2017
聚星

IC 418(滚筒仪星云)
行星状星云

大犬座

天兔座 [LEPUS]
天上的野兔

　　天兔座的轮廓是一个蝴蝶领结的形状,就位于最容易找到的星座——猎户座的下面。星座中的恒星,包括一些变星、聚星,是天兔座最大的看点。

　　在希腊神话中,这只野兔在莱罗斯(Leros)岛上迅速繁殖、泛滥成灾,毁坏庄稼,造成了饥荒,于是就被升上了天空成为星座。这个星座是一个永久的警示,告诉人们饲养过多野兔的危害。天兔座位于猎户座的南边,好像正在逃脱猎户的两只猎犬的追捕。天兔座α是星座中最亮的星,它的英文名Arneb就来自于阿拉伯语中"野兔"一词。天兔座α是地球上可见的光度最大的恒星之一,然而它太遥远了,所以亮度看起来一般般,只有2.6等。天兔座R是一颗脉动的红巨星,也是一颗刍藁型变星,亮度以430天为周期在5.5~12等之间变化。这颗星也叫作"欣德深红星",这是英国天文学家欣德(John Russell Hind)在1845年观测它之后命名的。

大犬座 CANIS MAJOR
猎户的大猎犬

作为一个古老的星座，大犬座代表的是猎户的两只猎狗中较大的那只。大犬座中的天狼星，是全天最亮的恒星。

大犬座位于它的主人猎户座的脚跟旁，附近（麒麟座北边）还有一个小一些的星座——小犬座。大犬座在希腊神话中是一条叫作莱拉普斯（Laelaps）的猎犬，它非常敏捷，任何猎物都无法从它身旁逃脱。大犬座中的主角是天狼星，虽然它只是一颗普通的恒星，但是光芒却盖过了全天所有的恒星，这是因为它离我们很近。虽然说全天第二亮星老人星是一颗光度超强的蓝白色巨星，但是它离我们太远了，如果把老人星放到天狼星的位置，光芒就会远远盖过天狼星。由于银河从这里穿过，大犬座中有几个值得注意的深空天体，包括星团M41和NGC 2362，肉眼可以直接看到它们。

天狼星是全天**最亮的恒星**。它的亮度大约是第二亮星——船底座的**老人星**——的**两倍**

◁ NGC 2359
这是一幅NGC 2359的放大照片，它的宽度超过30光年，距离我们12000光年。从中心的恒星吹出的星风，将星云塑造成了气泡形。更广角一些的照片还显示出星云两边像手臂一样伸出一块区域，就像是一个头盔上面生出了翅膀，所以这个星云也叫作"雷神的头盔"。

NGC 2360
位于银盘中的疏散星团，亮度7.2等，双筒望远镜可见，用小望远镜则可以分辨出单独的恒星

天狼星（大犬座α）
一颗蓝白色主序星，也是一颗双星。它的伴星天狼星B是一颗暗弱的白矮星，绕转周期50年

麒麟座

船尾座

大犬座

大兔座

NGC2359

NGC 2360

军市一

NGC 2207/IC 2163

NGC 2362

NGC 2217

弧矢二

弧矢一（大犬座δ）
一颗黄白色超巨星，直径是太阳的200倍，光度是太阳的好几千倍

弧矢七（大犬座ε）
大犬座第二亮星，一颗蓝白色巨星，直径是太阳的10倍

主要数据

面积排名：43
最亮星：天狼星（大犬座 α）
-1.5等，弧矢七（大犬座 ε）
1.5等
所有格：Canis Majoris
缩写：CMa
晚上10点上中天的月份：
1~2月
完全可见区域：56° N~90° S

星图 6

主要恒星

天狼星 大犬座 α
蓝白色主序星、双星
☀ -1.5等 ⟷ 8.6光年

军市一 大犬座 β
蓝巨星
☀ 2.0等 ⟷ 492光年

弧矢一 大犬座 δ
黄白色超巨星
☀ 1.8等 ⟷ 1605光年

弧矢七 大犬座 ε
蓝白色巨星
☀ 1.5等 ⟷ 405光年

弧矢二 大犬座 η
蓝白色超巨星
☀ 2.5等 ⟷ 1985光年

深空天体

M41
疏散星团

NGC 2207 / IC 2163
两个相互作用星系

NGC 2217
棒旋星系

NGC 2359（雷神的头盔）
发射星云

NGC 2362
以大犬座 τ 为中心的疏散星团

△NGC 2207和IC 2163
　　这两个相互作用星系，外形像一个巨大的面具。NGC 2207大一些，它的引力扭曲了IC 2163，把恒星和气体甩出了至少10万光年。它们两个会继续靠近，最后在几十亿年之后形成一个巨大的星系。

天鸽座 [COLUMBA]
夜空中的鸽子

　　天鸽座是一个暗弱的星座，位于天兔座的南边，16世纪才被创立。在这之前，这群星星不曾属于任何一个星座。

　　1592年，荷兰天文学家普朗修斯创立了天鸽座，它最早叫作"诺亚的鸽子"，指的便是圣经故事中，方舟上的诺亚派出去寻找干陆地的鸽子。星座中，鸽子的身体是天鸽座 β，鸽子的头是黄橙色巨星天鸽座 η；最亮的星——丈人一的英文名Phact来自于阿拉伯语，意思是"抓住的鸽子"。天鸽座 μ 是一颗快速移动的5等星，它是从猎户座星云区域被驱逐出来的。天鸽座中最著名的深空天体是球状星团NGC 1851，从双筒望远镜中看是一个暗弱的光斑。

主要数据

面积排名：54
最亮星：丈人一（天鸽座 α）
2.7等，子二（天鸽座 β）
3.1等
所有格：Columbae
缩写：Col
晚上10点上中天的月份：
1月
完全可见区域：46° N~90° S

星图 6

主要恒星

丈人一 天鸽座 α
蓝白色亚巨星
☀ 2.7等 ⟷ 261光年

子二 天鸽座 β
黄巨星
☀ 3.1等 ⟷ 87光年

深空天体

NGC 1792
旋涡星系

NGC 1808
棒旋星系，也是赛弗特星系

NGC 1851
球状星团

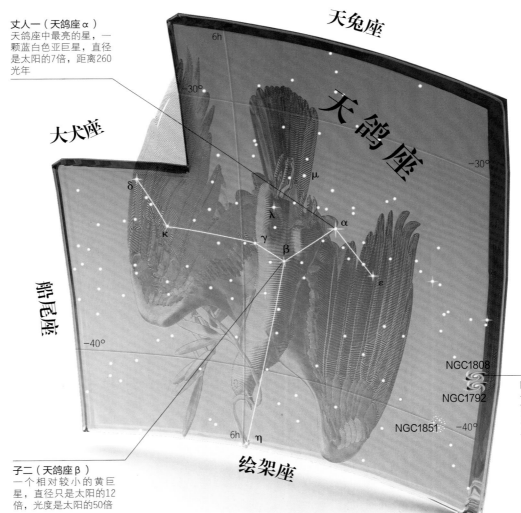

丈人一（天鸽座 α）
天鸽座中最亮的星，一颗蓝白色亚巨星，直径是太阳的7倍，距离260光年

子二（天鸽座 β）
一个相对较小的黄巨星，直径只是太阳的12倍，光度是太阳的50倍

NGC 1808
一个棒旋星系，距离4000万光年，星系中有大量的恒星正在形成

光度

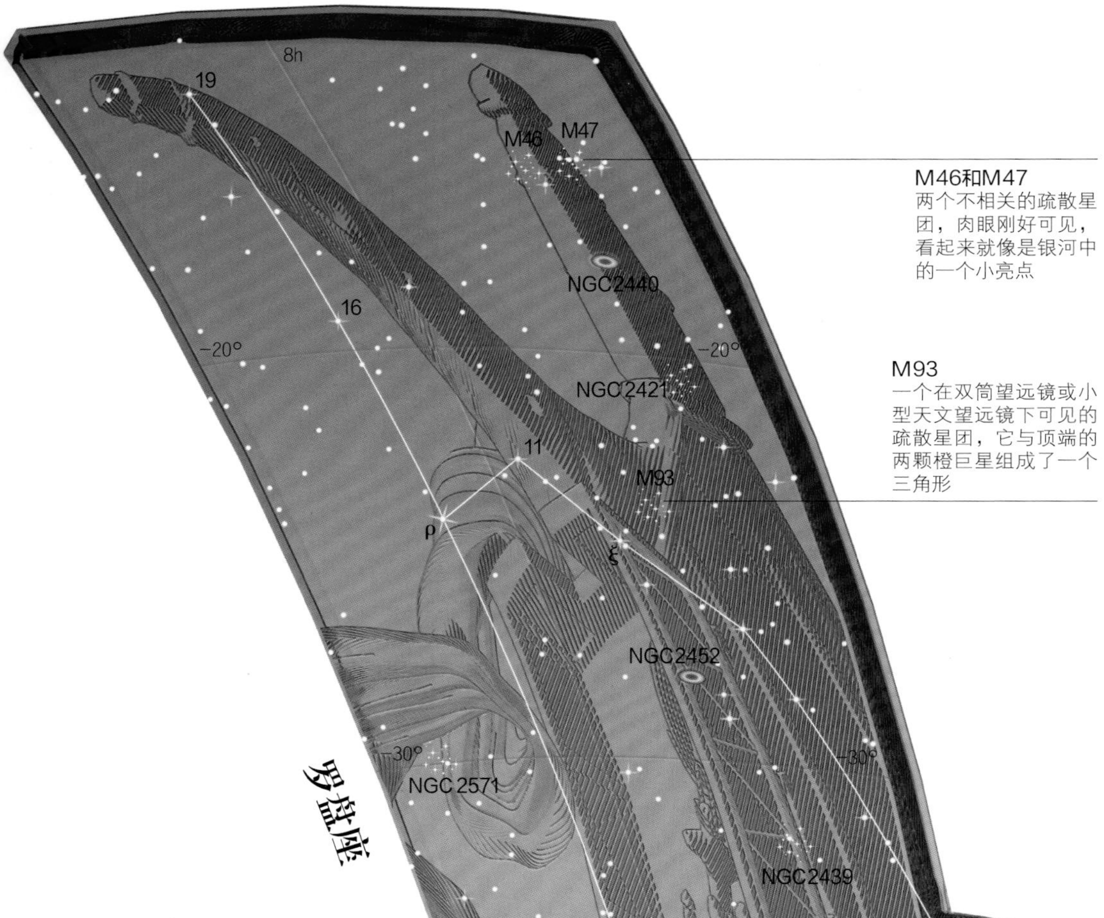

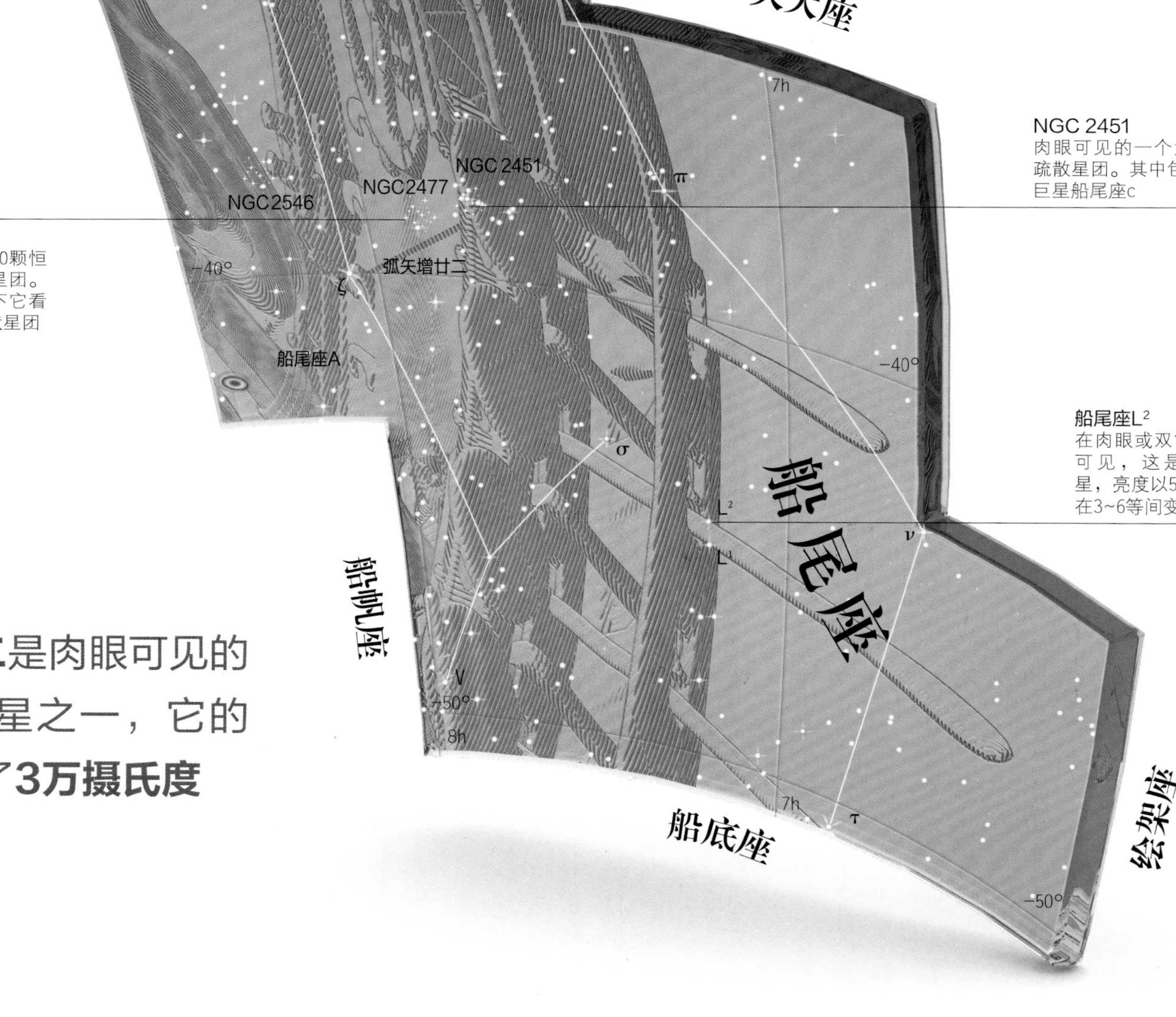

M46和M47
两个不相关的疏散星团，肉眼刚好可见，看起来就像是银河中的一个小亮点

M93
一个在双筒望远镜或小型天文望远镜下可见的疏散星团，它与顶端的两颗橙巨星组成了一个三角形

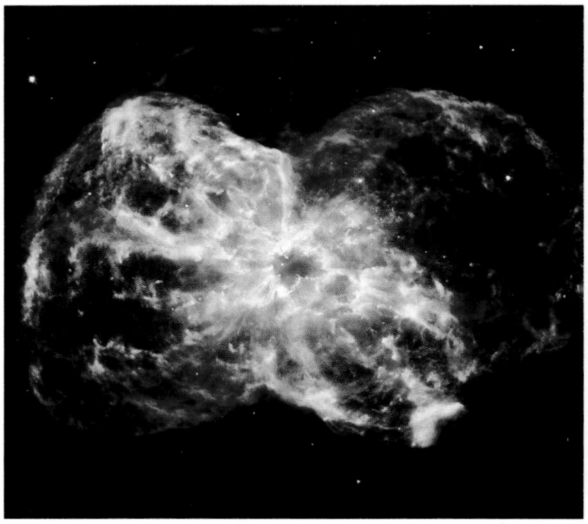

△ NGC 2440
这个行星状星云的中央恒星是已知最热的恒星之一，表面温度大约20万摄氏度。过去从恒星中喷出的气体形成了翅膀状的形态，并被恒星的紫外线点亮。在这张哈勃空间望远镜拍摄的伪彩色图像中，周边气体壳中的氦元素用蓝色表示，氧元素用蓝绿色表示，氢和氮则用红色表示。

NGC 2451
肉眼可见的一个大而分散的疏散星团。其中包括了4等橙巨星船尾座c

NGC 2477
一个包含了2000颗恒星的富集疏散星团。在双筒望远镜下它看起来像一个球状星团

船尾座L²
在肉眼或双筒望远镜下可见，这是一颗红巨星，亮度以5个月为周期在3~6等间变化

大犬座

船帆座

船尾座

船底座

绘架座

弧矢增廿二是肉眼可见的**温度最高**的恒星之一，它的表面温度超过了**3万摄氏度**

船尾座 π
太阳的4395倍

弧矢增廿二
太阳的12555倍

船尾座 阿尔戈巨船之尾
PUPPIS

作为紧邻大犬座的一个重要的南天星座，船尾座原本属于古希腊人所熟知的一个大得多的星座——南船座。船尾座内有几个用双筒望远镜和小型天文望远镜即可看到的星团。

在古希腊神话中，伊阿宋和他的船员乘坐着阿尔戈号巨船远航去寻找金羊毛，船尾座所代表的就是这艘巨船的船尾。

早期的希腊天文学家将南船座看成一整个大的星座，但到了18世纪50年代，它被法国天文学家拉卡耶分成了3个星座。除了船尾座，另外两个分别是船的龙骨——船底座，船的巨帆——船帆座；船尾座是这3个星座中最大的一个。然而南船座的最亮星分别位于船底座和船帆座内，所以船尾座的最亮星——弧矢增廿二就不得不屈居后位，只是一颗2等星。这颗恒星的英文名称叫Naos，也是取自于希腊语中的"船"。

船尾座的北部有两个重要的星团，就好像银河流经此处时出现了一块明亮的光斑。M47是两个星团中较近且大的一个，距离我们大约1500光年。它旁边的M46，其距离大约是M47的3倍多，因此很难看到这个星团内单独的恒星。在船尾座的最南边，有一个更加丰富而明亮的星团——NGC 2477。

主要数据

面积排名：20
最亮星：弧矢增廿二（船尾座 ζ） 2.2等，船尾座 π 2.7等
所有格：Puppis
缩写：Pup
晚上10点上中天的月份：1~2月
完全可见区域：39° N~90° S

星图6

主要恒星

弧矢增廿二 船尾座 ζ
蓝白色超巨星
☀ 2.2等 ⟷ 1080光年

弧矢九 船尾座 π
橙色超巨星
☀ 2.7等 ⟷ 800光年

弧矢增卅二 船尾座 ρ
白巨星
☀ 2.8等 ⟷ 64光年

老人增一 船尾座 τ
黄橙巨星
☀ 2.9等 ⟷ 182光年

深空天体

M46
疏散星团

M47
疏散星团

M93
疏散星团

NGC 2440
行星状星云

NGC 2451
疏散星团

NGC 2452
行星状星云

NGC 2477
疏散星团

船尾射电源A
超新星遗迹

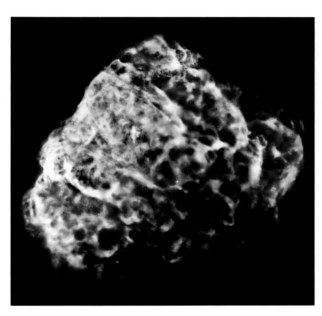

◁ 船尾座A
这张照片展示的是X射线波段下的船尾座A。这是一个大约在3700年前爆发的超新星的遗迹。它距离我们大约有7000光年，这个距离是旁边船帆座中一个更大的超新星遗迹的8倍。

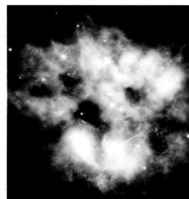

◁ NGC 2452
在哈勃空间望远镜所拍摄的这张照片中，蓝色的薄雾是一颗恒星外层的残骸，它在恒星生命结束时飘离到太空中，形成了一个行星状星云。在星云的中间，就是形成这个星云的前身天体。

▷ **恒星距离**
构成船尾座星座图案的恒星中，距离地球最近的一颗是64光年外的船尾座 ρ；最远的一颗是2000光年外的船尾座 ξ，比前者远了大约30倍。弧矢增廿二是船尾座中最亮的恒星，同时也是最远的恒星之一，它距离地球大约1080光年。

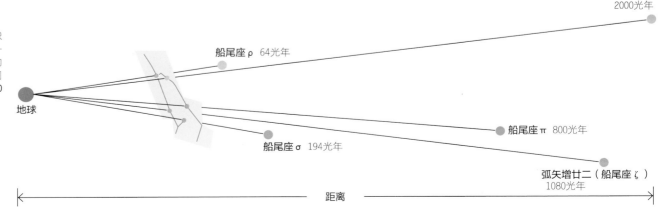

船尾座 ξ
2000光年

船尾座 ρ 64光年

地球

船尾座 σ 194光年

船尾座 π 800光年

弧矢增廿二（船尾座 ζ）
1080光年

距离

主要数据

面积排名：65

最亮星：罗盘座 α 3.7 等，罗盘座 β 4.0等

所有格：Pyxidis

缩写：Pyx

晚上10点上中天的月份：2~3月

完全可见区域：52° N~90° S

星图6

主要恒星

天狗五　罗盘座 α
蓝白巨星
☀ 3.7等　⟷　879光年

天狗四　罗盘座 β
黄巨星
☀ 4.0等　⟷　416光年

天狗六　罗盘座 γ
橙巨星
☀ 4.0等　⟷　207光年

深空天体

NGC 2818
行星状星云

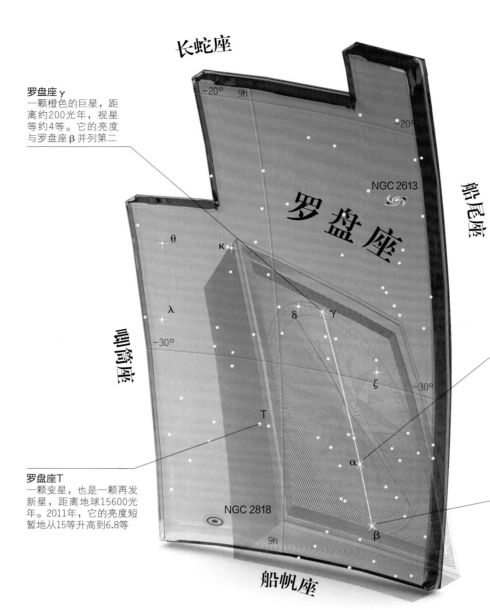

罗盘座 γ
一颗橙色的巨星，距离约200光年，视星等约4等。它的亮度与罗盘座 β 并列第二

罗盘座 α
罗盘座的最亮星。它的大小是太阳的6倍，质量是太阳的10倍，光度是太阳的10000倍

罗盘座 β
一颗黄色巨星。它到地球的距离是罗盘座 γ 的两倍，大小是罗盘座 γ 的7倍，所以它们二者在夜空中看起来几乎一样亮

罗盘座T
一颗变星，也是一颗再发新星，距离地球15600光年。2011年，它的亮度短暂地从15等升高到6.8等

罗盘座 PYXIS
天上的指南针

　　罗盘座是位于银河边缘的一个小星座，它的图案是排成一列的3颗星。"罗盘"的原意是磁铁做的指南针，18世纪50年代被采纳为南天星座之一。

　　罗盘座是由法国天文学家拉卡耶提出的。他在1750年向南航行到达南非的开普敦，在那里设立了一个天文台，对南天的恒星进行整理分类，并将其中一部分组成了14个新的星座。罗盘是船员常用的工具，并且罗盘座恰好与船尾座相邻。

　　星座内的深空天体如棒旋星系NGC 2613，只能通过较大的业余望远镜观测到，所以星系中比较值得关注的是其中的几颗恒星。罗盘座T是变星，由两颗星组成，其中一颗白矮星正在从它较大的伴星身上吸引物质到自己表面，造成这颗白矮星不可预见性地爆发、亮度急剧增加。从1966年以来，它的第一次也是最后一次爆发在2011年。

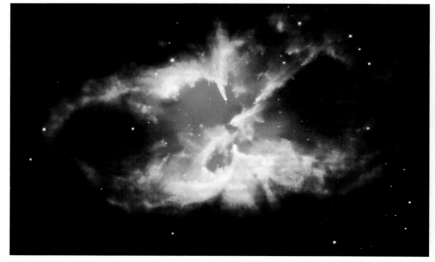

△NGC 2818
　　这个行星状星云距离地球超过10000光年，是一颗处在死亡过程中的恒星。这颗恒星曾经和太阳相似；在衰老时，它的外层被推向四周，而中间留下来的主要遗迹是位于星云中心的一颗白矮星。上图中红色代表氮，绿色代表氢，蓝色代表氧。

唧筒座 `ANTLIA`
天上的大气泵

唧筒座是个暗淡的星座，却包含了一个有趣的星系团。然而，对于一般的观测者来说，只有用大望远镜来看它才会有收获，不然会失望的。

唧筒座是由法国天文学家拉卡耶提出的。他在南非的桌山附近的天文台进行了一系列观测，认出并记录下了唧筒座的一些亮星。回到法国后，他发布了观测记录的星表以及一幅南天星图，其中就包括了他新提出的唧筒座和另外13个星座。在他的星图上，这个星座的名字叫Antlia Pneumatica，意思是一个真空气泵。

唧筒座是个不起眼的星座，其中甚至没有一颗恒星拥有中文名，星团和星云也都不知名。但是星座中有个唧筒座星系团，是离我们第三近的星系团。此外，唧筒座 ζ 是一对光学双星，由两颗6等星组成，用双筒望远镜即可辨认出来。

△IC 2560
在这张哈勃空间望远镜拍下的照片里，我们可以看到旋涡星系IC 2560有个亮度极高的核。这是因为大量的过热气体从星系的中央黑洞区域抛射出来。IC 2560是唧筒座星系团的一员，这个星系团拥有大约250个星系。

主要数据

面积排名:	62
最亮星:	唧筒座 α 4.3等，罗盘座 ε 4.5等
所有格:	Antliae
缩写:	Ant
晚上10点上中天的月份:	3~4月
完全可见区域:	49° N~90° S

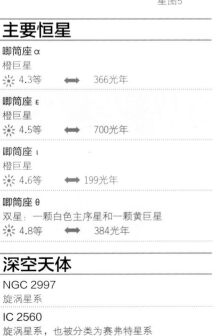

星图5

主要恒星

唧筒座 α
橙巨星
☀ 4.3等 ⟷ 366光年

唧筒座 ε
橙巨星
☀ 4.5等 ⟷ 700光年

唧筒座 ι
橙巨星
☀ 4.6等 ⟷ 199光年

唧筒座 θ
双星：一颗白色主序星和一颗黄巨星
☀ 4.8等 ⟷ 384光年

深空天体

NGC 2997
旋涡星系

IC 2560
旋涡星系，也被分类为赛弗特星系

NGC 2997
一个正对着我们的旋涡星系，距离我们大概5500万光年远。它有两个明显的旋臂，用大型望远镜可以看到

IC 2560
亮度13.3等，距离我们1.1亿光年远。IC 2560以及唧筒座星系团的其他星系可以用较大的业余望远镜观测到

唧筒座 α
唧筒座的最亮星，是一颗橙巨星。它拥有的质量比两倍的太阳多一点，但体积却是太阳的45倍

长蛇座

罗盘座

唧筒座

船帆座

光度

船帆座ψ
太阳的11倍

船帆座δ
太阳的90倍

船帆座κ
太阳的2760倍

船帆座 阿尔戈巨船之帆

VELA

船帆座是南天的一个主要星座，在古希腊时期它曾经是更大的星座"南船座"的一部分。船帆座位于银河中一片密集的区域，其中还包含了一颗大约11000年前爆发的超新星遗迹。

船帆座代表的是古希腊神话中，由伊阿宋和其他英雄所建造并乘坐的"阿尔戈号"巨船的船帆。在古希腊时期，天上的这艘巨船被认为是一个很大的星座，叫"南船座"，后来在18世纪50年代，法国天文学家拉卡耶将它分成了3块小星座。除了船帆座，另外两个是船的龙骨——船底座，和船的尾部——船尾座。船帆座里面有好几个非常明显的星团，比如IC 2391——一个包含了大概50颗恒星的星团，而且肉眼可见。船帆座δ、船帆座κ和船底座ε、船底座ι这4颗星在一起组成了一个十字形，称作"赝十字"，因为它很容易与真正的南十字混淆。船帆座中最值得一提的是船帆座超新星遗迹，它离我们800光年远，是离地球最近的超新星遗迹之一。在它的中心附近，有一颗快速自转的船帆座脉冲星，那是在史前时期爆发的超新星所遗存下来的核。

主要数据

面积排名： 32

最亮星： 船帆座γ 1.8等，
船帆座δ 2.0~2.4等

所有格： Velorum

缩写： Vel

晚上10点上中天的月份：
2~4月

完全可见区域：
32° N~90° S

星图2

主要恒星

天社一　船帆座γ
从地球上看最明亮的沃尔夫-拉叶星
☀ 1.8等　⟷ 1100光年

天社三　船帆座δ
食双星
☀ 2.0~2.4等　⟷ 80光年

天社五　船帆座κ
蓝白色亚巨星或主序星
☀ 2.5等　⟷ 570光年

天记　船帆座λ
橙色超巨星
☀ 2.2等　⟷ 545光年

深空天体

IC 2391
疏散星团

NGC 2736（铅笔星云）
船帆座超新星遗迹的一部分

NGC 3132（双环星云）
行星状星云，也叫南指环星云

NGC 3228
疏散星团

船帆座超新星遗迹
中央是一颗脉冲星的超新星遗迹

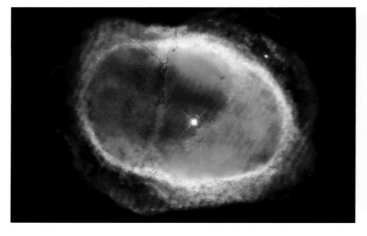

△双环星云

行星状星云NGC 3132，形状像数字"8"一样，两个环接在一起，所以大家更多地称它为"双环星云"。星云中心发出的紫外线将周围的气体加热，在图中用蓝色表示。

▷铅笔星云

这张铅笔星云的照片由哈勃望远镜拍下。铅笔星云是船帆座超新星遗迹的一部分——超新星爆发产生的激波突然撞进星际气体中密度较大的区域，并将气体压缩，就形成了这种发光条带一样的形状。

△船帆座超新星遗迹

这张广域照片展示了一片丝带状的气体，这就是大约11000年前的一场超新星爆发的遗迹。它位于船帆座γ和船帆座λ之间，延伸出的宽度能达到16个满月直径左右。

船帆座脉冲星旋转的速度超过每秒11转，
比直升机旋翼的转速还快

船帆座 λ
太阳的3115倍

船帆座 φ
太阳的8100倍

船帆座 γ
太阳的20380倍

NGC 3132
行星状星云，用小型望
远镜观测时看起来就像
一颗模糊的星星，大小
和木星差不多

船帆座 λ
船帆座的第三亮星，亮度
为2.2等。船帆座超新星遗
迹就弥漫在这颗星和船帆
座 γ 之间

罗盘座

船帆座 γ
相距较远的双星，亮
度分别是2等和4等。
用小型望远镜或好一
些的双筒望远镜观测
就能将这对双星区分开

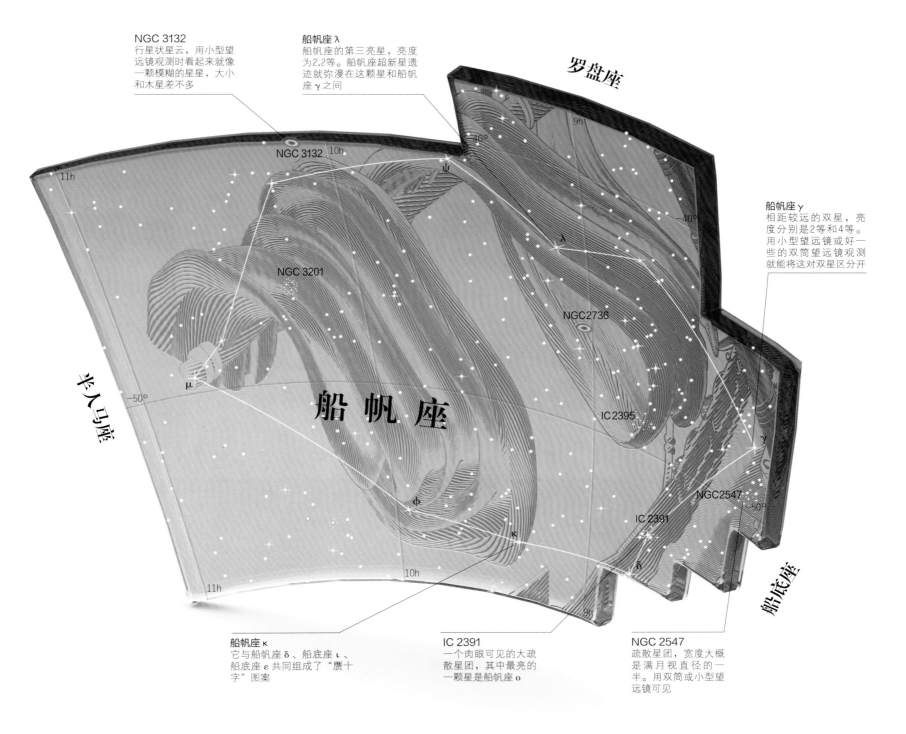

NGC 3132

NGC 3201

半人马座

NGC2736

船 帆 座

IC 2395

NGC2547

船底座

IC 2391

船帆座 κ
它与船帆座 δ、船底座 ι、
船底座 ε 共同组成了"赝十
字"图案

IC 2391
一个肉眼可见的大疏
散星团，其中最亮的
一颗星是船帆座 o

NGC 2547
疏散星团，宽度大概
是满月视直径的一
半。用双筒或小型望
远镜可见

▷ **恒星距离**
　　组成船帆座图案的主要恒星里，离我们
最近的是船帆座 ψ，只有61光年远；最远的
船帆座 φ，则距我们有大约1590光年远。尽
管船帆座 γ 离我们有1100光年远，但它仍然
是组成船帆座图案的最亮星。它同时还是光
度最强的一颗恒星，放出的能量相当于20300
个太阳。

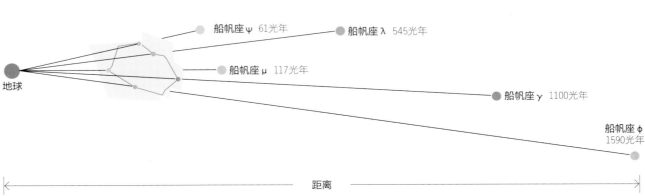

船帆座 ψ　61光年

船帆座 λ　545光年

船帆座 μ　117光年

地球

船帆座 γ　1100光年

船帆座 φ
1590光年

距离

南船五
太阳的225倍

船底座 θ
太阳的1360倍

船底座 ε
太阳的5405倍

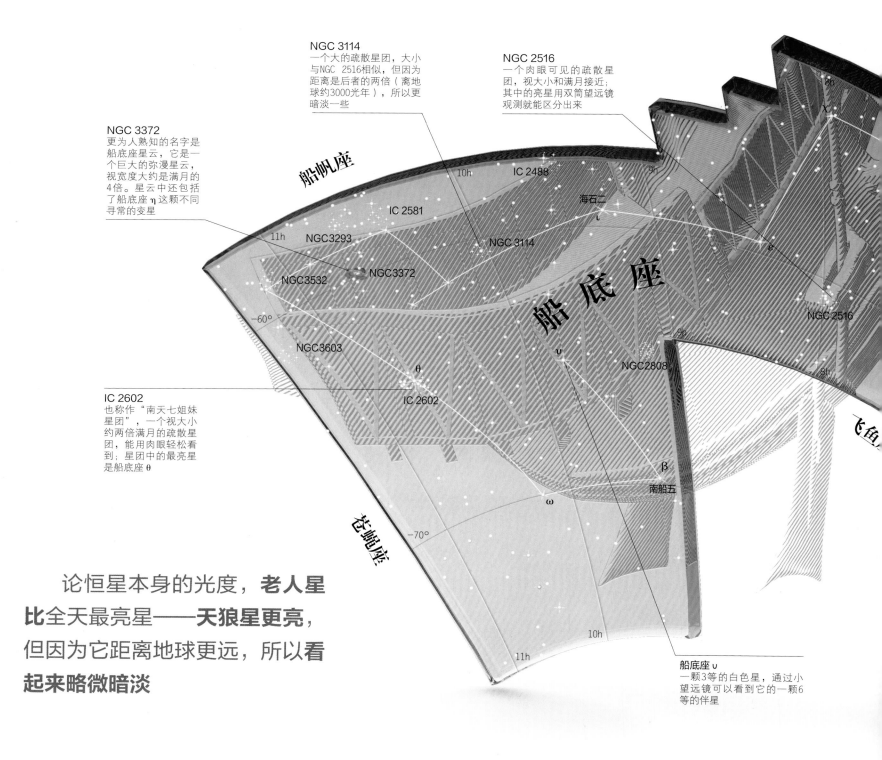

NGC 3114
一个大的疏散星团，大小
与NGC 2516相似，但因为
距离是后者的两倍（离地
球约3000光年），所以更
暗淡一些

NGC 2516
一个肉眼可见的疏散星
团，视大小和满月接近；
其中的亮星用双筒望远镜
观测就能区分出来

NGC 3372
更为人熟知的名字是
船底座星云，它是一
个巨大的弥漫星云，
视宽度大约是满月的
4倍。星云中还包括
了船底座 η 这颗不同
寻常的变星

IC 2602
也称作"南天七姐妹
星团"，一个视大小
约两倍满月的疏散星
团，能用肉眼轻松看
到；星团中的最亮星
是船底座 θ

船底座 υ
一颗3等的白色星，通过小
望远镜可以看到它的一颗6
等的伴星

论恒星本身的光度，**老人星
比**全天最亮星——**天狼星更亮**，
但因为它距离地球更远，所以**看
起来略微暗淡**

▷ 恒星距离
组成船底座图案的主要恒星，距离地
球在113~1400光年范围内。船底座的两颗
最亮星——老人星（船底座α）和南船五
（船底座β），也是星座中离地球最近的
两颗星。距离地球最远的星是船底座υ，
几乎是第二远的船底座ι的两倍。

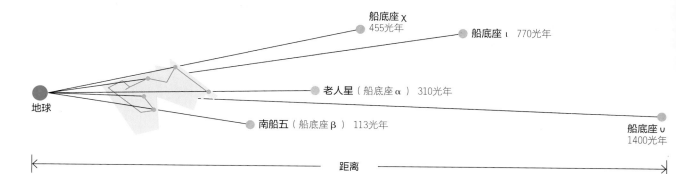

船底座 χ   455光年
船底座 ι   770光年
老人星（船底座α） 310光年
地球
南船五（船底座β） 113光年
船底座 υ
1400光年
距离

海石二	老人星	海山二（船底座 η）
太阳的6270倍	太阳的13855倍	超过太阳的500万倍

船底座 CARINA
阿尔戈巨船的龙骨

作为一个明亮的南天星座，船底座拥有全天第二亮星——老人星，以及银河里面一段密集的区域。

船底座代表的是希腊神话中阿尔戈号巨船的龙骨或船壳。在古希腊时期，阿尔戈号巨船是一个完整的星座，叫"南船座"；后来在18世纪，它被法国天文学家拉卡耶分成了3个星座——船底座、船帆座、船尾座。南船座中最亮的两颗星，老人星和南船五，被划分到了船底座中。

船底座 η 是目前人类所知的最不同寻常的恒星之一。虽然它现在的亮度仅仅是刚好能被肉眼看到，但在1843年，它的亮度曾经一度飙升到比老人星还亮。它现在被认定是一对大质量的双星，被它自身剧烈爆发过后抛出的尘埃所遮挡住了。船底座 η 位于船底座星云（见第204~205页）中，这片星云比猎户座星云更大更亮。船底座 ε、船底座 ι、船帆座 δ、船帆座 κ 4颗星在一起组成了一个十字形，和人们熟知的真正的南十字形态相近，所以被称作"赝十字"。

船尾座

7h

α
老人星

-60°

绘架座

主要数据

面积排名： 34
最亮星： 老人星（船底座 α）-0.7等，南船五（船底座 β）1.7等
所有格： Carinae
缩写： Car
晚上10点上中天的月份： 1~4月
完全可见区域： 14° N~90° S

星图2

主要恒星

老人星 船底座 α
白巨星
☀ -0.7等 ⟺ 310光年

南船五 船底座 β
蓝白巨星
☀ 1.7等 ⟺ 113光年

海石一 船底座 ε
橙巨星
☀ 2.0等 ⟺ 600光年

南船三 船底座 θ
蓝白色主序星
☀ 2.8等 ⟺ 455光年

海石二 船底座 ι
白色超巨星
☀ 2.3等 ⟺ 770光年

海石五 船底座 υ
白色超巨星
☀ 3.0等 ⟺ 1400光年

深空天体

NGC 2516
疏散星团

NGC 3114
疏散星团

NGC 3372（船底座星云）
亮弥漫星云

NGC 3532
疏散星团

IC 2602（南天七姐妹星团）
疏散星团

△NGC 3603
这幅由可见光和红外波段合成的图像展示了大质量星团NGC 3603周围的气体的巨大空腔。这个空腔是由星团中年轻的热恒星的紫外辐射和恒星风造成的。

◁船底座 η 和钥匙孔星云
船底座 η 双星（图片中部偏左）周围有一片明亮的区域。这是由船底座 η 在1843年的爆发中抛出的气体物质发光而形成的。船底座 η 正好处在船底座星云的"钥匙孔"（船底座 η 周围延伸出来的较为暗淡的区域）中。

船底座的尘埃云

船底座星云里的尘埃云就像幻境一般，它是一片孕育着恒星的分子云，延展到超过300光年宽的空间中。这张伪彩色照片展现出了丰富的细节，大致范围只有15光年宽，是整个尘埃云的一小部分。这种犹如幻境一般的形状，是由于大质量恒星产生的星风和紫外辐射在较冷的气体云上"蚀刻"而形成的。尽管整体来说气体云比地球大气还稀薄，但大块的气体和尘埃结节还是由于太厚而变成了不透明的样子。图片右边较暗的柱状物由较冷的氢和尘埃组成，长度超过2光年，并且尚未出现消退的迹象。在它们之中，新的恒星正在逐渐成型。这张图片由哈勃空间望远镜所拍摄，并且是两组观测结果的合成图——第一组来自于2005年，拍摄的是氢原子发光；第

苍蝇座 夜空中的苍蝇
MUSCA

苍蝇座是南天紧接着南十字座南边的一个小星座。苍蝇座的恒星都相对比较亮，但在银河的背景下仍然不太容易辨别出来。

寻找苍蝇座的最好方法，是首先找到南十字座的4颗亮星，然后向南便能找到苍蝇座。苍蝇座是天空中唯一以昆虫命名的星座，沿着星座内的几颗亮星便可以描绘出一只苍蝇的形象。这个星座最早由荷兰航海家凯泽和豪特曼在16世纪90年代提出，那时候星座的名字叫"Apis"，意思是"蜜蜂座"；到了18世纪50年代，却改名叫苍蝇座。

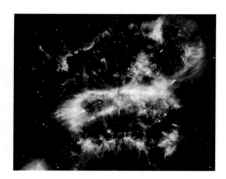

◁NGC 5189
NGC 5189是一个行星状星云，有时候也被称作"旋涡行星状星云"。行星状星云通常是恒星死亡后形成白矮星时，向外抛出物质所形成的遗迹。然而不同寻常的是，NGC 5189却有两颗中央恒星：一颗是白矮星，另一颗是沃尔夫-拉叶星。这两颗星的同时存在，才解释了这枚行星状星云周围气体的复杂结构。

NGC 4833
球状星团，距离我们21500光年远，亮度7.8等。它在双筒望远镜里，看上去就是一个模糊的斑点

半人马座

南十字座

NGC 5189

MyCN 18

β
80°
ε
μ
λ
α
−70°
NGC 4833
苍蝇座
δ
γ
−70°

船底座

13h
12h
13h
12h

主要数据
面积排名：77
最亮星：苍蝇座 α 2.7 等，苍蝇座 β 3.1等
所有格：Muscae
缩写：Mus
晚上10点上中天的月份：4~5月
完全可见区域：14° N~90° S

星图2

苍蝇座 α
一颗正在向巨星演化的蓝白色亚巨星，距我们315光年远。它是一颗造父变星，每2.2小时就脉动一次

圆规座 CIRCINUS
天上的圆规

圆规座是全天最小的星座之一，几乎是挤进半人马座和南三角座的缝隙中的。寻找它的最好方法是先找到半人马座的南门二这颗亮星。

圆规座是由法国天文学家拉卡耶在18世纪50年代引进的。星座的图案由3颗较暗的恒星连成一个三角形，代表的是绘图员和航海家所使用的圆规。圆规座中有个圆规座星系，是离我们最近的赛弗特星系之一；另外值得一提的是超新星遗迹RCW 86，这颗超新星爆发于公元185年，被当时的中国天文学家记录了下来。

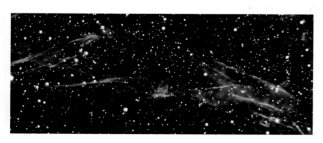

◁RCW 86
这片色彩绚丽的气体和尘埃带是一个大致呈圆形的超新星遗迹RCW 86的一部分。它是由一颗白矮星吸积了相邻恒星的物质后剧烈爆炸而产生的遗迹。

豺狼座

15h
γ
β
−60°
圆规座
−60°

RCW 86

南三角座

半人马座

α
圆规座星系

NGC 5315

苍蝇座

15h
14h
−70°

主要数据
面积排名：85
最亮星：圆规座 α 3.2 等，圆规座 β 4.1等
所有格：Circini
缩写：Cir
晚上10点上中天的月份：5~6月
完全可见区域：19° N~90° S

星图2

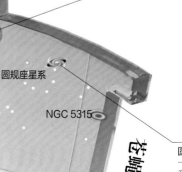

圆规座 α
一颗白色主序星，离我们54光年远。通过小望远镜，还可以看到它的一颗只有8.6等的橙矮星伴星

圆规座星系
一个小的旋涡星系，离我们1300万光年远。它的中央是一个活动的超大质量黑洞

南三角座 TRIANGULUM AUSTRALE
南天的三角形

　　南三角座是一个小星座，其图案就是3颗亮星连接起来的三角形，很容易辨认出来。南三角座还穿过了银河的一片恒星密集的区域。

　　在半人马座的东南边，南三角座的3颗亮星很容易识别出来。我们不太清楚是谁首先提出了这个星座，但是知道它最早被记载在德国天文学家拜尔于1603年出版的星图《测天图》中。尽管它从银河中穿过，但对于业余天文爱好者而言却乏善可陈，只有星团NGC 6025值得一提。

◁ESO 69-6
　　这一对星系叫作ESO 69-6，组成它的两个星系之间有着相互作用，并且各自有一条长尾巴从自身分出去。两条长尾巴主要是从星系外围分离出去的恒星和气体所形成的。它们距离地球大约6.5亿光年。

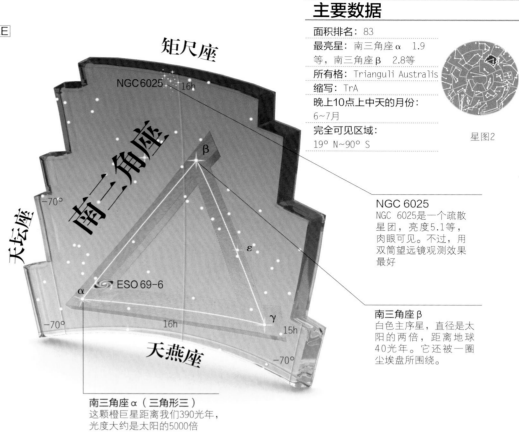

矩尺座

NGC 6025

天坛座

南三角座

天燕座

NGC 6025
NGC 6025是一个疏散星团，亮度5.1等，肉眼可见。不过，用双筒望远镜观测效果最好

南三角座β
白色主序星，直径是太阳的两倍，距离地球40光年。它还被一圈尘埃盘所围绕。

南三角座α（三角形三）
这颗橙巨星距离我们390光年，光度大约是太阳的5000倍

主要数据

面积排名：83
最亮星：南三角座α　1.9等，南三角座β　2.8等
所有格：Trianguli Australis
缩写：TrA
晚上10点上中天的月份：6~7月
完全可见区域：19° N~90° S

望远镜座 TELESCOPIUM
天空中的望远镜

　　这是一个暗淡而不知名的南天星座，于18世纪50年代被提出。望远镜座位于两个很容易识别的星座——人马座和南冕座的南边。

　　作为全天最难辨认的星座之一，望远镜座的图案是这个星座的天区里边缘上3颗星组成的一个直角。望远镜座是由法国天文学家拉卡耶提出的，并且"借用"了周围星座的恒星来组成星座图案。然而它如今已经把借用的恒星"归还"给了原来的星座，因而使得望远镜座呈现出现在的样子。

▷ NGC 6861
　　这是一个透镜状星系，盘面略微倾斜着朝向我们。星系盘面上还可以看到一道道暗带，这是由于大片的尘埃粒子云遮挡了后面更远恒星的光芒而形成的。

NGC 6861
透镜状星系，亮度11.1等。它和另外10多个星系在一起共同构成了望远镜座星系群

人马座

南冕座

天坛座

望远镜座

NGC 6861

孔雀座

主要数据

面积排名：57
最亮星：望远镜座α　3.5等，望远镜座ζ　4.1等
所有格：Telescopii
缩写：Tel
晚上10点上中天的月份：7~8月
完全可见区域：33° N~90° S

印第安座 INDUS
印第安人

　　印第安座是16世纪引进的一个南天星座。这个星座代表的是印第安人，但是我们也不知道这个Indian指代的究竟是美洲的土著"印第安人"，还是亚洲的"印度人"。

　　印第安座是由荷兰航海家凯泽和豪特曼在16世纪90年代引进的12个南天星座之一。在星座中，印第安人以拿着一枚长矛和弓箭的形象出现，即星座北方那3颗组成直角的恒星。印第安座的最亮星只有3等，并且也没有什么显著的星团或者星云。星座中值得一提的一颗恒星是印第安座ε，它是亮度4.7等的主序星，距离只有11.2光年远，从而成为距离我们最近的几颗恒星之一。

主要数据

面积排名： 49

最亮星： 印第安座α 3.1等，印第安座β 3.7等

所有格： Indi

缩写： Ind

晚上10点上中天的月份： 8~10月

完全可见区域： 15° N~90° S

星图2

主要恒星

波斯二　印第安座α
橙巨星
☀ 3.1等　⬌ 98光年

孔雀增四　印第安座β
橙巨星
☀ 3.7等　⬌ 610光年

深空天体

NGC 7049
透镜状星系

NGC 7090
旋涡星系

ESO 77-14
一对相互作用星系

▷ **ESO 77-14**
　　两个相似大小的星系，曾经有着平坦的星系盘面，现在因为引力相互作用而变得扭曲。这对星系的中间被一些曾经属于星系内部的物质连接了起来。上方的那个星系边上，有个红色的气体和尘埃组成的短星系臂从星系中拉伸出来，而下方的这个星系则有个较长的偏蓝色的星系臂。

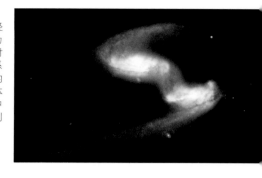

印第安座α
一颗12倍太阳直径的橙巨星，光度大约是太阳的100倍。它的两颗伴星可以用中等大小的望远镜观测到

印第安座β
印第安座中的第二亮星，是一颗3.7等的橙巨星，距离我们600光年

NGC 7090
一个侧面对着我们的旋涡星系，距离地球约3000万光年。它是由英国天文学家约翰·赫歇尔（John Herschel）在1834年发现的

ESO 77-14
一对相距5.5亿光年的星系，因为相互的引力作用而发生扭曲

△**NGC 7090**
　　从地球上向旋涡星系NGC 7090看过去正好可以看到它的侧面，就像图中这样。这里展现出了它的星系盘和凸起的中央核球，其中粉红色的区域是富含氢元素的云气，这里正在孕育新的恒星；较暗的区域则是尘埃的条带。

（星图中标注：21h、22h、-50°、NGC 7049、α、印第安座、望远镜座、天鹤座、δ、θ、η、NGC 7090、ε、β、21h、-60°、-60°、杜鹃座、孔雀座、23h、-70°、-70°、ESO 77-14、印第安座、22h、23h、南极座）

凤凰座 PHOENIX
不死的圣鸟

凤凰座象征着神话中的"不死鸟"。这个不太容易被辨认出的星座于16世纪被引进。它位于玉夫座的南边、杜鹃座的北边。

在神话传说中，不死鸟能存活上百年，临死前它将会在火焰中燃烧，然后一只新的不死鸟从灰烬中涅槃重生。这个星座是被荷兰航海家凯泽和豪特曼所引进的。在星座的图案中，4颗恒星组成的长方形代表鸟的身体，位于其北边的恒星火鸟六构成了鸟喙，两侧的恒星则是鸟张开的翅膀。凤凰座拥有一些有趣的双星，两个已知最大质量的星系团——凤凰座星系团，以及大胖子星系团。

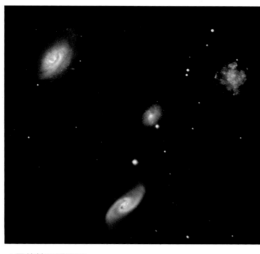

△罗伯特四重星系
这一群的4个星系离我们大约1.6亿光年远，并且它们之间有着相互作用。其中右边的一个是不规则星系，另外3个是旋涡星系。左上方那个最大的旋涡星系已经有一个旋臂被扭曲了。在这个星系中，至少有200个密集的恒星诞生区。位于中间的那个星系在周围有一圈弥散的物质，而下方的那个星系则有两个旋臂。

主要数据

面积排名：37
最亮星：凤凰座 α 2.4等，凤凰座 β 3.3等
所有格：Phoenicis
缩写：Phe
晚上10点上中天的月份：10~11月
完全可见区域：32° N~90° S

星图3

主要恒星

火鸟六　凤凰座 α
橙巨星
☀ 2.4等　⟺ 85光年

火鸟九　凤凰座 β
黄巨星
☀ 3.3等　⟺ 225光年

深空天体

罗伯特四重星系
有相互作用的星系群

大胖子星系团
已知最大的星系团

凤凰座星系团
大质量星系团

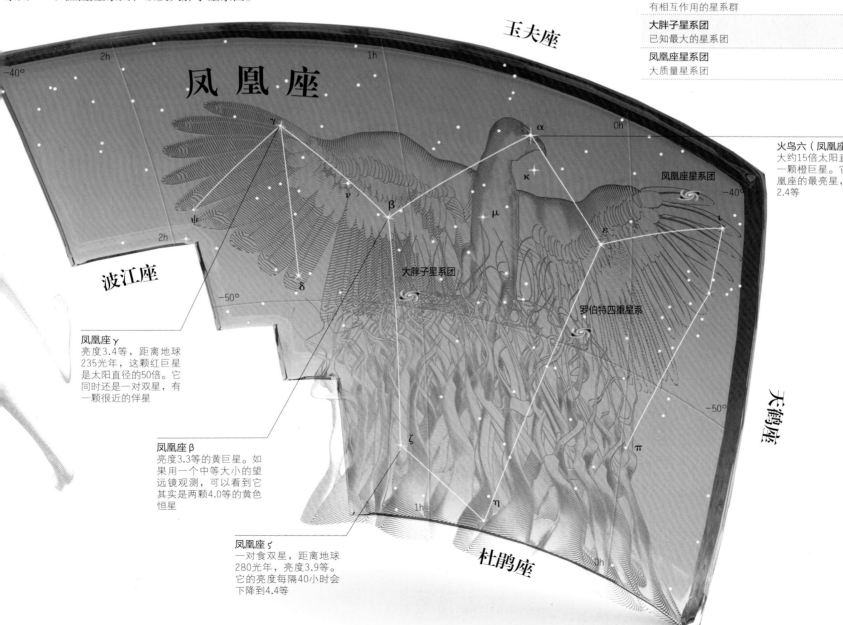

玉夫座

凤凰座

波江座

凤凰座 γ
亮度3.4等，距离地球235光年，这颗红巨星是太阳直径的50倍。它同时还是一对双星，有一颗很近的伴星

凤凰座 β
亮度3.3等的黄巨星。如果用一个中等大小的望远镜观测，可以看到它其实是两颗4.0等的黄色恒星

凤凰座 ζ
一对食双星，距离地球280光年，亮度3.9等。它的亮度每隔40小时会下降到4.4等

大胖子星系团

罗伯特四重星系

天鹤座

火鸟六（凤凰座 α）
大约15倍太阳直径的一颗橙巨星。它是凤凰座的最亮星，亮度2.4等

凤凰座星系团

杜鹃座

光度

剑鱼座 DORADO
天上的鲯鳅

在船底座的亮星老人星附近有一连串星星，这便是剑鱼座。剑鱼座包含了一个令人印象深刻的成员，银河系的邻居星系——大麦哲伦云。

尽管"剑鱼座"这个名字经常让人把图案画成一条剑鱼或金鱼，但实际上它的名字Dorado来源于葡萄牙语的"鲯鳅"一词，即生活在热带水域的一种鱼类。在星座中，鱼的形状是由一串较暗的恒星连在一起画出来的，而且这条鱼正朝向南天极游去。这个南天星座是被荷兰航海家凯泽和豪特曼所引进的。它没有明显的亮星，但是有一个最引人注目的标志——大麦哲伦云（LMC）。大麦哲伦云可以用肉眼看到，但是如果用双筒望远镜观测，还能看到它的多个星团和星云态块状结构的细节。大麦哲伦云是用葡萄牙探险家麦哲伦的名字命名的，因为他早在16世纪20年代就记录了这个星系。蜘蛛星云也是大麦哲伦云的一部分，在这个星系的边缘曾经于1987年爆发过一颗叫1987A的超新星。

因为形状像蜘蛛而得名的**蜘蛛星云**，是唯一一个**银河系外**还能**肉眼可见**的星云

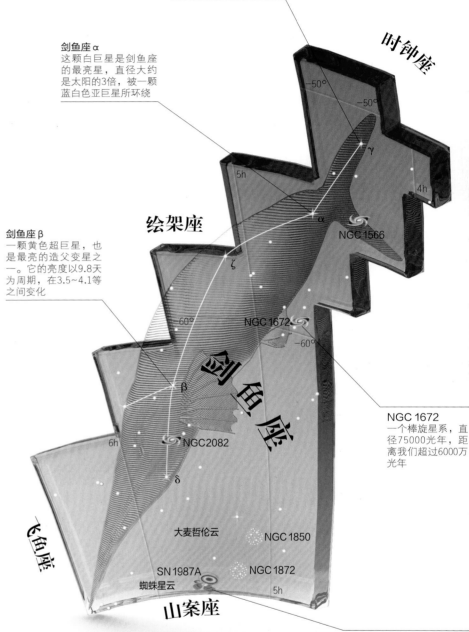

剑鱼座ζ
太阳的2倍

剑鱼座γ
太阳的7倍

剑鱼座γ
一颗脉动变星，它的平均亮度是4.25等，每18小时变化一次，变化幅度不到0.1等

剑鱼座α
这颗白巨星是剑鱼座的最亮星，直径大约是太阳的3倍，被一颗蓝白色亚巨星所环绕

剑鱼座β
一颗黄色超巨星，也是最亮的造父变星之一。它的亮度以9.8天为周期，在3.5~4.1等之间变化

时钟座

绘架座

剑鱼座

NGC 1566

NGC 1672

NGC 2082

δ

NGC 1672
一个棒旋星系，直径75000光年，距离我们超过6000万光年

飞鱼座

大麦哲伦云

NGC 1850

SN 1987A

NGC 1872

蜘蛛星云

山案座

蜘蛛星云
也叫剑鱼座30，是一个大质量的产星星云，直径大约300光年。用肉眼观看时就像一颗模糊的星星

▷ 恒星距离
组成剑鱼座图案的恒星里，离地球最近的是一颗白色主序星——剑鱼座ζ，它离地球大约只有38光年。最远的一颗是黄色超巨星——剑鱼座β，到地球的距离是最近恒星的26倍，即1005光年。

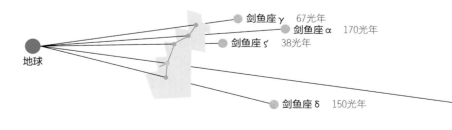

地球

剑鱼座γ   67光年
剑鱼座α   170光年
剑鱼座ζ   38光年

剑鱼座δ   150光年

剑鱼座β
1005光年

距离

剑鱼座 δ
太阳的34倍

剑鱼座 α
太阳的110倍

剑鱼座 β
太阳的2600倍

主要数据

面积排名：72

最亮星：剑鱼座 α 3.3
等，剑鱼座 β 3.8等

所有格：Doradus

缩写：Dor

晚上10点上中天的月份：
12~次年1月

完全可见区域：
20° N~90° S

星图2

主要恒星

金鱼二 剑鱼座 α
白巨星，双星
☀ 3.3等 ⬌ 170光年

金鱼三 剑鱼座 β
黄色超巨星，造父变星
☀ 3.5~4.1等 ⬌ 1005光年

深空天体

NGC 1566
旋涡星系，也是赛弗特星系

NGC 1672
棒旋星系，也是赛弗特星系

NGC 1850
大麦哲伦云中的致密星团

NGC 1929
大麦哲伦云中的星团

NGC 2080（鬼头星云）
大麦哲伦云中的恒星形成区

NGC 2082
棒旋星系

大麦哲伦云
不规则棒旋星系

蜘蛛星云（剑鱼座30）
大麦哲伦云中的恒星形成区

超新星1987A
大麦哲伦云中的超新星

△蜘蛛星云
　　蜘蛛星云是人们已知最大的产星星云之
一，区域里有星团、发光的气体，还有暗尘
埃。在照片里，中部偏左的地方有一颗亮星似
乎在周围较空的区域里闪耀。它实际上是一个
星团，正释放出它绝大多数的能量，让这个星
云变得清晰可见。

◁NGC 1929
　　在NGC 1929星团中，大质量的恒星正在将
物质以极高速抛出，进行着一场超新星爆发。
超新星产生的激波和气体风在N44星云周围的
气体中蚀刻出一个庞大的空洞（即图中的蓝色
区域），称作"超级气泡"。

▷大麦哲伦云
　　银河系的卫星星系，距离我们18万光年
远。它过去被认为是一个不规则星系，现在
发现是一个不规则的棒旋星系。大麦哲伦云里
的那个红色块状结构（中间偏左）就是蜘蛛
星云。

绘架座 PICTOR
画家的画架

绘架座是在18世纪50年代被创立的，星座中都是暗星。它位于船底座的老人星和剑鱼座的大麦哲伦云之间。

绘架座被描绘成一个画家的画架，但是其中的星星连线完全不像一个画架的样子。它是法国天文学家拉卡耶在18世纪50年代观测南天星空之后确定的14个星座之一。虽然绘架座是个不起眼的星座，它里面却有一些有趣的恒星。例如，仔细观察绘架座β，可以发现它周围环绕着能够形成行星的物质盘，这个物质盘向外延伸出日地距离的1000倍以上。在盘的内部已经发现了一颗行星，名叫绘架座βb。它的质量是木星的9倍，距离恒星的距离和土星到太阳的距离差不多。卡普坦星是一颗红矮星，是自行速度第二快的恒星（仅次于蛇夫座的巴纳德星）。

主要数据

面积排名：59
最亮星：绘架座α 3.3等，绘架座β 3.9等
所有格：Pictoris
缩写：Pic
晚上10点上中天的月份：12~次年2月
完全可见区域：23° N~90° S

星图 2

主要恒星

金鱼增一 绘架座α
白色主序星
☀ 3.3等 ⟷ 97光年

老人增四 绘架座β
白色主序星
☀ 3.9等 ⟷ 63光年

绘架座γ
橙巨星
☀ 4.5等 ⟷ 177光年

深空天体

NGC 1705
不规则矮星系，也是星暴星系

绘架座A
射电星系，也是赛弗特星系

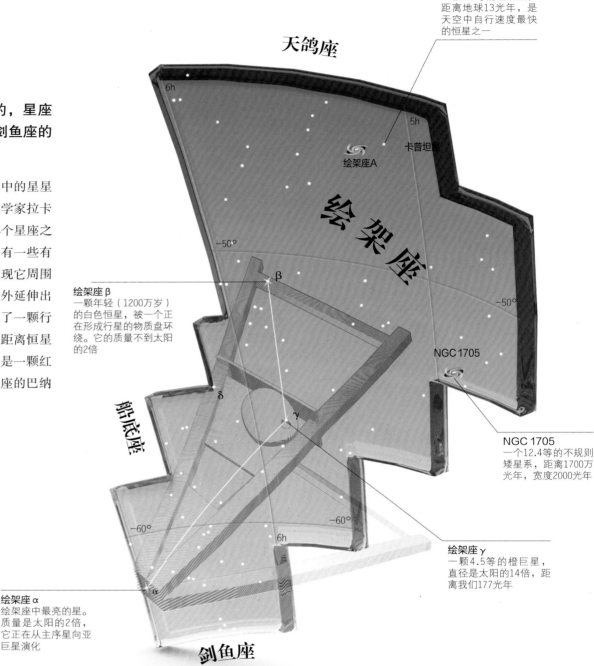

卡普坦星
一颗8.9等的红矮星，距离地球13光年，是天空中自行速度最快的恒星之一

天鸽座
绘架座A
绘架座
绘架座β
一颗年轻（1200万岁）的白色恒星，被一个正在形成行星的物质盘环绕。它的质量不到太阳的2倍
NGC 1705
船底座
NGC 1705
一个12.4等的不规则矮星系，距离1700万光年，宽度2000光年
绘架座γ
一颗4.5等的橙巨星，直径是太阳的14倍，距离我们177光年
绘架座α
绘架座中最亮的星。质量是太阳的2倍，它正在从主序星向亚巨星演化
剑鱼座

▷ 绘架座A
在这个双瓣形的射电星系明亮的中心，有一个超大质量黑洞。当物质围绕黑洞旋转时，能量以剧烈的粒子束形式释放出来，长度达到30万光年。

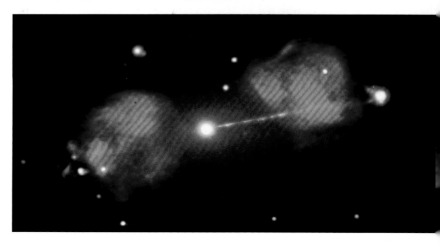

网罟座 RETICULUM
十字丝网

　　网罟座是南天一个暗弱的星座，其中几颗星星组成一个菱形，位于剑鱼座中大麦哲伦云的西北方。

　　这个区域的星星第一次被分到一起是在1621年，德国的天文学家哈布莱希特（Isaac Habrecht）给它起名叫"菱形座"。网罟座这个名字则是18世纪50年代法国天文学家拉卡耶命名的，它代表望远镜的目镜中用来测量恒星位置用的十字丝网。网罟座是最小的星座之一，其中值得看的目标有双星网罟座ζ，以及一些暗弱的星系，包括NGC 1313——一个内部正在形成大量炽热年轻恒星的星暴星系，还有NGC 1559，它是一个距离我们5000万光年的旋涡星系。

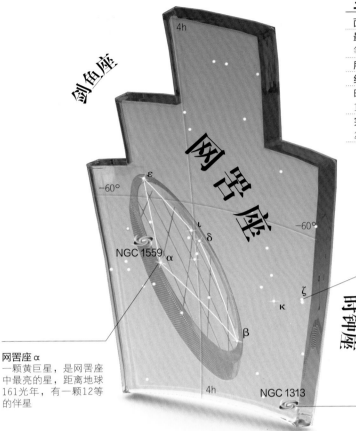

主要数据
面积排名：82
最亮星：网罟座α 3.4等，网罟座β 3.8等
所有格：Reticuli
缩写：Ret
晚上10点上中天的月份：12月
完全可见区域：23° N~90° S

网罟座ζ
一对肉眼可见的双星，距离我们39光年。用双筒望远镜可以看到一对黄色的星星，亮度分别为5.2等和5.9等

网罟座α
一颗黄巨星，是网罟座中最亮的星，距离地球161光年，有一颗12等的伴星

NGC 1313
棒旋星系，直径是银河系的1/3，距离我们1500万光年

飞鱼座 VOLANS
天上的飞鱼

　　飞鱼座是一个不显眼的星座，位于船底座明亮的群星和南天极之间。

　　飞鱼座是荷兰探险家凯泽和豪特曼在16世纪90年代创立的。其中最有趣的天体是星座中的双星，如飞鱼座γ，用小望远镜就可以看到；还有一些星系，只能用大望远镜才能看到。飞鱼座中，NGC 2442的两条旋臂从棒状结构的两端伸出，像一个巨大的S形，因而有个外号叫"肉钩"。它扭曲的形状是和近距离路过的一个小星系相互作用形成的。AM 0644-741以前是一个旋涡星系，现在由于和其他星系的碰撞，已经变成了一个环状星系。

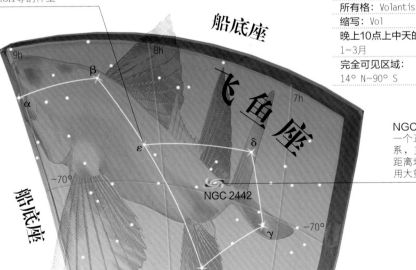

飞鱼座ε
一颗4.4等的蓝白色亚巨星。用小望远镜可以看到一颗8.1等的伴星

主要数据
面积排名：76
最亮星：飞鱼座β 3.8等，飞鱼座γ 3.8等
所有格：Volantis
缩写：Vol
晚上10点上中天的月份：1~3月
完全可见区域：14° N~90° S

NGC 2442
一个正对我们的棒旋星系，直径75000光年，距离地球5000万光年，用大望远镜才能看到

AM 0644-741
一个直径15万光年的环状星系，像一个蓝宝石手链围绕在黄色的核心周围

蝘蜓座 CHAMAELEON
变色龙

蝘蜓座是南天极附近的一个不起眼的小星座，是普朗修斯在16世纪90年代创立的星座之一。

蝘蜓座中的4颗星组成一个暗弱的菱形，位于船底座和南极座中的南天极之间。这个星座没有什么亮星，也没有相关的神话故事。蝘蜓座η是星座中最亮的星，位于一个疏散星团里。蝘蜓座 I 星云是一个产星星云，距离我们大约500光年。

▷ 蝘蜓座 I 星云
这张照片拍摄到了一颗正在形成的恒星。气体从恒星两极喷出，和周围的气体相撞，照亮了附近的区域。

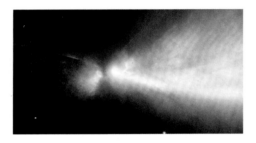

主要数据

面积排名：79

最亮星：蝘蜓座α　4.1等，蝘蜓座γ　4.1等

所有格：Chamaeleontis

缩写：Cha

晚上10点上中天的月份：2～5月

完全可见区域：7° N～90° S

星图 2

蝘蜓座γ
红巨星，亮度4.1等，距离地球417光年，也是一颗不规则变星

船底座

蝘蜓座α
一颗白色主序星，距离地球64光年，直径是太阳的2倍，亮度4.1等

南极座

NGC 3195
一个暗弱的环形行星状星云，亮度11等，要用至少中等大小的望远镜才能看到

天燕座 APUS
天堂之鸟

天燕座是16世纪末引入的12个最靠南的星座之一，它的4颗暗弱的星星连起来描出成一只热带鸟的形象。

天燕座位于一个明显的三角形——南三角座的南边，占据了南天极附近一块没有什么特点的区域。荷兰航海家凯泽和豪特曼在16世纪90年代根据他们在新几内亚见到的一种鸟——极乐鸟，创立了这个星座。敏锐的肉眼或者使用双筒望远镜可以看到星座中最有趣的星——天燕座δ。这是一对并无关联的双星，它的两颗子星都是红巨星，一颗4.7等，另一颗5.3等，距离我们310光年。其他值得看的天体有天燕座θ，是一颗红巨星，亮度在6.4~8.0等之间变化，周期4个月。此外，还有球状星团IC 4499和NGC 6101。

主要数据

面积排名：67

最亮星：天燕座α　3.8等，天燕座β　3.9等

所有格：Apodis

缩写：Aps

晚上10点上中天的月份：5～7月

完全可见区域：7° N～90° S

星图 2

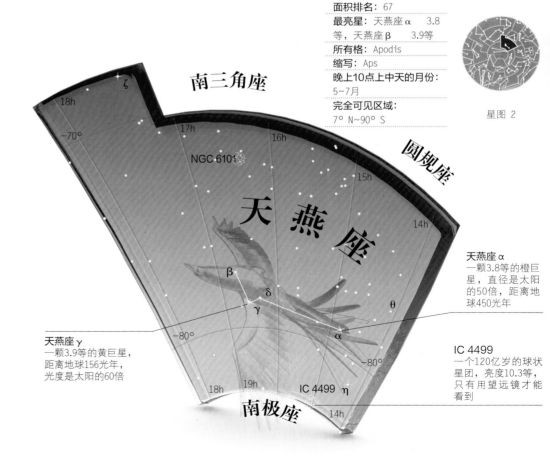

南三角座

圆规座

NGC 6101

天燕座α
一颗3.8等的橙巨星，直径是太阳的50倍，距离地球450光年

天燕座γ
一颗3.9等的黄巨星，距离地球156光年，光度是太阳的60倍

IC 4499
一个120亿岁的球状星团，亮度10.3等，只有用望远镜才能看到

南极座

杜鹃座 TUCANA
巨嘴鸟

　　杜鹃座描绘的是一只巨嘴鸟——有着一张大嘴的热带鸟，它是在16世纪晚期被引入到南方的天空的。杜鹃座的星都不亮，也连不成什么图案，但是在它里面有一些非常重要的天体。

　　杜鹃座位于凤凰座和天鹤座的南边、水蛇座的西边、波江座的亮星水委一的西南边，是荷兰航海家凯泽和豪特曼创立的12个星座之一。荷兰人普朗修斯在1598年第一次描绘了杜鹃座的形象。杜鹃座的星都没有英文名字，也没有相关的神话传说。然而杜鹃座因其中的两个重要天体而闻名：小麦哲伦云（SMC）和杜鹃座47。小麦哲伦云是围绕银河系旋转的两个卫星星系中较小的那个（另一个是位于剑鱼座和山案座边缘的大麦哲伦云）。杜鹃座47（也就是NGC 104）是一个紧密的球状星团，包含几百万颗恒星，是从地球上看过去第二亮的球状星团。

主要数据

面积排名：48
最亮星：杜鹃座 α 2.8 等，杜鹃座 γ 4.0等
所有格：Tucanae
缩写：Tuc
晚上10点上中天的月份：9~11月
完全可见区域：14° N~90° S

星图 2

主要恒星

鸟喙一　杜鹃座 α
橙巨星
☀ 2.8等　⟷ 200光年

深空天体

杜鹃座47
球状星团，即NGC 104

NGC 121
小麦哲伦云中的球状星团

NGC 346
小麦哲伦云中的星团和星云

NGC 362
球状星团

NGC 406
旋涡星系

小麦哲伦云（NGC 292）
围绕银河系旋转的不规则星系

N81
小麦哲伦云中的产星星云

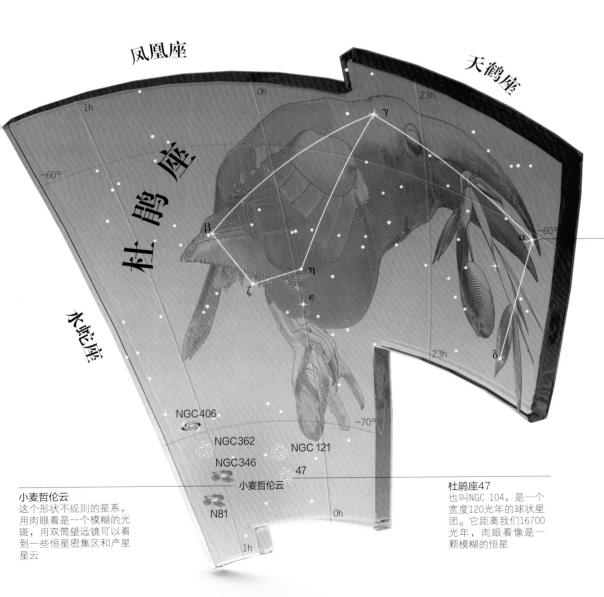

凤凰座　天鹤座　杜鹃座　水蛇座

NGC 406
NGC 362　NGC 121
NGC 346
47
小麦哲伦云
N81

小麦哲伦云
这个形状不规则的星系，用肉眼看是一个模糊的光斑，用双筒望远镜可以看到一些恒星密集区和产星星云

杜鹃座47
也叫NGC 104，是一个宽度120光年的球状星团。它距离我们16700光年，肉眼看像是一颗模糊的恒星

杜鹃座 α
一颗橙巨星，是杜鹃座中最亮的星。它位于鸟喙的最前端，直径是太阳的37倍，光度是太阳的424倍

▽**NGC 346**
这个恒星诞生区包含了2500多颗新生的恒星，位于小麦哲伦云里，中间有一个由几十颗炽热的蓝色恒星组成的星团。恒星释放的能量塑造了周围星云的形象，还有一些尚未点燃核聚变反应的新恒星位于星云中。

孔雀座 开屏的孔雀

PAVO

这个星座代表着一只引人注目的来自印度的孔雀，它最早是在1598年被绘制到一个天球仪上的。这个星座位于银河的边缘，在望远镜座以南、天坛座和印第安座之间。

孔雀座是荷兰航海家凯泽与豪特曼创立的12个星座之一。这两位航海家于16世纪末航行到南半球，并对那里的恒星进行了分类记录，于是便有了现在的孔雀座。孔雀座所在的这片天区十分普通，但它的最亮星——孔雀座α仍能帮助我们轻松确定孔雀座的位置。这颗星标志着孔雀的头部，而且在20世纪30年代末期还被直接命名为"孔雀星"。孔雀座展开的华丽尾羽由一组矩形的恒星勾勒而成。在尾羽中间的是孔雀座κ——一颗黄超巨星，它同时也是天空中最亮的造父变星之一。这颗恒星肉眼可见，它的亮度随着自身的膨胀收缩，以9.1天为周期在3.9~4.8等之间变化。孔雀座内还有一个明亮醒目的球状星团——NGC 6752，也可以用肉眼看见。

主要数据

面积排名：	44
最亮星：	孔雀座α 1.9等
	孔雀座β 3.4等
所有格：	Pavonis
缩写：	Pav
晚上10点上中天的月份：	7~9月
完全可见区域：	15° S~90° S

星图 2

主要恒星

孔雀十 孔雀座α
蓝白巨星
☀ 1.9等 ⬌ 179光年

深空天体

NGC 6744
棒旋星系

NGC 6752
球状星团

NGC 6782
棒旋星系

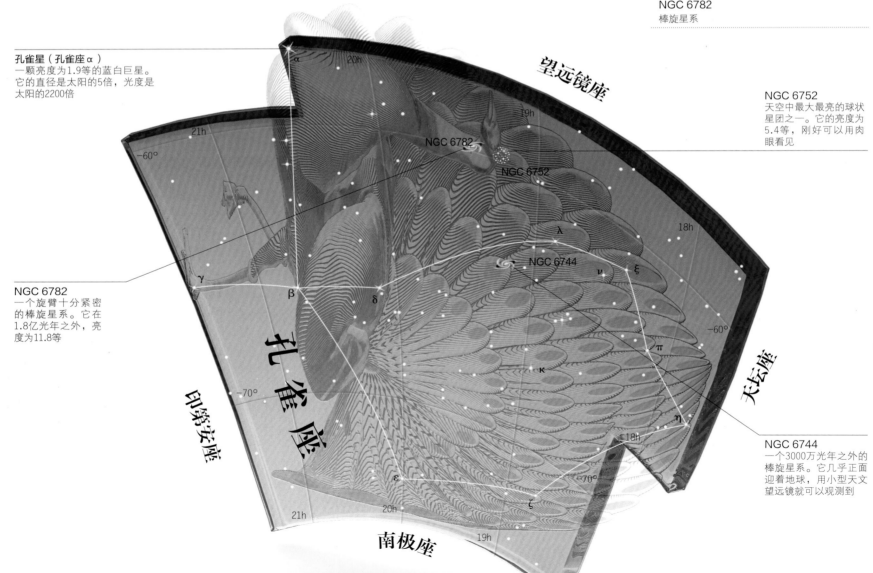

孔雀星（孔雀座α）
一颗亮度为1.9等的蓝白巨星。它的直径是太阳的5倍，光度是太阳的2200倍

NGC 6782
一个旋臂十分紧密的棒旋星系。它在1.8亿光年之外，亮度为11.8等

NGC 6752
天空中最大最亮的球状星团之一。它的亮度为5.4等，刚好可以用肉眼看见

NGC 6744
一个3000万光年之外的棒旋星系。它几乎正面迎着地球，用小型天文望远镜就可以观测到

望远镜座

天坛座

印第安座

孔雀座

南极座

水蛇座 细长的水蛇
HYDRUS

水蛇座是一个"之"字形的星座，位于波江座最亮星水委一旁。有时人们容易将水蛇座和长蛇座弄混，但实际上长蛇座比水蛇座要大得多，并且位于遥远的北方。

水蛇座位于剑鱼座大麦哲伦云和杜鹃座小麦哲伦云之间、水委一以北的位置。它是荷兰航海家凯泽与豪特曼在16世纪创立的12个星座之一。水蛇座的水蛇形象在天空中并不明显，它的几颗亮星——水蛇座 α、水蛇座 β 和角落上的水蛇座 γ——看起来更像组成了一个三角形。水蛇座 γ 以北是水蛇座 VW，这是一颗大约每月爆发一次的新星，肉眼就可以轻易看到它。小麦哲伦云的边缘地带也延伸到了水蛇座的天区。

主要数据

面积排名：61

最亮星：水蛇座 β 2.8等，
水蛇座 α 2.8等

所有格：Hydri

缩写：Hyi

晚上10点上中天的月份：
10~12月

完全可见区域：
8° N~90° S

星图 2

主要恒星

蛇首一 水蛇座 α
白色亚巨星
☀ 2.8等 ⟷ 72光年

蛇尾一 水蛇座 β
黄色亚巨星
☀ 2.8等 ⟷ 24光年

深空天体

PGC 6240（白玫瑰星系）
椭圆星系

NGC 602
由年轻恒星组成的星团

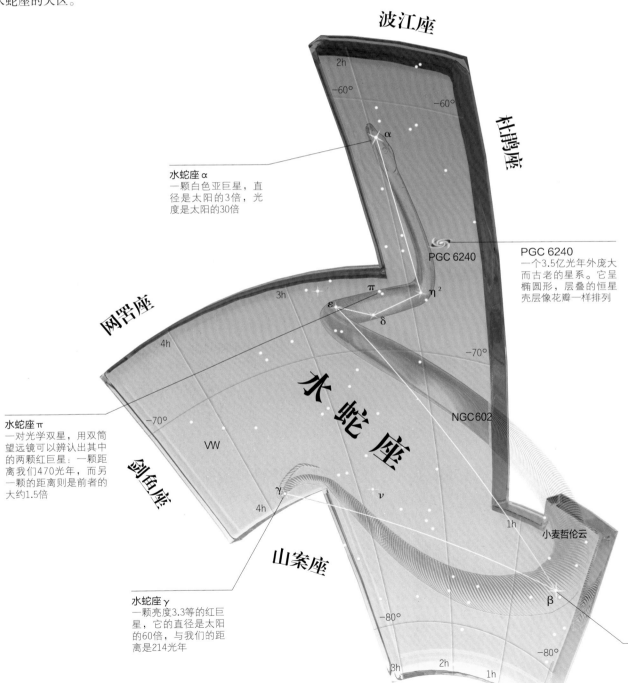

水蛇座 α
一颗白色亚巨星，直径是太阳的3倍，光度是太阳的30倍

PGC 6240
一个3.5亿光年外庞大而古老的星系。它呈椭圆形，层叠的恒星壳层像花瓣一样排列

水蛇座 π
一对光学双星，用双筒望远镜可以辨认出其中的两颗红巨星：一颗距离我们470光年，而另一颗的距离则是前者的大约1.5倍

水蛇座 γ
一颗亮度3.3等的红巨星，它的直径是太阳的60倍，与我们的距离是214光年

水蛇座 β
一颗仅在24光年外的黄色亚巨星。它的质量与太阳相当，但是它年龄更大，演化得略微更成熟一些

△NGC 602
这个星团位于一个叫作N90的巨大产星星云中央。恒星自NGC 602星团的中心处诞生，继而向外移动。来自新形成的、明亮的蓝色恒星的辐射不断地塑造着星云内部的边缘形状，而在隆起的长长的尘埃带上仍然有新的恒星正在形成。

时钟座 HOROLOGIUM
大摆钟

这是一个暗淡而不起眼的南天星座，它拥有一个遥远的球状星团，却没有一颗亮星。

时钟座的天区里几乎没有亮星，最亮的一颗也不超过3.9等。它是由法国天文学家拉卡耶在18世纪50年代引进的14个星座之一。时钟座名字的来源是"大摆钟"，也就是那个年代用于天文观测计时的最精确的设备。时钟座α代表着摆钟的钟面，而时钟座β和时钟座λ两颗星之间则如同钟摆。但如果我们把图像倒过来看，也可以把时钟座α看成是时钟的底座。时钟座的深空天体包括阿尔普–马多尔1，这是围绕银河系旋转的最遥远的球状星团。

时钟座α
橙巨星，直径约为太阳的11倍。它是时钟座的最亮星，距离地球115光年

NGC 1512
用小型望远镜可以看到，这个棒旋星系距离我们3800万光年远，宽度为70000光年

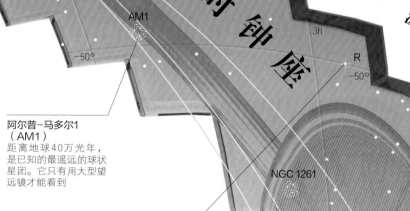

阿尔普–马多尔1（AM1）
距离地球40万光年，是已知的最遥远的球状星团。它只有用大型望远镜才能看到

时钟座R
一颗红巨星，也是一颗变星，亮度在5~14等之间变化，周期大约13个月，距离地球685光年

时钟座TW
一颗半规则红巨星，距离地球1000光年。它周期性地膨胀和收缩，导致亮度发生变化

◁ **NGC 1261**
这是一个致密的球状星团，主要由年老的恒星构成，距离我们大概50000光年远。恒星的星光叠加在一起，使得这个星团的视星等为8.6等，可以用双筒或者小望远镜观测到。

△ **NGC 1512**
这个棒旋星系的中央有一片明亮的区域，是由初生的恒星和星团所主导的，宽度大概有2400光年。恒星的诞生是由于周围气体向星系中央注入过程中产生了能量。星系旋臂中的蓝色恒星，以及红色的由氢元素发光的产星星云，将星系的外边缘勾勒了出来。

山案座 [MENSA]
南非的桌山

　　山案座是全天最暗淡的星座，位于南天极附近。大麦哲伦云就在山案座和剑鱼座的边界上。

　　这个又小又暗的星座，是由法国天文学家拉卡耶提出的。18世纪50年代时，拉卡耶曾在南非开普敦附近的桌山周围观测南天星空，后来他便以桌山的名字"Mons Mensae"来为这个星座命名。山案座也是他所提出的14个星座里面，唯一一个不是用科学仪器或艺术工具来命名的。星座中最引人注目的亮点，是大麦哲伦云有一部分位于山案座内。

▷ 类星体PKS 0637-752
　　这个光度极高的类星体离我们60亿光年，只能用太空望远镜去研究它。它能够从一个比太阳系略小的区域内辐射出超过10万亿个太阳的能量，如此高的能量来源于它中心的超大质量黑洞。

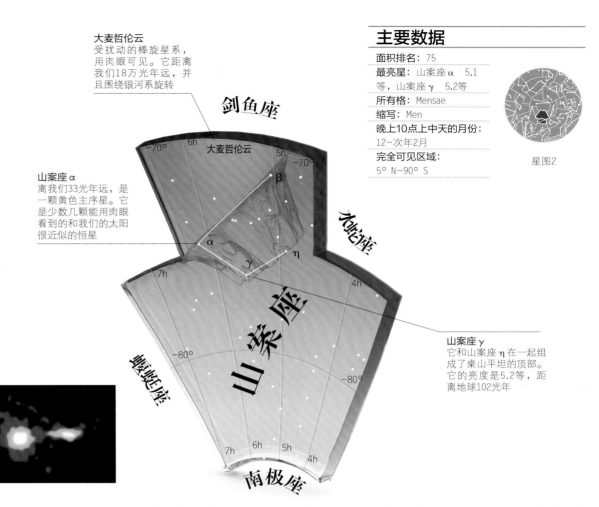

大麦哲伦云
受扰动的棒旋星系，用肉眼可见。它距离我们18万光年远，并且围绕银河系旋转

山案座α
离我们33光年远，是一颗黄色主序星。它是少数几颗能用肉眼看到的和我们的太阳很近似的恒星

山案座γ
它和山案座η在一起组成了桌山平坦的顶部。它的亮度是5.2等，距离地球102光年

主要数据
面积排名：75
最亮星：山案座α 5.1等，山案座γ 5.2等
所有格：Mensae
缩写：Men
晚上10点上中天的月份：12~次年2月
完全可见区域：5° N~90° S

星图2

南极座 [OCTANS]
南天的八分仪

　　南极座位于天球南端一块最不起眼的区域中，是南天极的所在地，但这个星座里并没有什么引人注目的天体。

　　这个星座，是由法国天文学家拉卡耶在18世纪50年代提出的。他以八分仪的名字"Octant"来命名了这个星座。八分仪是那时候刚被发明不久的一种导航设备，也是后来更知名的六分仪的前身。南极座中最值得一提的是南极座σ，它是肉眼可见的离南天极最近的一颗星。南极座γ是3颗排成一串的恒星，几乎可以用肉眼区分开来，其中有两颗黄巨星和一颗橙巨星，但是它们并没有实际的关联。

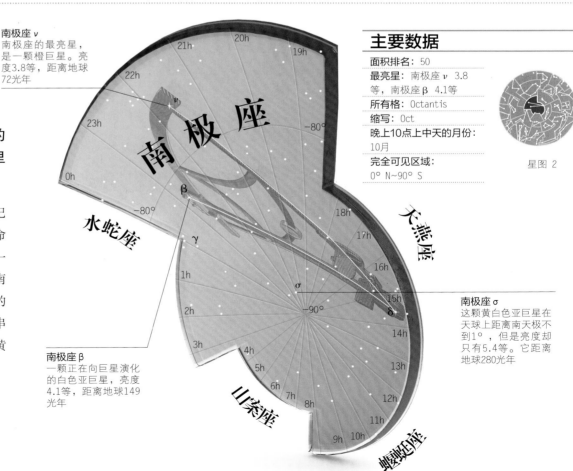

南极座ν
南极座的最亮星，是一颗橙巨星。亮度3.8等，距离地球72光年

南极座β
一颗正在向巨星演化的白色亚巨星，亮度4.1等，距离地球149光年

南极座σ
这颗黄白色亚巨星在天球上距离南天极不到1°，但是亮度却只有5.4等。它距离地球280光年

主要数据
面积排名：50
最亮星：南极座ν 3.8等，南极座β 4.1等
所有格：Octantis
缩写：Oct
晚上10点上中天的月份：10月
完全可见区域：0° N~90° S

星图 2

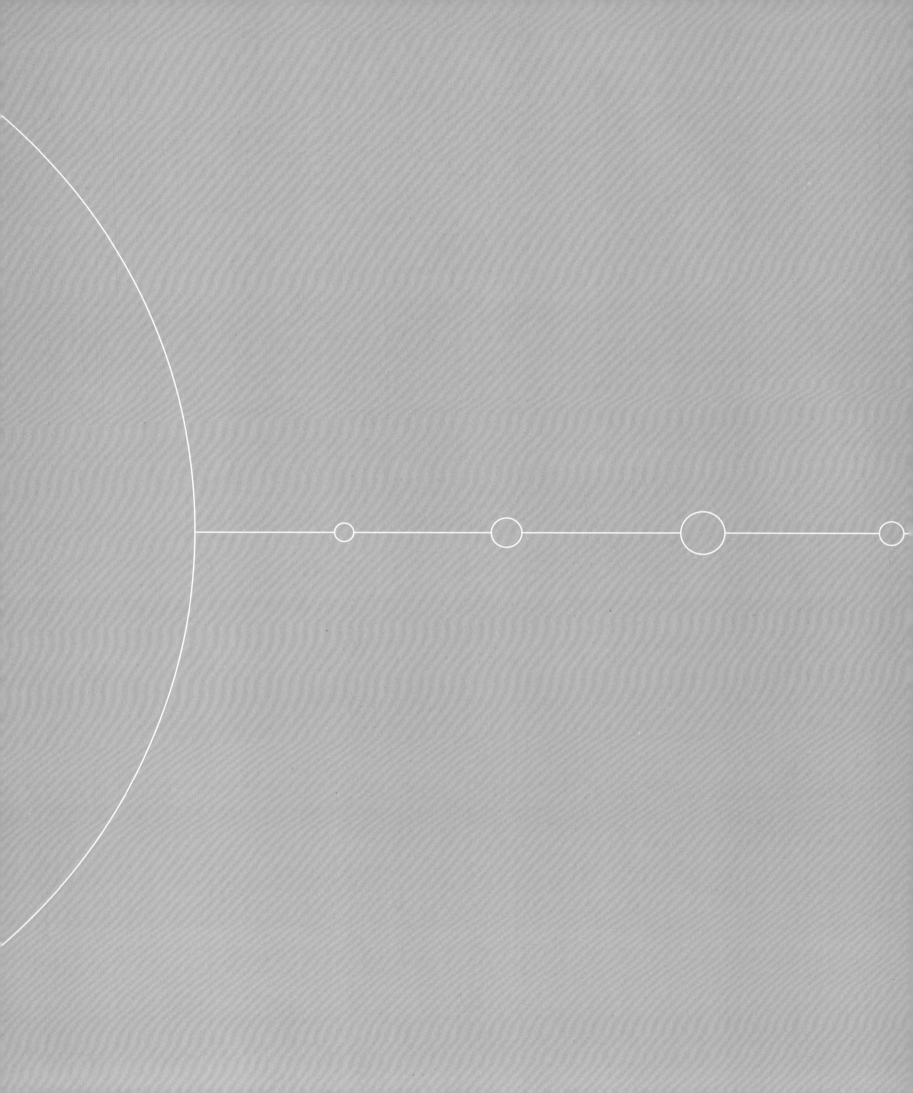

太阳系

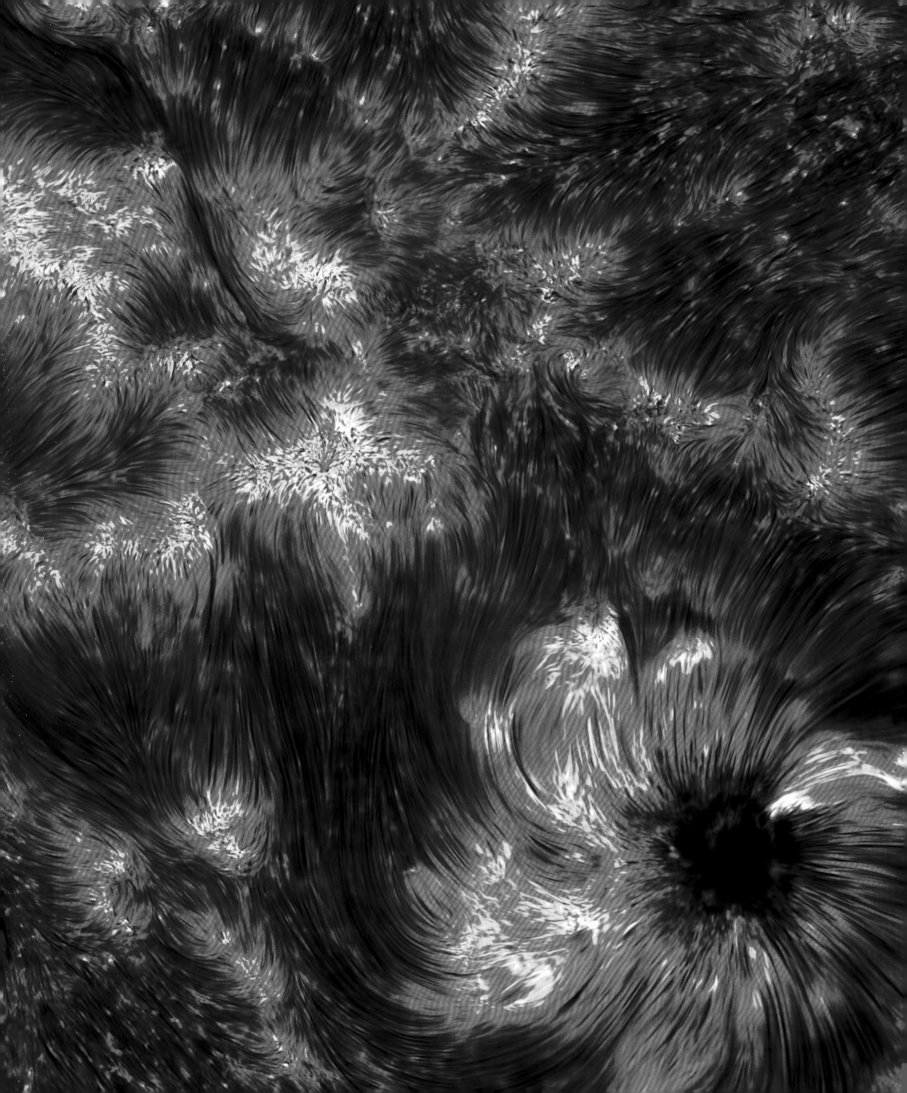

星汉灿烂，日月穿梭。我们的母星系——银河系中有多达2000亿颗恒星，却仅有一颗成就了我们的家园。这颗其貌不扬的青壮年恒星，被我们起名叫"太阳"。与银河系中普遍的情形一样，太阳在诞生后并不形单影只，它用自己强大的引力缔造了一个叫"太阳系"的大家庭，其中个头最大的那些成员，被我们称作"行星"。

人们从古代便已熟知除地球以外的其他5颗行星。古人在夜观星空时，发现

在**太阳**周围 ⸺○

有几颗星不同于其他"固定不变"的星星，它们总是在星空背景上遨游，所以给它们取名"行星"。后来，通过地面上和太空中的望远镜，人们极大地拓展了对太阳系的认知。天文学家们又先后发现了天王星和海王星，以及数百个天然卫星和超过100万个的太阳系小天体，包括彗星和小行星这些太阳系形成初期的遗留天体，等等。

行星们大致都在同一个盘面上绕着太阳运行，而小天体则可能跑到离太阳更遥远的地方去。最靠近太阳的那几颗行星——水星、金星、地球和火星，都是小的固态圆球，它们主要由岩石和金属构成；与之相反的是靠外面那几颗行星——木星、土星、天王星和海王星，它们是由气态和液态物质构成的巨型球体，并且各自还有相当数量的天然卫星相伴随行。

讲了这么多，人类似乎对于太阳系大家庭里的成员们已经了如指掌，然而事实并非如此。我们连自己的这个行星系统尺度究竟有多大都还尚未知晓。的确，在太阳系外层那遥远而黑暗的天边，说不定还有好些大天体，正在默默无闻地等待人类去探索和发现。

◁ **太阳的表面**
太阳表面有着极高的温度，因而几乎所有的表面气体都被拆成了带电粒子——等离子体，并交织出杂乱无章的磁场。太阳这种杂乱交织的表面是它向太阳系释放光和热的主要来源；而核聚变的大"锅炉"，则深藏在这颗恒星的内部。

太阳系

大约46亿年前，太阳系从一个缓慢转动的气体尘埃云中形成。围绕在太阳周围的行星以及数不尽的小天体，是通过不断积聚气体和尘埃而形成的。

行星形成时与太阳的距离在很大程度决定了行星各自的成分，如那些距太阳远的行星则主要由水冰、甲烷冰和其他类型的冰分子构成。太阳系的范围远远大于行星运动的区域，它可以延伸到海王星外很远的地方。八大行星外侧存在一个由冰质天体组成的弥散的环，其中有些天体的直径达到了数百千米。继续向外的更远的地方，被认为包围着一层像球壳那样的冰质天体云团，称作奥尔特云。

▽ 行星的轨道

所有的行星都运行在环绕太阳的稳定轨道上。这些轨道几乎呈正圆形，而且非常接近同一个盘面。行星绕太阳运动的速度依赖于它与太阳的距离，离太阳越近速度越快，因而水星移动相比天王星就要迅速得多。彗星、海外天体及许多小行星则运行在一些非常扁长的椭圆轨道上，它们与太阳之间的距离会发生显著的变化。一些长周期彗星运行在极端扁长的椭圆轨道上，使得它们在数千年的轨道周期内，能够从遥远的太阳系外围走到非常接近太阳的地方。

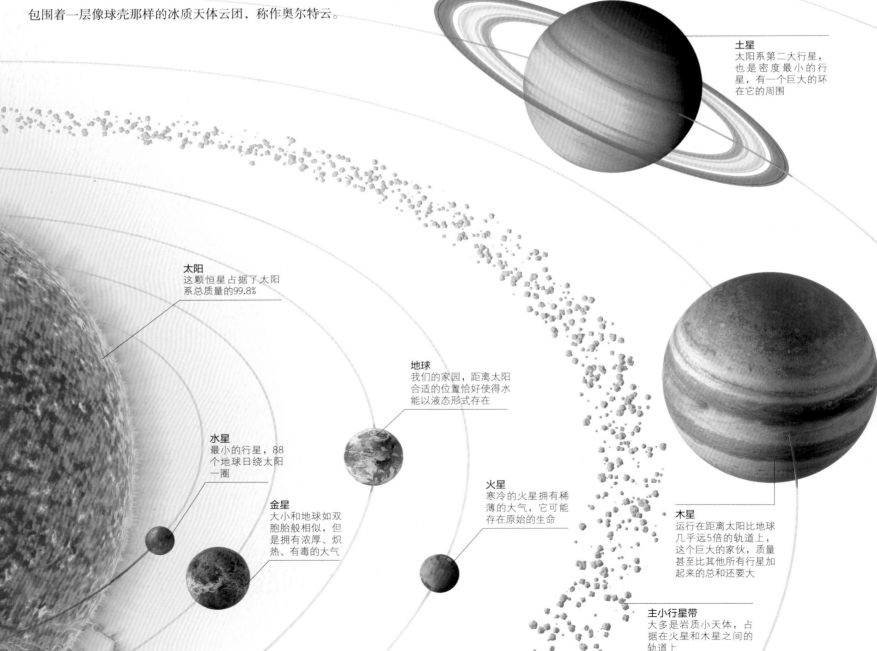

土星
太阳系第二大行星，也是密度最小的行星，有一个巨大的环在它的周围

太阳
这颗恒星占据了太阳系总质量的99.8%

地球
我们的家园，距离太阳合适的位置恰好使得水能以液态形式存在

水星
最小的行星，88个地球日绕太阳一圈

金星
大小和地球如双胞胎般相似，但是拥有浓厚、炽热、有毒的大气

火星
寒冷的火星拥有稀薄的大气，它可能存在原始的生命

木星
运行在距离太阳比地球几乎远5倍的轨道上，这个巨大的家伙，质量甚至比其他所有行星加起来的总和还要大

主小行星带
大多是岩质小天体，占据在火星和木星之间的轨道上

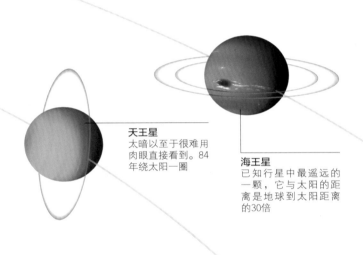

◁ **奥尔特云**
　　数十亿的小天体被新形成的行星用引力扔出了太阳系。渐渐地，这些小天体在太阳系外围形成巨大的彗星云团，一直延伸到离我们最近的恒星距离的1/4那么远。

天王星
太暗以至于很难用肉眼直接看到。84年绕太阳一圈

海王星
已知行星中最遥远的一颗，它与太阳的距离是地球到太阳距离的30倍

岩质行星

　　距离太阳较近的行星——水星、金星、地球和火星——包含更多的岩石和金属而不是气体。每一颗行星表面都有许多火山，这里有炽热、熔融的物质从星体内层突破固态地壳而出，逐渐塑造了整个星球的表面形态。除了水星，其他岩质行星都拥有明显的大气，它一定程度地保护其表面，防止外来的撞击。它们的大气可能主要起源于小行星和彗星的撞击，其中彗星很可能还带来了很多的水。只有地球和火星存在天然卫星。火星的两颗天然卫星——火卫一和火卫二，也被认为是两颗被捕获的小行星。

气态行星

　　太阳系另外4颗外侧的行星——木星、土星、天王星和海王星——则是由大量气体包裹致密内核而形成的庞然大物，每一颗行星周围都有非常多的卫星。在它们形成初期，这些行星成长到足够大以至于不断地把气体从周围星云中拖拽进来。它们旋转涌动的大气，是由内部热源和来自太阳的能量所驱动的。考虑到它们冰冷的环境，远离阳光照射，这些行星的诸多卫星基本都是冰质外壳，然而某些卫星受到行星的潮汐作用时，其内部会被加热。某些卫星甚至还有大气层，以及一些存在活跃的火山活动。

小天体

　　在太阳系形成早期，尘埃和冰粒首先构成较小的天体，然后它们再逐渐汇聚形成行星。然而，数十亿小的天体并没有变成行星的一部分，而且一直保留到了今天。它们便是小行星和彗星。研究它们的组成，可以帮助我们了解太阳系早期的环境。其中很小的一些小天体——有些仅仅是尘埃颗粒——会进入我们的大气层，以流星的形式出现。很多较大的小天体对地球构成威胁，它们可能会撞上地球。这些罕见的撞击可能导致全球性的灾难，比如人们认为6500万年前，正是因为小天体撞击地球才导致了恐龙的灭绝。

"行星"一词的英文"planet"源于古希腊语，意思是"漫游的星星"

△ **小行星**
　　大部分小行星，例如951号小行星加斯普拉（Gaspra，如上图所示），因为太小而未能形成球形。虽然绝大多数小行星都是岩质结构，但是仍然有几颗内部存在水冰。

△ **矮行星和海外天体**
　　在海王星轨道以外，还有众多冰质天体在一片平坦的盘状区域内绕太阳运行，这里被称作柯伊伯带。其中有几个天体已经足够大，可以被分类为矮行星，包括冥王星（如上图所示）。

△ **彗星**
　　彗星，例如67P/丘留莫夫—格拉西缅科彗星（如上图所示），都是较小的冰质天体。当它们靠近太阳时，冰就会气化并释放尘埃，形成数十亿千米长的尾巴。

太阳

太阳给我们带来光和热，是地球上的生命不可或缺的能量来源。太阳看起来很特殊，其实它只是一颗普通的恒星。由于太阳离我们很近，因此人类已经对它进行了仔细的研究。

太阳的直径是139万千米，每24.5天它便自转一圈。太阳就是一个核聚变的大"火炉"，在它的核心，原子互相撞击而融合，并释放出巨大的光和热。太阳的表面满是复杂的、纠缠在一起的磁场和沸腾的带电粒子，我们所看到的6000℃的表面只是这"炼狱"的一隅。

太阳表面的所有东西几乎都处在一种叫作等离子体的状态，也就是气体的原子被分离为带负电的电子和带正电的离子（即失去电子的原子或分子）。太阳有着11年左右的活动周期，黑子、耀斑和爆发现象随着活动周期明显地涨落。

太阳风

太阳风就是带电粒子流，以每秒几百千米的速度持续地吹向太空。太阳风在太空里形成一个巨大的泡泡，叫作日球层。地球以及所有其他行星的轨道都在其中，并且与星际空间隔离开来。太阳风就像地球上的天气一样多变，它时强时弱，有时会突然对行星和彗星造成影响。

太阳大气的最外层是日冕，温度比太阳表面高得多

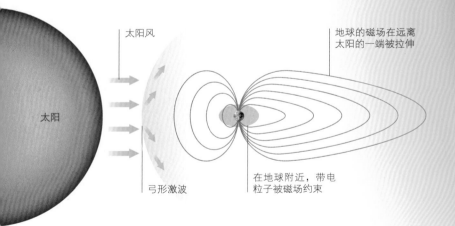

太阳风　　地球的磁场在远离太阳的一端被拉伸

太阳

弓形激波　　在地球附近，带电粒子被磁场约束

△ **地球磁层**
地球的磁场保护着地球不受太阳风的侵蚀。这个磁场"泡泡"叫作磁层，它将太阳风中的带电粒子送到地球的南极和北极，于是在那里就出现了极光。

▷ **土星极光**
与地球和其他行星相类似，土星也有磁层。太阳风和土星的磁层一同在土星的两极制造了极光，像在地球上发生的机制一样。右图是土星南极附近的紫外波段的极光。

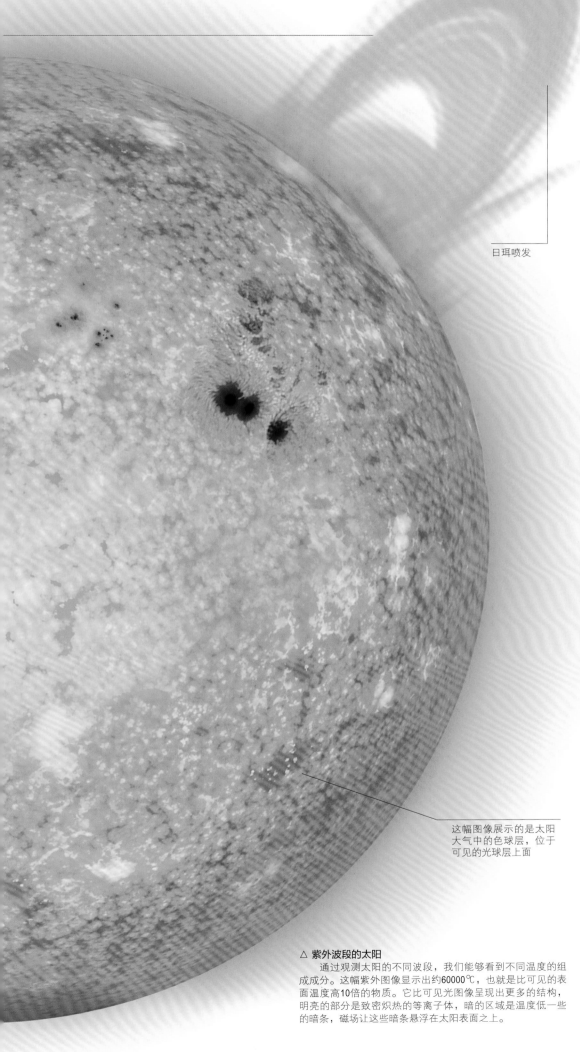

表面特征

太阳表面几乎所有的特征都是由它的磁场控制的。等离子体中的大片暗斑是冕洞，大量的太阳风就是从这里吹出来的。磁场从这些洞中随风逃离到太空。亮斑意味着扭曲的磁场紧紧绑在一起，将炽热的等离子体约束在其中，这叫作活动区，而且它常常出现在太阳黑子的上面。当活动区爆发，就形成了太阳耀斑，在所有波段都发出明亮的光，时间能够持续几分钟或更久。

日珥喷发

这幅图像展示的是太阳大气中的色球层，位于可见的光球层上面

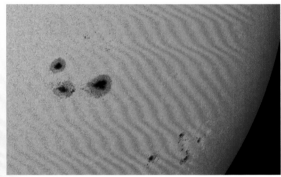

△ **太阳黑子**
这些暗区域比周围的温度低，但仍然是极其炽热的。这里就是缠绕的磁感线从太阳内部涌出的地方。

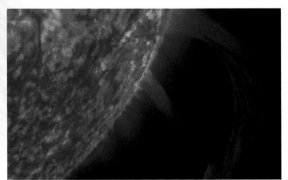

△ **日珥**
温度略低的致密的等离子体，像羽毛一样从太阳的可见表面（光球）升腾起来的现象叫日珥。

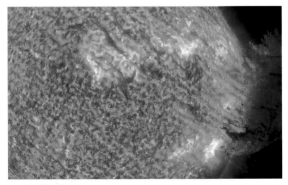

△ **日冕物质抛射**
太阳向太空喷射的等离子体，其大小和速度各不相同。而且，有些还会对地球磁层造成戏剧性的影响。

△ **紫外波段的太阳**
通过观测太阳的不同波段，我们能够看到不同温度的组成成分。这幅紫外图像显示出约60000℃，也就是比可见的表面温度高10倍的物质。它比可见光图像呈现出更多的结构，明亮的部分是致密炽热的等离子体，暗的区域是温度低一些的暗条，磁场让这些暗条悬浮在太阳表面之上。

带内行星

太阳系的内行星，包括我们的地球，都是由岩石构成的。得益于与太阳的距离较近，这4颗行星都沐浴在温暖的阳光下。虽然都有着固体的岩石表面，但它们的世界却大不相同。

行星能否形成大气层主要由自身引力大小决定。水星的引力太小，无法维持明显的大气层形态；火星曾经存在着厚厚的大气，后来逐渐都消散了；金星和地球都拥有很厚的大气层。

金星

金星的直径是12104千米，尽管在大小上可称得上是地球的"姐妹星"，金星却走了一条与地球完全不同的演化之路。金星的自转速度很慢，每243个地球日自转一周，它表面被大量的火山熔岩所覆盖。金星浓密的大气层使得它地表大气压约为地球的90倍，地表温度高达460℃。

水星

水星的直径为4879千米，是类地行星中最小的一个。水星个头虽小，密度却很高。一个巨大的铁质内核使得它可以拥有像地球一样的全球性磁场。水星的大气层非常稀薄，几乎接近于真空，大部分的大气早已被太阳风吹走了。水星是温差最大的行星，最热处温度高达420℃，最冷处温度可降至−170℃。

水星的外表与月球相似，都覆盖着数不清的陨击坑，但水星也有独特的由熔岩形成的平原

金星厚厚的云层过滤了太阳光，使得原本灰色的表面也呈现出橘黄色

◁ **水星上的陨击坑**
从左图的新陨击坑可以看出，水星的土壤和岩石成分是多种多样的。这场小行星的撞击将地表下方的明亮成分撞了出来。

浓厚的云层　　　太阳光　　　红外辐射被大气层囚禁在内部

◁ **温室效应**
浓厚的大气和云层造成了金星表面的极度高温。部分光线穿过了行星周围的大气，加热了星球的表面。受热的表面散发出红外波长的辐射，然而这部分热量被大气层阻挡，无法逃逸到太空中。

△ **金星表面**
雷达可以穿透金星的厚厚云层。借助它我们可以看到，金星的表面几乎完全被火山和熔岩所覆盖，且少有陨击坑。

地球

我们的地球是最大的带内行星，直径为12756千米。地球表面的可见陨击坑很少——大部分都在大气和水流的作用下被抚平了。地球表面辽阔的海洋下隐藏了一个独特的属性：洋底就像一个极其缓慢的巨大传送带：一边不断地被海底火山链冒出的新鲜岩石所补充，一边则俯冲到大陆地壳下面的地幔中去。

△水与生命

地球与太阳之间的距离以及地球大气层的厚度，使得水能够以液态、固态和气态的形式存在。其中液态水的存在被认为是生命开始的必要条件。为什么地球会有如此多的水？这个问题直到现在还没有答案。

地球自转

自转轴

△地球的倾斜与自转

由于地轴的倾斜角度为23.5°，它总有一头会向着太阳倾斜。这就是四季变化的由来。有半年时间北半球接受的阳光更多，另外半年南半球接受的阳光更多。

火星

火星的表面积几乎与地球的大陆面积相等。这颗所谓的"红色星球"，直径为6792千米，地表与地球最为相似，是太阳系中为数不多可能出现过、甚至如今可能依旧存在生命的地方（见第82页）。火星现在的大气过于稀薄，无法使得液态水长期存在，即使温度能缓慢上升至0℃也不行。尽管如此，仍然有大量证据显示，数十亿年前火星的大气曾经更加浓密，生存条件也比现在好得多。

火星表面的大部分岩石都已被氧化，如同金属上的锈迹一样，这些岩石的表面也变成了橘黄色。

△火星表面

从古老的陨击坑、平坦的平原到陡峻的峡谷，没有多少行星能拥有像火星这样丰富的地貌。火星上最高的火山——奥林匹斯山，比地表高出25千米；而巨大的水手谷，深度则可以达到7千米。

△水存在的证据

火星上的河道和峡谷清楚地表明，在古老的过去，这里曾有水流过。而上图陨击坑斜坡上的痕迹也显示出，如今的火星仍有短暂水流的存在。人们认为是阳光融化了地表下的水冰，使它们流动起来，后来才蒸发到稀薄的大气中。

带外行星

不同于带内行星的岩质组成，外侧4个巨行星主要由气体组成。这些巨大的天体各自拥有数十颗卫星，所以每一颗巨行星都像一个微缩的行星系统。

所有这4颗外行星大小都远远超过地球。虽然体型巨大，但是星球上面的"一天"都比地球短。这种极速的自转也使得它们的大气层分隔成许多条带。探测器通过近距离造访，发现了它们的磁场，而且大气层上也会出现极光。这4个天体都有行星环，其中土星环延伸得最宽广。

土星

土星是太阳系第二大行星，直径超过120536千米。与木星相似，它也有条带状的大气层，但是其云层结构却相对平静。土星被一个巨大的环包围，这个环可能是被摧毁的卫星的残留物。土星最大的卫星土卫六拥有浓密的大气层，星球表面的大气压比地球表面还要高。

△ 土星环

大部分土星环的成分都是块状水冰，再加上微量的尘埃。其中最大的一个环叫作E环，目前仍然不断有来自土卫二喷出的冰粒涌入E环。

木星

木星的直径有142984千米，差不多等于并排摆放10个地球的长度。这颗质量最大的行星，对许多天体的轨道都有影响，有数不胜数的彗星因为它的存在而改变轨道。这颗巨大的行星具有极强的磁场，不断有高能粒子被束缚进来，让这里成为人类太空探索中非常危险的区域。

木星的条纹深浅相间，浅色区域中的大气在上升，深色区域中的大气在下降

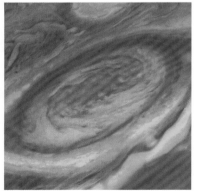

◁ 大红斑

这个壮观的风暴，已经至少在木星大气层肆虐了300年。它典型的大小为30000千米，能够放入2~3个地球。它的大小和明暗也在不断改变，红色则可能来源于大气层深处被卷上来的化学物质。

▷ 木卫二

木星的这颗大卫星是一个冰质星球。在木卫二龟裂的地表下面是一个全球性海洋，被潮汐运动的热量加热。这种水冰和加热机制组合，意味着木卫二有生命出现的可能。

土星环被分隔成密度不同的区域，被许多牧羊人卫星通过引力"监管"着

◁ 土卫二
　　这颗卫星的直径有504千米，是太阳系中反射率最高的天体之一。在它明亮的水冰表层之下是液态海洋，这里可能是生命的天堂。冰晶颗粒和水蒸气通过靠近其南极的冰火山被喷发到太空中。

天王星

　　作为第一颗通过望远镜发现的行星，天王星是个古怪的星球。它的直径有51118千米，因为某些极端的原因，它的自转轴几乎与轨道面平行。冬季时天王星的大气层非常平静，而夏季当太阳加热赤道时，它会突然进入活跃状态。天王星的环首次被发现是在1977年，当时它的环曾短暂地遮挡住了遥远的恒星的光。

天王星大气层中的甲烷吸收红光，使其整体呈现淡蓝色

▷ 天王星的结构
　　它有一个相当大的固态内核，可能源自早期形成时，一个成长到足够大的冰质天体。这个冰质天体通过继续吸积气体而形成了现在的天王星。

海王星

　　这颗行星的发现和它的大致位置，是人们通过观察其他行星轨道的扰动而预言出来的。海王星直径49775千米，拥有比天王星更活跃的大气层，甚至还有巨大的风暴。它有一颗大卫星海卫一，运行在逆行的轨道上，可能的原因是它在远距离经过海王星时被捕获成了卫星。海王星环并不均匀，那些被束缚在纤细的环中的物质，在不同的位置形成了密集的弧形。

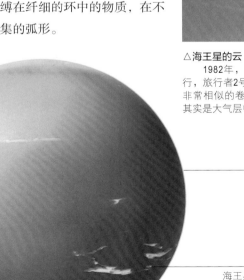

△ 海王星的云
　　1982年，经过无比漫长的行星际飞行，旅行者2号观察到海王星上的与地球非常相似的卷云。然而，这些白色的云其实是大气层中冻结的甲烷。

与其他巨行星类似，海王星大气层也主要由氢和氦组成。与天王星一样，它也包含甲烷

海王星活跃的天气和超高的风速，说明行星内部存在热源

月球

地球是太阳系中唯一一个其卫星大小与自己尺寸相差没有那么大的行星。但这颗天然卫星却是一个没有大气、完全干燥的星球。

雨海是面积最大的月海之一

形成和结构

几乎可以肯定，月球是在一颗火星大小的天体与年轻地球碰撞时产生的。一些抛射到太空的残骸逐渐合并，然后形成了现在我们见到的月球。它的轨道不断被拉长、拉远，直到现在它绕地球的轨道周期为27.3天。月球内部曾经足够热，产生过很多火山活动，但是现在它们都停止了。

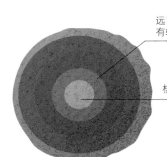

远离地球一端具有较厚的地层

核心偏向地球

△ 偏心的结构
在月球早期形成的时候，来自地球的引潮力改变了月球内部的对称性。

表面的特征

数十亿年来，月球表面不断地被各种天体撞击，使得其大部分区域都布满了大大小小的环形山。从地球上看，月亮的一种明显的特征，便是一块块的暗斑。它们像海一样，叫作月海，是岩浆冲刷过后的巨大撞击平原。月球上巨大的火山喷发在10亿年前就停止了。

◁ 海因环形山
这个典型的陨击坑，形成于一颗小行星或彗星的撞击。它的坑底平坦且有中央峰。中央峰是由于撞击时表面回弹而形成。

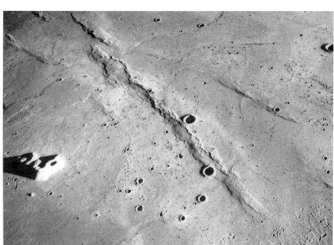

◁ 岩浆平原
月海是大面积延伸的岩浆，覆盖月球表面几大区域。而且它们也并不是完美而平整，褶皱的山脊是岩浆冷却和收缩的地方。

◁ 沉洞
这个跨度小于100米的深坑，由地下曾经流过岩浆的通道塌陷而成。同样的地质构造在地球曾有火山活动的地方也能看到。

高加索山脉

地球的卫星

月球是地球海洋潮汐存在的主要原因：月球把海水拽向自己，于是在靠近月球的一端产生突起；远离月球的一端由于月球引力最弱，产生另一个突起。月球的存在还可能起到了稳定地球自转的作用，帮助了这里生命的诞生和发展。

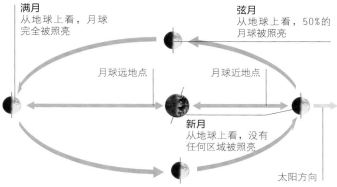

满月
从地球上看，月球完全被照亮

弦月
从地球上看，50%的月球被照亮

月球远地点

月球近地点

新月
从地球上看，没有任何区域被照亮

太阳方向

△ 月相
在月球绕地球运动时，从地球上观察，月球被照亮的区域不断改变，这就是月球相位。月球公转轨道并非正圆，与地球的距离在363600～405400千米。

△ 登月宇航员
1969～1972年6次阿波罗飞船的任务中，共有12名宇航员曾经踏上月球表面。他们带回了月球的岩石和土壤，并深入研究、分析，彻底改变了月球科学。

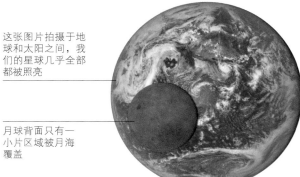

这张图片拍摄于地球和太阳之间，我们的星球几乎全部都被照亮

月球背面只有一小片区域被月海覆盖

◁ 月球正面
月球自转一圈所花的时间与绕地球公转一圈完全相同。这就是同步自转，意味着月球总是固定的一面朝向地球。

△ 地球和月球合影
地球和月球的差别在这张图中非常明显，微灰色的月表仅仅反射12%的入射光，而色彩丰富的地球大约可以反射30%的入射光。在地球上无法看到的月球背面，从这里清晰可见。

参考

恒星与恒星群

明亮的恒星

夜空中能看到的恒星有着不同的亮度。最明亮的天狼星，比我们肉眼能看到的最暗星要亮1000倍。古希腊天文学家喜帕恰斯将恒星按亮度划分出"等级"，1等是最明亮的恒星，6等是最暗淡的恒星。如今，我们把恒星的"等级"称为"视星等"。视星等每相差1等，亮度则相差约2.51倍。而每一颗恒星的绝对星等，则是假定把恒星放在距地球32.6光年的地方测得的视星等。

最亮的恒星

名称	星座	视星等	绝对星等	与地球的距离（光年）	类型
天狼	大犬座	−1.47	1.42	8.6	蓝白色主序星
老人	船底座	−0.72	−5.53	310	白巨星
南门二	半人马座	−0.28	4.07	4.4	黄色主序星
大角	牧夫座	−0.10	−0.31	37	橙巨星
织女星	天琴座	0.03（可变）	0.58	25	蓝白色主序星
五车二	御夫座	0.08	−0.48	43	黄巨星
参宿七	猎户座	0.13（可变）	−7.92	860	蓝超巨星
南河三	小犬座	0.40	2.68	11	白色主序星
水委一	波江座	0.50	−2.77	144	蓝白色主序星
参宿四	猎户座	0.45（可变）	−5.14	498	红超巨星
马腹一	半人马座	0.61（可变）	−5.23	390	蓝白巨星
河鼓二	天鹰座	0.76（可变）	2.20	17	白色主序星
十字架二	南十字座	0.77	−4.19	322	蓝白色亚巨星
毕宿五	金牛座	0.87	−0.63	67	红巨星
角宿一	室女座	0.98（可变）	−3.55	250	蓝白巨星
心宿二	天蝎座	0.90（可变）	−5.28	550	橙巨星
北河三	双子座	1.16	1.09	34	橙巨星
北落师门	南鱼座	1.16	1.73	25	蓝白色主序星
十字架三	南十字座	1.25（可变）	−3.92	278	蓝白巨星
天津四	天鹅座	1.25	−8.38	1400	蓝白色超巨星

巨型恒星

绝大多数恒星都太遥远了，以至于无法直接测量它们的半径。我们通常利用恒星能量输出、表面温度和半径之间的物理关系来估算它们的大小。那些最大的恒星往往会发生脉动，因而其大小测量的精度仅为10%左右。理论上，如果一颗巨大的恒星比太阳还要大上1500倍，它就会变得很不稳定。地球和木星的公转轨道分别是太阳半径的215倍和1120倍，所以列表中的所有恒星都比木星的公转轨道还要大。

已知的最大恒星（按半径排序）

名称	估算半径（太阳半径为1）	类型
盾牌座UY	1700	红超巨星
天鹅座NML	1640	红特超巨星
WOH G64	1540	红特超巨星
仙王座RW	1535	橙特超巨星
韦斯特隆德1-26	1530	红超巨星
仙王座V354	1520	红超巨星
人马座VX	1520	红特超巨星
大犬座VY	1420	红特超巨星
天鹅座KY	1420	红特超巨星
天蝎座AH	1410	红超巨星

邻近的恒星与恒星群

太阳的邻居里，超过90%都是主序星，其中又有50%属于双星或三星系统。它们之间的平均距离大约是7光年，如果我们乘坐旅行者1号这样的宇宙飞船在双星之间遨游，单程要花上大约10万年的时间。

比邻星在接下来的25000年中将一直是距离太阳最近的恒星，直到被南门二所取代。而且太阳正以2.25亿年为周期绕着银河系中心运行，在这个过程中，下面的列表也会随之悄然改变。

最近的恒星与恒星群

名称	群组	成员星	视星等	绝对星等	与地球的距离（光年）	类型
太阳	单星		-26.78	4.82	0.000016	黄色主序星
南门二	三合星	比邻星	11.09	15.53	4.2	红色主序星
		南门二A	0.01	4.38	4.4	黄色主序星
		南门二B	1.34	5.71	4.4	橙色主序星
巴纳德星	单星		9.53	13.22	5.9	红色主序星
沃尔夫359	单星		13.44	16.55	7.8	红色主序星
拉朗德21185	单星		7.47	10.44	8.3	红色主序星
天狼	双星	天狼A	-1.43	1.47	8.6	蓝白色主序星
		天狼B	8.44	11.34	8.6	白矮星
鲁坦728-6	双星	鲸鱼座BL	12.54	15.40	8.7	红色主序星
		鲸鱼座UV	12.99	15.85	8.7	红色主序星
罗斯154	单星		10.43	13.07	9.7	红色主序星
罗斯248	单星		12.29	14.79	10.3	红色主序星
波江座ε	单星		3.73	6.19	10.5	橙色主序星
拉卡耶9352	单星		7.34	9.75	10.7	红色主序星
罗斯128	单星		11.13	13.51	10.9	红色主序星
宝瓶座EZ	三合星	宝瓶座EZ A	13.33	15.64	11.3	红色主序星
		宝瓶座EZ B	13.27	15.58	11.3	红色主序星
		宝瓶座EZ C	14.03	16.34	11.3	红色主序星
南河三	双星	南河三A	0.34	2.66	11.4	白色主序星
		南河三B	10.4	12.98	11.4	白矮星
天鹅座61	双星	天鹅座61 A	5.21	7.49	11.4	橙色主序星
		天鹅座61 B	6.03	8.31	11.4	橙色主序星

星座

天空中的图案

整个天空被划分为88个区域，每个区域便是一个星座。在这些星座内，一些亮星通过人们的想象组成一个个便于识别的图案。它们帮助天文学家为恒星命名、描述行星和彗星的位置和运行路线。自4000多年以前，就有人为天上的星区取名字了。公元150年前后，托勒密命名了地中海地区能够见到的48个星座。16世纪90年代，荷兰的航海家跨过赤道，航行到南半球，看到了南天的星空，于是命名了一些新的星座。到了17世纪，天文学家们又添加了一些星座的命名。

星座（按面积从大到小排序）

序号	星座名	拉丁名	缩写	命名者	序号	星座名	拉丁名	缩写	命名者
1	长蛇座	Hydra	Hya	托勒密	45	天鹤座	Grus	Gru	凯泽、豪特曼
2	室女座	Virgo	Vir	托勒密	46	豺狼座	Lupus	Lup	托勒密
3	大熊座	Ursa Major	UMa	托勒密	47	六分仪座	Sextans	Sex	约翰尼斯·赫维留
4	鲸鱼座	Cetus	Cet	托勒密	48	杜鹃座	Tucana	Tuc	凯泽、豪特曼
5	武仙座	Hercules	Her	托勒密	49	印第安座	Indus	Ind	凯泽、豪特曼
6	波江座	Eridanus	Eri	托勒密	50	南极座	Octans	Oct	尼古拉斯·德·拉卡耶
7	飞马座	Pegasus	Peg	托勒密	51	天兔座	Lepus	Lep	托勒密
8	天龙座	Draco	Dra	托勒密	52	天琴座	Lyra	Lyr	托勒密
9	半人马座	Centaurus	Cen	托勒密	53	巨爵座	Crater	Crt	托勒密
10	宝瓶座	Aquarius	Aqr	托勒密	54	天鸽座	Columba	Col	彼得勒斯·普朗修斯
11	蛇夫座	Ophiuchus	Oph	托勒密	55	狐狸座	Vulpecula	Vul	约翰尼斯·赫维留
12	狮子座	Leo	Leo	起源于巴比伦	56	小熊座	Ursa Minor	UMi	托勒密
13	牧夫座	Boötes	Boo	托勒密	57	望远镜座	Telescopium	Tel	尼古拉斯·德·拉卡耶
14	双鱼座	Pisces	Psc	托勒密	58	时钟座	Horologium	Hor	尼古拉斯·德·拉卡耶
15	人马座	Sagittarius	Sgr	托勒密	59	绘架座	Pictor	Pic	尼古拉斯·德·拉卡耶
16	天鹅座	Cygnus	Cyg	托勒密	60	南鱼座	Piscis Austrinus	PsA	托勒密
17	金牛座	Taurus	Tau	起源于巴比伦	61	水蛇座	Hydrus	Hyi	凯泽、豪特曼
18	鹿豹座	Camelopardalis	Cam	彼得勒斯·普朗修斯	62	唧筒座	Antlia	Ant	尼古拉斯·德·拉卡耶
19	仙女座	Andromeda	And	托勒密	63	天坛座	Ara	Ara	托勒密
20	船尾座	Puppis	Pup	尼古拉斯·德·拉卡耶	64	小狮座	Leo Minor	LMi	约翰尼斯·赫维留
21	御夫座	Auriga	Aur	托勒密	65	罗盘座	Pyxis	Pyx	尼古拉斯·德·拉卡耶
22	天鹰座	Aquila	Aqi	托勒密	66	显微镜座	Microscopium	Mic	尼古拉斯·德·拉卡耶
23	巨蛇座	Serpens	Ser	托勒密	67	天燕座	Apus	Aps	凯泽、豪特曼
24	英仙座	Perseus	Per	托勒密	68	蝎虎座	Lacerta	Lac	约翰尼斯·赫维留
25	仙后座	Cassiopeia	Cas	托勒密	69	海豚座	Delphinus	Del	托勒密
26	猎户座	Orion	Ori	托勒密	70	乌鸦座	Corvus	Crv	托勒密
27	仙王座	Cepheus	Cep	托勒密	71	小犬座	Canis Minor	CMi	托勒密
28	天猫座	Lynx	Lyn	约翰尼斯·赫维留	72	剑鱼座	Dorado	Dor	凯泽、豪特曼
28	天秤座	Libra	Lib	托勒密	73	北冕座	Corona Borealis	CrB	托勒密
30	双子座	Gemini	Gem	托勒密	74	矩尺座	Norma	Nor	尼古拉斯·德·拉卡耶
31	巨蟹座	Cancer	Cnc	托勒密	75	山案座	Mensa	Men	尼古拉斯·德·拉卡耶
32	船帆座	Vela	Vel	尼古拉斯·德·拉卡耶	76	飞鱼座	Volans	Vol	凯泽、豪特曼
33	天蝎座	Scorpius	Sco	起源于巴比伦	77	苍蝇座	Musca	Mus	凯泽、豪特曼
34	船底座	Carina	Car	尼古拉斯·德·拉卡耶	78	三角座	Triangulum	Tri	托勒密
35	麒麟座	Monoceros	Mon	彼得勒斯·普朗修斯	79	蝘蜓座	Chamaeleon	Cha	凯泽、豪特曼
36	玉夫座	Sculptor	Scl	尼古拉斯·德·拉卡耶	80	南冕座	Corona Australis	Cra	托勒密
37	凤凰座	Phoenix	Phe	凯泽、豪特曼	81	雕具座	Caelum	Cae	尼古拉斯·德·拉卡耶
38	猎犬座	Canes Venatici	CVn	约翰尼斯·赫维留	82	网罟座	Reticulum	Ret	尼古拉斯·德·拉卡耶
39	白羊座	Aries	Ari	托勒密	83	南三角座	Triangulum Australe	TrA	凯泽、豪特曼
40	摩羯座	Capricornus	Cap	起源于巴比伦	84	盾牌座	Scutum	Sct	约翰尼斯·赫维留
41	天炉座	Fornax	For	尼古拉斯·德·拉卡耶	85	圆规座	Circinus	Cir	尼古拉斯·德·拉卡耶
42	后发座	Coma Berenices	Com	杰拉杜斯·墨卡托	86	天箭座	Sagitta	Sge	托勒密
43	大犬座	Canis Major	CMA	托勒密	87	小马座	Equuleus	Equ	托勒密
44	孔雀座	Pavo	Pav	凯泽、豪特曼	88	南十字座	Crux	Cru	约翰·法拉斯

银河系和其他星系

本星系群

　　本星系群是由于引力作用而聚集在一起的一群星系，成员超过54个，大部分是矮星系，跨度大约1000万光年。本星系群由3个巨大的星系统治着：银河系、仙女座星系和三角座星系。每个星系都有一些小的卫星星系围绕着。本星系群最早是美国天文学家埃德温·哈勃在1936年发现的。外围的一些星系成员（如唧筒座矮星系、六分仪座A、NGC 3109）仍然存在争议。也许还有尚未被发现的隐藏在巨型星系后面的星系。

本星系群成员

名称	类型	和太阳系的距离（光年）	直径（光年）	名称	类型	和太阳系的距离（光年）	直径（光年）
银河系	棒旋星系	0	100000	IC 1613	不规则星系	2365000	10000
人马座矮星系	矮椭圆星系	78000	20000	NGC 147	矮椭圆星系	2370000	10000
大熊座矮星系 II	矮椭圆星系	100000	1000	仙女座矮星系 III	矮椭圆星系	2450000	3000
大麦哲伦云	被扰动的棒旋星系	165000	25000	鲸鱼座矮星系	矮椭圆星系	2485000	3000
小麦哲伦云	不规则星系	195000	15000	仙女座矮星系 I	矮椭圆星系	2520000	2000
牧夫座矮星系	矮椭圆星系	197000	2000	LGS 3	不规则星系	2520000	2000
小熊座矮星系	矮椭圆星系	215000	2000	仙女座星系（M31）	棒旋星系	2560000	140000
玉夫座矮星系	矮椭圆星系	258000	3000	M32	矮椭圆星系	2625000	8000
天龙座矮星系	矮椭圆星系	267000	2000	M110	矮椭圆星系	2960000	15000
六分仪座矮星系	矮椭圆星系	280000	3000	IC 10	不规则星系	2960000	8000
大熊座矮星系 I	矮椭圆星系	325000	3000	三角座星系（M33）	旋涡星系	2735000	55000
船底座矮星系	矮椭圆星系	329000	2000	杜鹃座矮星系	矮椭圆星系	2870000	2000
天炉座矮星系	矮椭圆星系	450000	5000	飞马座矮星系	不规则星系	3000000	6000
狮子座矮星系 II	矮椭圆星系	669000	3000	WLM	不规则星系	3020000	10000
狮子座矮星系 I	矮椭圆星系	815000	3000	宝瓶座矮星系	不规则星系	3345000	3000
凤凰座矮星系	不规则星系	1450000	2000	SAGDIG	不规则星系	3460000	3000
NGC 6822	不规则星系	1520000	8000	唧筒座矮星系	矮椭圆星系	4030000	3000
NGC 185	矮椭圆星系	2010000	8000	NGC 3109	不规则星系	4075000	25000
仙女座矮星系 II	矮椭圆星系	2165000	3000	六分仪座A星系	不规则星系	4350000	10000
狮子座A星系	不规则星系	2250000	4000	六分仪座B星系	不规则星系	4385000	8000

星系团和星系群

　　星系在宇宙中不是均匀分布的。它们总是在引力作用下聚集成群，成员少则几十，多则上千。我们所在的区域统治者是巨引源（主要是矩尺座星系团）。它的引力如此强大，甚至影响了宇宙正常的膨胀。星系团聚集在一起形成超星系团。星系团的直径在600万~3000万光年之间。

星系团和星系群

名称	距离（百万光年）	退行速度（千米/秒）
本星系群	0	
M81星系群	11	334
半人马座星系群	12	299
玉夫座星系群	12.7	292
猎犬座 I 星系群	13	483
猎犬座 II 星系群	26	703
M51星系群	31	555
狮子座三重星系	35	662
狮子座 I 星系群	38	680
天龙座星系群	40	704
大熊座星系群	55	1016
室女座星系团	59	1139

星系团MACS J0416.1-2403，位于波江座

梅西耶天体

深空天体表

　　法国天文学家梅西耶（Charles Messier，1730—1817年）为那些用小望远镜就能够看到的星云和星团建立了一个星表。他的编号今天还在广泛使用（如M31是仙女座星系）。梅西耶是一个彗星猎手（他发现了13颗彗星），他不想让那些看起来很像彗星的深空天体干扰人们观察真正的彗星。他用一个口径10厘米的折射望远镜在巴黎进行观测，所以赤纬–35.7°以南的天体没有收录在内。他从1760年开始建立这个星表，最终收录了110个天体。

梅西耶星云星团表

梅西耶编号	所在星座	别名	天体类型	梅西耶编号	所在星座	别名	天体类型
M1	金牛座	蟹状星云	超新星遗迹	M31	仙女座	仙女座星系	旋涡星系
M2	宝瓶座		球状星团	M32	仙女座		矮椭圆星系
M3	猎犬座		球状星团	M33	三角座	三角座星系	旋涡星系
M4	天蝎座		球状星团	M34	英仙座		疏散星团
M5	巨蛇座（头）		球状星团	M35	双子座		疏散星团
M6	天蝎座	蝴蝶星团	疏散星团	M36	御夫座		疏散星团
M7	天蝎座	托勒密星团	疏散星团	M37	御夫座		疏散星团
M8	人马座	礁湖星云	发射星云	M38	御夫座		疏散星团
M9	蛇夫座		球状星团	M39	天鹅座		疏散星团
M10	蛇夫座		球状星团	M40	大熊座	温内克4	双星
M11	盾牌座	野鸭星团	疏散星团	M41	大犬座		疏散星团
M12	蛇夫座		球状星团	M42	猎户座	猎户座星云	发射/反射星云
M13	武仙座		球状星团	M43	猎户座	迪马伦星云	发射/反射星云
M14	蛇夫座		球状星团	M44	巨蟹座	蜂巢星团或鬼星团	疏散星团
M15	飞马座		球状星团	M45	金牛座	昴星团或七姐妹星团	疏散星团
M16	巨蛇座（尾）	鹰状星云	疏散星团和发射星云	M46	船尾座		疏散星团
M17	人马座	欧米伽星云或天鹅星云	发射星云	M47	船尾座		疏散星团
M18	人马座		疏散星团	M48	长蛇座		疏散星团
M19	蛇夫座		球状星团	M49	室女座		椭圆星系
M20	人马座	三叶星云	发射/反射星云、暗星云	M50	麒麟座		疏散星团
M21	人马座		疏散星团	M51	猎犬座	涡状星系	旋涡星系
M22	人马座		球状星团	M52	仙后座		疏散星团
M23	人马座		疏散星团	M53	后发座		球状星团
M24	人马座	人马座恒星云	银河中的星区	M54	人马座		球状星团
M25	人马座		疏散星团	M55	人马座		球状星团
M26	盾牌座		疏散星团	M56	天琴座		球状星团
M27	狐狸座	哑铃星云	行星状星云	M57	天琴座	指环星云	行星状星云
M28	人马座		球状星团	M58	室女座		棒旋星系
M29	天鹅座		疏散星团	M59	室女座		椭圆星系
M30	摩羯座		球状星团	M60	室女座		椭圆星系

梅西耶星云星团表

续表

梅西耶编号	所在星座	别名	天体类型	梅西耶编号	所在星座	别名	天体类型
M61	室女座		旋涡星系	M98	后发座		旋涡星系
M62	蛇夫座		球状星团	M99	后发座		旋涡星系
M63	猎犬座	向日葵星系	旋涡星系	M100	后发座		旋涡星系
M64	后发座	黑眼星系	旋涡星系	M101	大熊座	风车星系	旋涡星系
M65	狮子座		旋涡星系	M102		天体不明确	可能是室女座的透镜状星系 NGC 5866
M66	狮子座		旋涡星系	M103	仙后座		疏散星团
M67	巨蟹座		疏散星团	M104	室女座	草帽星系	旋涡星系
M68	长蛇座		球状星团	M105	狮子座		椭圆星系
M69	人马座		球状星团	M106	猎犬座		旋涡星系
M70	人马座		球状星团	M107	蛇夫座		球状星团
M71	天箭座		球状星团	M108	大熊座		棒旋星系
M72	宝瓶座		球状星团	M109	大熊座		棒旋星系
M73	宝瓶座		星群	M110	仙女座		矮椭圆星系
M74	双鱼座		旋涡星系				
M75	人马座		球状星团				
M76	英仙座	小哑铃星云	行星状星云				
M77	鲸鱼座		椭圆星系				
M78	猎户座		反射星云				
M79	天兔座		球状星团				
M80	天蝎座		球状星团				
M81	大熊座	波得星系	旋涡星系				
M82	大熊座	雪茄星系	旋涡星系				
M83	长蛇座	南风车星系	棒旋星系				
M84	室女座		椭圆或透镜状星系				
M85	后发座		透镜状星系				
M86	室女座		透镜状星系				
M87	室女座	室女座A	椭圆星系				
M88	后发座		旋涡星系				
M89	室女座		椭圆星系				
M90	室女座		旋涡星系				
M91	后发座		棒旋星系				
M92	武仙座		球状星团				
M93	船尾座		疏散星团				
M94	猎犬座		旋涡星系				
M95	狮子座		棒旋星系				
M96	狮子座		旋涡星系				
M97	大熊座	夜枭星云	行星状星云				

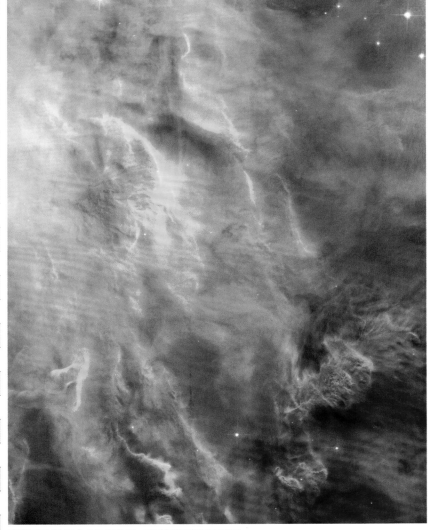

礁湖星云（M8）中的气体云，这里正有新的恒星诞生

词汇表

绝对星等

对于一颗恒星或者其他天体的真实亮度的度量，定义为把该天体放在距离10秒差距（32.6光年）时的视星等。

参见：*视星等、光度*

吸积

①小天体通过碰撞、黏附形成更大的天体；②一个天体通过吸收周围的物质而增长自身质量的过程。

活动星系

能发出大量的、波段覆盖很广的电磁辐射的星系。电磁辐射来自中央的活动星系核（AGN），被认为是由于气体被吸积到超大质量黑洞上所产生的。活动星系有很多已经命名的分类，尽管这些表面上的不同有可能只是因为我们从地球上看过去的角度不一样而已。

参见：*耀变体、类星体、赛弗特星系*

视星等

从地球上看一颗恒星或其他天体的亮度的度量。视星等取决于它本身的亮度，以及天体到地球的距离。天体亮度越大，视星等的数值越小。

参见：*绝对星等、光度*

星组

夜空中亮星组成的一个图形，通常只是星座的一部分。例如，"北斗"这个星组，就是大熊座的一部分。

小行星

太阳系里形状不规则的小天体，直径小于1000千米，由岩石或金属构成。绝大多数（但不是所有的）小行星都位于火星和木星之间的小行星带内。

天文单位（AU）

长度单位，为地球和太阳之间的平均距离，约等于1.50亿千米。

大气

行星周围的一层气体，或恒星周围一层低密度的等离子体区域。

原子

普通物质的一种结构单元。它的中间是重的原子核，由带正电的质子（不同元素的原子核所带的电荷数不同）和电中性的中子构成；周围有电子围绕（带负电，数量与核内质子相同）。

参见：*电子、离子*

极光

展现在天空中的一种绚丽多彩的发光现象，通常在南北极附近出现。它是由于来自太阳的高能粒子受到地球的磁场影响，与地球大气中的原子相碰撞而形成的。

轴

旋转的物体所围绕的一条线，通常是想象中而非真实存在的。

背景辐射

参见：*宇宙微波背景辐射*

棒旋星系

一种有旋臂的星系，星系的中心是一个类似短棒的形状，它的旋臂从短棒的末端向外延伸。

参见：*旋涡星系*

大爆炸

宇宙诞生的事件。根据大爆炸理论，宇宙诞生自138亿年前一个极其炎热、致密的状态，并且从那以后一直在膨胀。

物理双星

一对围绕着共同质心互相绕转的恒星。

参见：*质心*

黑矮星

前身是白矮星，因为冷却程度太高，以至于没有任何可被探测到的光线发出来。不过，目前宇宙的年龄还不足以形成黑矮星。

参见：*褐矮星、白矮星*

黑洞

空间中的一个区域，物质进入它都会坍塌瓦解。包括光在内，没有任何东西能逃脱它的引力。星系中间的超大质量黑洞，其质量可达

太阳的数十亿倍。

耀变体

在辐射上具有极高亮度和变化特征的一种活动星系。

参见：*活动星系*

蓝移

与红移相对：当一个物体向着观察者运动时，它发出的电磁波被观测到的频率将会升高。

参见：*红移*

博克球状体

致密暗星云的一种，被认为是原恒星的前身。

参见：*原恒星*

褐矮星

气体云收缩形成的天体。和恒星类似，但质量太小，温度不够高，不足以维持核聚变反应。

天赤道

天球上假想的一个圆，是地球赤道在天球上的投影。

参见：*天球*

天极

天球上，位于地球南北极正上方的点。天球看起来就像绕着连接南北天极的这根轴在旋转。

天球

围绕地球外面的一个假想的球。因为地球是自西向东自转，所以天球看起来是自东向西旋转的。为了更方便地确定恒星和其他天体的位置，我们通常把它们看作镶嵌在天球的内表面。

质心

像两颗恒星互相绕转的时候那样，一个或多个物体围绕一个点旋转时，这个点就叫作质心。若两个物体质量不相等时，质心会更靠近质量大的那个物体。

造父变星

一类变星，它们的光度按照规则的节律变化。这种变化是由于它本身体积膨胀和收缩引起的。造父变星的亮度越大，其变化周期就越长。

参见：*光度、变星*

色球

在太阳的大气层中，位于光球和日冕之间的相对较薄的一层。

参见：*日冕、光球*

彗星

围绕太阳运行的小天体，主要由带灰尘的冰组成。当彗星进入内太阳系时，其中一些物质会蒸发，通常形成气体和灰尘的长"尾巴"。

星座

①夜空中恒星组成的图样，人们给这些图案取了名字，用来简便地描述那些天体从地球上看过去的方位；②基于传统的星座名称，天球上被划分成了88个参考区域，每一个区域为一个星座。

（日）冕

太阳或其他恒星大气的最外层，向外延伸数千千米。日冕温度极高，但密度很低。

宇宙微波背景辐射（CMBR）

大爆炸后残余的辐射，弥漫在宇宙中各个方向上。

暗能量

一种尚不为人熟知的现象，似乎占据了宇宙70%左右的质量与能量的总和。它被认为是解释宇宙为什么在加速膨胀所必需的因素。

暗物质

一种神秘的物质，似乎只通过引力与其他物质发生相互作用，而不像一般由原子构成的物质那样能发出或者吸收电磁波。科学家认为宇宙中存在大量的暗物质，不然星系在旋转的时候会分裂瓦解。

赤纬

地球上的纬度所对应到天球上相同位置的坐标数据。星星的赤纬，就是它从天赤道往北或往南的角距离。

参见：*赤经*

弥漫星云

没有清晰外边缘，也没有显著

内部特征的星云。

参见：*星云*

双星

两个在天空中看起来距离很近的恒星。如果它们真实地互相绕转，则称为物理双星；反之，如果它们只是在从地球看过去的视线上相接近，则称为光学双星或视双星。

参见：*物理双星*

矮行星

和行星类似的围绕太阳运行的球形天体，但是质量不足以清除掉其轨道上的其他物体。冥王星就是一颗矮行星。

参见：*行星*

食双星

一种双星系统，在绕转时互相轮流遮蔽住对方部分或者全部的光，使得系统整体的亮度产生周期性的变化。

黄道

①在一年当中，太阳从地球上看去在天球上相对于背景恒星运行的轨迹；②地球围绕太阳公转的轨道平面（正是此公转轨道平面决定了义项1里面所说的轨迹的位置）。

参见：*天球、黄道带*

电磁辐射

在宇宙中，通过电场和磁场的互相涨落形成波而传递能量的辐射。电磁辐射是以光速传播的。

参见：*电磁波谱*

电磁波谱

电磁辐射的整个波长或频率范围，从无线电波（波长最长，频率最低）到微波、红外辐射、可见光、紫外辐射、X射线、γ射线（波长最短、频率最高，即能量最高）。

电子

一种带单位负电荷的亚原子粒子。所有的原子中都含有电子，它比组成原子核的质子和中子都要轻得多。

参见：*原子*

椭圆星系

呈椭圆或圆形的星系。椭圆星系内的恒星一般年龄较老，几乎没有正在诞生恒星的迹象。

欧空局（ESA）

欧洲空间局（European Space Agency）的简称，由大多数欧洲国家提供资金，总部设在巴黎。

系外行星

参见：*太阳系外行星*

太阳系外行星

围绕太阳以外的其他恒星运行的行星。

极端微生物

在极端条件下生长繁殖的生命形式，比如高压、极高温或者极低温、罕见的化学环境等。

聚变（核聚变）

在高温下，原子核结合生成较重的原子核的过程。恒星的能量就是靠发生在其核心的聚变反应所维持，并且向外释放出大量的能量。

星系平面

星系的扁平圆盘所在的平面。在银河系中称为银道面，银道面上包含银河系中大多数的恒星。

星系

一个包含恒星系统、气体、尘埃以及暗物质的庞大聚集体。它们通过引力结合在一起，并且与周围其他星系有明显的分别。星系中可能包含数百万至上亿颗恒星。

参见：*活动星系、椭圆星系、不规则星系、透镜状星系、旋涡星系*

星系团

50~1000个星系通过引力聚集在一起形成的天体系统。

超星系团

若干星系团聚集在一起形成的天体系统。超星系团可能包含超过1万个星系，直径可以达到2亿光年。

γ辐射

一种波长极短、频率和能量极高的电磁辐射。

参见：*电磁辐射、电磁波谱*

气态巨行星

主要由氢和氦组成的大体积行星，比如太阳系中的木星和土星就是气态巨行星。

参见：*岩质行星*

球状星团

一种近球形的星团，包含一万至一百万颗恒星。球状星团里含有非常古老的恒星，它们主要位于星系周边球状的晕区内。

引力束缚（的）

该短语用来描述那些依靠引力将其各部分结合在一起的天体系统。例如太阳系和银河系就是引力束缚的天体系统。

引力

一切有质量或能量的物体之间互相吸引的力，在地球表面由物体的重量表现出来。引力的作用能维持行星在轨道上绕着太阳运行，同时也能维持恒星在轨道上绕着星系运行。

赫罗图

根据恒星表面的温度（颜色）和光度绘制出的图表。

参见：*光度、主序星*

热木星

太阳系外行星的一种，它们的大小和成分都和木星接近，但公转轨道半径比木星小得多，所以比较"热"。

参见：*太阳系外行星*

哈勃常数

一个数学常数，表示河外星系相对于银河系的退行速度同距离的比值。它代表了对于宇宙膨胀速率的一个估计值。

特超巨星

有着超乎寻常的大质量，比超巨星还要大的恒星。特超巨星的质量可能是太阳的100倍以上，但是寿命非常短，很快就会燃烧殆尽。

红外辐射

电磁辐射的一种，波长比可见光长，但比微波短。在日常生活中，我们感受到的热辐射就是红外线的表现。

参见：*电磁辐射、电磁波谱*

干涉测量

一种天体测量和成像技术，人们通过测量来自于遥远信号源的多个电磁波信号并进行叠加和干涉，来获取更清晰的测量结果或天体图像。例如，我们可以将一个望远镜阵列或者相隔数千米的多个射电望远镜的信号"合并"在一起，这样等效于建造了一个口径有整个阵列那么大的"巨大望远镜"，因而相当于使用这个"巨大望远镜"来获取更清晰的图像。

离子

一个原子失去或得到一个或多个电子后，形成的带正电或者负电的粒子。这个得失电子的过程叫作电离。

参见：*电子*

不规则星系

没有规则形状或者对称性的星系。

柯伊伯带

太阳系在海王星轨道以外的一个区域，包含很多由岩石和冰块组成的天体。

参见：*奥尔特云*

透镜状星系

一种形状像凸透镜的星系。它有一个赤道隆起，两边逐渐与扁平圆盘融合，并且没有旋臂。

光年

长度单位，定义为光在真空中传播1年的距离。1光年大约等于9.460万亿千米。

本星系群

由50多个星系组成的小星系群。本星系群包含了银河系，同时也包含了另外两个大的旋涡星系，包括我们熟知的仙女座星系。尽管如此，本星系群的绝大多数成员还是小的椭圆星系或者不规则星系。

参见：*星系团*

回溯距离

对于某个时刻而言，一个遥远天体到观测者的"回溯距离"，是指它所发出的一束光在该时刻正好到达观测者时，这束光所走过的距离。因为光在传播的过程中，宇宙也在膨胀，所以回溯距离比该天体刚发出这束光时的"原始距离"要长，但是比这束光到达观测者时的当前"实际距离"要短。

光度

一个辐射源（如太阳，或者一颗恒星）在单位时间（通常是1秒）内发射出的总能量。

参见：*绝对星等*

磁场

对一定方向运动的带电粒子会产生磁力的一种场。通常来说，被磁化的物体周围区域就会产生磁场。

星等

对于一颗恒星或者其他天体的亮度的度量。

参见：*绝对星等、视星等*

主序星

在绘制出恒星光度和温度二者关系的赫罗图上，落在主要的对角带区域里的那些恒星。恒星处在主星序阶段时，它们核心内的氢不断地聚变成氦，并且会持续数十亿年的时间。主序星在赫罗图上的具体位置，主要取决于它最初的质量大小。太阳就是一颗主序星。

参见：*赫罗图*

梅西耶星云星团表

于1781年发布，由法国天文学家梅西耶（Charles Messier）和他的助手梅尚（Pierre Méchain）共同编写的一个星云（其中有一些后来被发现是星系）的列表。在这个列表中，每个条目被编上一个单独的数值，再冠以字母"M"。例如，仙女座星系被编为M31。

参见：*星云星团新总表（NGC）*

流星

太阳系里的小天体进入地球大气层，产生的燃烧和发光的现象，通常表现为夜空中一闪而过的一道光。如果天体在到达地面时仍未燃尽，则称为陨星。

陨星

太阳系里的固态小天体，在穿过地球（或者其他天体）大气层后未燃烧殆尽，到达地面（或星球表面）的，叫作陨星。

微波辐射

电磁辐射的一种，波长比无线电波短，但比红外线和可见光长。

参见：*电磁辐射、电磁波谱*

银河

①最初指的是横跨夜空的那条光带，它是由我们所处的那个星系盘面上无数的恒星和星云所发出来的光交叠在一起形成的；②现在也成为了我们所在的这个星系的名字。

刍藁型变星

又称"米拉变星"，指一类亮度变化周期在100~500天的巨大的变星。

参见：*变星*

月球

地球的天然卫星。（译注：英语中moon一词也可以指其他行星的天然卫星，首字母大写时的"the Moon"则专指地球的天然卫星——月球。）

聚星

3个及以上恒星通过引力聚集在一起互相绕转的天体系统。

参见：*物理双星*

美国航天局（NASA）

美国国家航天局（National Aeronautics and Space Administration）的简称，是美国的主要航天机构。

星云

在星际空间中的气体云和尘埃。有一些星云是恒星形成的场所，而另一些则是恒星死亡的产物。

参见：*行星状星云*

中微子

一种电中性的基本粒子，质量极其微小，运动速度接近于光速，很少和其他物质发生相互作用。

中子星

一种由紧密堆积的中子（电中性的亚原子粒子）组成的天体，具有极高的致密程度。中子星是由质量不足以形成黑洞的超新星爆发所形成的。

参见：*脉冲星*

星云星团新总表（NGC）

天文学家德赖尔（J. L. E. Dreyer）在1888年编写的星云和星团列表（其中有一些后来被发现是星系）。在这个列表中，每个条目被编上一个单独的数值，再冠以字母"NGC"（New General Catalogue的首字母缩写）。这个天体表沿用至今，并且仍在不断地修正完善。

参见：*梅西耶星云星团表*

新星

变星的一种，它通常突然变亮，又在几周或几个月后恢复其原来的亮度。新星变亮的过程原理是一颗白矮星从它的伴星上吸积了大量物质到自身表面，引发了这些物质的聚变反应。

参见：*聚变、超新星*

核聚变

参见：*聚变*

可观测宇宙

宇宙从诞生的大爆炸以来到现在，光有足够时间跑到地球的这部分宇宙，叫作可观测宇宙。

奥尔特云

在太阳系周围分布着的一个球形区域，包含了数十亿的冰块（比如彗核）。这个区域可能延伸至距离太阳一光年远的地方。

疏散星团

一群在同一时间形成的恒星组成的较为分散的星团。

光学双星

参见：*双星*

轨道

在引力作用下，一个天体围绕其他天体旋转的路径。

粒子

在天文学相关的文字中，主要指的是亚原子粒子，比如质子、中子，或者其他大小类似的不稳定粒子。

光球

太阳或者其他恒星表面发光最多，并且构成恒星外表面的那一层可见的结构。

参见：*色球、（日）冕*

行星

围绕一颗恒星运行的大天体。行星有足够大的质量，使得其引力能让它达到近球形，同时还已清除掉它轨道上的其他天体。

参见：*矮行星*

行星状星云

当一颗和太阳质量接近的恒星走向生命终点时，它抛出的气体壳层向外膨胀，形成了行星状星云。这个词最早是威廉·赫歇尔（William Herschel）用来形容那些圆盘状的星云的，因为它们看起来像行星。

等离子体

由电子和带正电荷的离子构成的一种物质状态，行为和气体类似，但可以导电，并且在磁场中会受到相互作用。太阳和其他行星都是由热等离子体构成的。

参见：*离子*

进动

地轴方向（即地球南北极"指向"的方向）缓慢的周期性变化，周期约为25800年。轨道进动和旋转的陀螺发生的运动类似。这个词语也用于其他的天体周期性运动，比如一个行星轨道最远端点的缓慢偏移。

日珥

太阳表面向日冕中喷发出的巨大而炽热的等离子体流，通常会形成环形。

参见：*（日）冕、等离子体*

原行星

原行星是行星的前身。许多新生恒星周围会形成原行星盘，其中的小天体逐渐聚合形成原行星并且不断生长。人们认为行星就是由原行星的碰撞结合而产生的。

原恒星

恒星在诞生初期，还没有开始氢聚变过程的状态。

脉冲星

一种快速自转的中子星，在两个磁极处向外喷发出很强的辐射。在中子星自转过程中，当辐射束扫过地球方向时，人们便能探测到脉冲信号，因此叫脉冲星。

参见：*中子星*

脉动变星

参见：*变星。*

类星体

一种致密的、同时又是极强的

电磁辐射源的天体。人们现在已经达成共识，认为它是一类光度很强的活动星系。大多数类星体距离我们银河系都极其遥远，我们观测的是它们在宇宙早期的形态。

参见：*活动星系*

射电望远镜

一种用来探测宇宙中的无线电波（射电波）的设备。射电望远镜最常见的形式是一个凹面的圆碟，将无线电波收集并聚焦在探测器上。

红矮星

一种温度较低、光度也较低的红色恒星。红矮星在宇宙中很常见，它们的寿命也很长。

红巨星

一种膨胀得极大的红色恒星，表面温度相对较低，是类似太阳这样的恒星演化到晚期所形成的。它被称作"巨"星是因为体积巨大、光度很强，但质量并未增加。

参见：*超巨星*

红移

当一个物体远离观察者运动时，它发出的电磁波被观测到的频率将会降低。这种现象可以类比于一辆急救车在远离我们时，警笛声的声调听起来会降低。

反射望远镜

一种通过曲面镜来聚焦光线的望远镜。

参见：*折射望远镜*

折射望远镜

一种通过透镜来聚焦光线的望远镜。

参见：*反射望远镜*

相对论

20世纪初，由爱因斯坦（Albert Einstein）提出的两大理论。狭义相对论描述的是物体和观测者之间的相对运动对于质量、长度和时间测量的影响，其引申结论之一就是质量和能量的等效性。而在广义相对论中，引力被认为是时空弯曲的一种效应。

参见：*时空*

赤经

地球上的经度所对应到天球上相同位置的坐标数据。星星的赤经，就是它从春分点往东的角距离。赤经通常用（小）时、分、秒来表示，1小时等于15°。

参见：*赤纬*

岩质行星

主要由岩石组成的行星。太阳系中有4颗岩质行星，即水星、金星、地球和火星。

参见：*气态巨行星*

卫星

卫星包括天然卫星和人造卫星。天然卫星，指的是围绕着一颗行星运行的天体；人造卫星，则指的是人们特意放置在围绕地球（或其他行星）旋转的轨道上运行的人造物体。

赛弗特星系

一种旋涡星系，中心区域异常得明亮。赛弗特星系被认为与类星体很接近，只是比类星体能量低、距离银河系相对较近。

参见：*活动星系*

奇点

物质被引力压缩到密度无限大的一个点。在奇点处，所有已知的物理学定律都已失效。理论表明，黑洞的中心可能就是一个奇点。

参见：*黑洞*

太阳耀斑

在太阳表面上的局部区域，猛烈地释放出巨大的能量所产生的现象。

太阳系

由太阳与围绕太阳运行的八大行星、小天体（矮行星、卫星、小行星、彗星、海外天体）、尘埃和气体组成的行星系统。

太阳风

从太阳上射出的持续而快速移动的粒子流。太阳风会穿过太阳系，不断向外吹去。

时空

将空间的三个维度（长、宽、高）和时间的一个维度组合在一起的概念。

参见：*相对论*

旋涡星系

星系的一类，包括中央有大量恒星集中的核球和四周由恒星、气体尘埃组成的扁平圆盘，其中圆盘上大多数可见的部分聚集成了旋臂的形状。

参见：*棒旋星系*

恒星

巨大的发光等离子体球，通过其中心的核反应产生能量。

参见：*聚变、等离子体*

星团

一组恒星通过引力聚集在一起形成的天体系统。

参见：*球状星团、疏散星团*

亚巨星

与有着相同表面温度和颜色的主序星相比，光度明显更强的一类恒星。

太阳黑子

太阳光球上有着强烈磁活动的区域。因为这些区域温度比周围较低，所以看起来像昏暗的斑点。

参见：*光球*

超级地球

太阳系外行星的一种，质量比地球大，但是比天王星、海王星这种行星要小。

参见：*太阳系外行星*

超巨星

直径非常大、光度异常强的恒星。

超新星

一颗大质量恒星在猛烈爆发后，将大部分物质向外抛出，亮度在短时间内急剧增强的现象。除此之外，超新星还有另一种类型，是一颗白矮星从它附近的恒星上吸引并积累了大量物质后，整体发生剧烈爆炸所产生的现象。

海外天体

在海王星轨道以外围绕太阳运行的一类太阳系天体。

紫外辐射

电磁辐射的一种，波长比可见光短，比X射线长。

参见：*电磁辐射*

宇宙

产生于一场大爆炸的，一切物质、能量和空间的总和。

变星

亮度不稳定、经常变化的恒星。其中一种叫作脉动变星，它们的体积以规则的节律膨胀收缩，其亮度也就随之而变化；另一种变星叫爆发变星，它们的亮度急剧增加，然后又急剧减小。

参见：*造父变星、刍藁型变星、食双星*

波长

在波的图形中，相邻两个波峰之间的距离。

白矮星

当一颗质量与太阳接近的恒星死亡后，其外围物质被抛出到空间中，剩余的物质组成的体积较小但温度很高、密度很大的发光天体。

沃尔夫-拉叶星

一类温度很高的大质量恒星，其气体以极高的速率向宇宙中流失。

X射线

电磁辐射的一种，波长比紫外辐射短，但比 γ 射线长。

参见：*电磁辐射*

天顶

天球上位于观测者正上方的点。

黄道带

天球上想象中的一圈带状区域，太阳、月球和其他行星看上去都在这个区域内穿行。黄道带代表了从地球上看太阳系所在的平面。

参见：*黄道*

索引

致谢

出版方感谢以下人员：
编辑Peter Frances,设计Shahid Mahmood、CharlotteJohnson，校对Constance Novis，索引制作Helen Peters。特别感谢Adam Block（http://adamblockphotos.com）提供的图片。

出版方还要感谢以下个人和机构惠允使用其图片：
（页面位置： a-上部， b-下部/底部， c-中部， f-远端， l-左部， r-右部， t-顶部 ）

4-5 NASA: ESA
6-7 NASA: ESA, N. Smith (University of California, Berkeley), and The Hubble Heritage Team (STScI / AURA)
10 NASA: ESA, the Hubble Heritage Team (STScI / AURA), A. Nota (ESA / STScI), and the Westerlund 2 Science Team
12 Science Photo Library: Mark Garlick (tr)
14 © CERN : Mona Schweizer (br)
15 Carnegie Mellon University and NASA: ESA / S. Beckwith (STScI) and the HUDF Team (bl)
16 Alamy Stock Photo: Keystone Pictures USA (cr). **Corbis:** Bettmann (cl); Roger Ressmeyer (bc). **Exotic India:** (tc)
17 Corbis: Stefano Bianchetti (tc). **From Nichol 1846 plate VI:** (c). **NASA:** (bl); C. Henze (br). **Thinkstock:** Photos.com (tl)
18 Professor Justin R. Crepp: (c). **ESA:** Hubble & NASA (bl). **ESO:** B. Tafreshi (twanight.org) (cl); TRAPPIST / E. Jehin (tr). **NASA:** The Hubble Heritage Team (AURA / STScI) (bc)
18-19 NOAO / AURA / NSF: N. Smith (b)
19 ESO: (tr). **NASA:** ESA and J. Lotz, M. Mountain, A. Koekemoer, and the HFF Team (STScI) (br); The Hubble Heritage Team (AURA / STScI) / J. Bell (Cornell University), and M. Wolff (Space Science Institute, Boulder) (tl); JPL / Space Science Institute (tc)
22 ESA: Hubble & NASA (br). **ESO:** John Colosimo (tr)
25 SOHO (ESA & NASA): (cr)
29 Alamy Stock Photo: Stocktrek Images, Inc. (tr)
31 NOAO / AURA / NSF: T.A. Rector (NRAO / AUI / NSF and NOAO / AURA / NSF) and B.A. Wolpa (NOAO / AURA / NSF)
32 NASA: The Hubble Heritage Team (AURA / STScI) (tr)

33 ESO: H. Boffin (cr). **NASA:** ESA and The Hubble Heritage Team (STScI / AURA) (tl)
35 Corbis: Ikon Images / Oliver Burston (b)
37 NASA: CXC / SAO (tr, tl)
38-39 NASA: X-ray: NASA / CXC / Caltech / P.Ogle et al; Optical: NASA / STScI; IR: NASA / JPL-Caltech; Radio: NSF / NRAO / VLA
41 John Chumack www.galacticimages.com: (bl). **ESA:** Hubble & NASA (br). **NASA:** CXC / SAO / M. Karovska et al. (cra); JPL-Caltech / UCLA (c)
42 NASA: ESA, and the Hubble Heritage Team (STScI / AURA) – Hubble / Europe Collaboration (tr); STScI (bc); ESA and The Hubble Heritage Team (STScI / AURA) (br)
44 ESO: (br). **NASA: ESA** / A. Feild (STScI) (cr)
45 ESO: M.-R. Cioni / VISTA Magellanic Cloud survey
46 NASA: ESA, and P. Kalas (University of California, Berkeley) (cl, bl)
48 ESA: CNES / D. Ducros (tl). **NASA:** (bl)
50 NASA: ESA, and the Hubble Heritage Team (STScI / AURA) - ESA / Hubble Collaboration (tr); ESA, P. Goudfrooij (STScI) (crb); ESA (clb); ESA, Digitized Sky Survey 2 (cb)
51 Adam Block: Pat Balfour / NOAO / AURA / NSF (bl); Mount Lemmon SkyCenter / University of Arizona (adamblockphotos.com) (cl, c, cr, bc, br). **NASA:** ESA and The Hubble Heritage Team (STScI / AURA) (tr)
52 Corbis: Science Faction / Tony Hallas
53 ESA: Hubble & NASA / Judy Schmidt and J. Blakeslee (Dominion Astrophysical Observatory) (tr). **NASA:** and The Hubble Heritage Team (STScI / AURA) (cr); ESA and The Hubble Heritage Team (STScI / AURA) (tc); ESA, and the Hubble Heritage (STScI / AURA)-ESA / Hubble Collaboration (cb)
54-55 NASA: JPL-Caltech / ESA / CXC / STScI
56-57 ESO: A. Duro
58-59 NASA: JPL-Caltech
58 ESA: and the Planck Collaboration (bl)
60-61 ESA: NASA, the AVO project and Paolo Padovani
61 NASA: CXC / Caltech / M.Muno et al. (br)
62-63 NASA: ESA, Z. Levay and R. van der Marel (STScI), T. Hallas,

and A. Mellinger
64 ESA: P. Jonsson (Harvard-Smithsonian Center for Astrophysics, USA), G. Novak (Princeton University, USA), and T.J. Cox (Carnegie Observatories, Pasadena, Calif., USA) (right top to bottom)
65 NASA: ESA and The Hubble Heritage Team (STScI / AURA)
66 NASA: ESA, J. Rigby (NASA Goddard Space Flight Center), K. Sharon (Kavli Institute for Cosmological Physics, University of Chicago), and M. Gladders and E. Wuyts (University of Chicago) (bl); JPL-Caltech / L. Jenkins (GSFC) (cl)
67 NASA: ESA, and M. Brodwin (University of Missouri)
68 Rogelio Bernal Andreo, www.deepskycolors.com: (t)
69 NASA: ESA, C. McCully (Rutgers University), A. Koekemoer (STScI), M. Postman (STScI), A. Riess (STScI / JHU), S. Perlmutter (UC Berkeley, LBNL), J. Nordin (NBNL, UC Berkeley), and D. Rubin (Florida State University) (tr); ESA, J. Jee (Univ. of California, Davis), J. Hughes (Rutgers Univ.), F. Menanteau (Rutgers Univ. & Univ. of Illinois, Urbana-Champaign), C. Sifon (Leiden Obs.), R. Mandelbum (Carnegie Mellon Univ.), L. Barrientos (Univ. Catolica de Chile), and K. Ng (Univ. of California, Davis) (br); ESA and the Hubble SM4 ERO Team (cl); JPL-Caltech / Gemini / CARMA (cr)
71 The 2dFGRS Team: (crb)
72 ESA: and the Planck Collaboration (br). **NASA:** WMAP Science Team (bl)
73 Science Photo Library: Mark Garlick (br)
74 NASA: ESA, M.J. Jee and H. Ford (Johns Hopkins University)
75 NASA: CXC / CfA / M.Markevitch et al.; Optical: NASA / STScI; Magellan / U.Arizona / D.Clowe et al.; Lensing Map: NASA / STScI; ESO WFI; Magellan / U.Arizona / D. Clowe et al (tr)
76 Barnaby Norris: (bl)
77 ESO: L. Calçada (t). **NRAO:** AUI and NRAO (b)
78 123RF.com: Chris Hill (tc). **Dorling Kindersley:** Andy Crawford (bc). **NRAO:** AUI and NRAO / AUI Photographer: Bob Tetro www.photojourneysabroad.com (cl). **Wikipedia:** Fig. AA from *Machinae coelestis*, 1673, by Johannes Hevelius (1611–1687). Typ 620.73.451, Houghton Library, Harvard

University (tr)
79 Corbis: Dennis di Cicco (cr). **Dorling Kindersley:** Dave King / Courtesy of The Science Museum, London (tl). **ESO:** L. Calçada (bc). **NASA:** Northrop Grumman (br); US Army (cl). **Wikipedia:** (tr)
80 NASA: JPL-Caltech / UCLA (bl)
82 NASA: ESA / Giotto Project (tr). **Science Photo Library:** Steve Gschmeissner (b)
83 NASA
86 ESO: B. Tafreshi (twanight.org)
88 123RF.com: perseomedusa (tr). **akg-images:** Serge Rabatti / Domingie (tc). **Alamy Stock Photo:** Pictorial Press Ltd (cl). **courtesy of Barry Lawrence Ruderman Antique Maps – www.RareMaps.com:** (c). **University of Cambridge, Institute of Astronomy Library:** (br)
89 Alamy Stock Photo: The Art Archive / Gianni Dagli Orti (cl). **Corbis:** Heritage Images (cr). **courtesy of Barry Lawrence Ruderman Antique Maps – www.RareMaps.com. Eon Images:** (tl). **ESA:** D. Ducros (br). **Science Photo Library:** British Library (tr). **Wikipedia:** National Gallery of Art (c)
102 NOAO / AURA / NSF: WIYN / T.A. Rector / University of Alaska Anchorage (br)
103 ESA: Hubble & NASA (tr)
105 NASA: ESA, HEIC, and The Hubble Heritage Team (STScI / AURA) (c); H. Ford (JHU), G. Illingworth (UCSC / LO), M.Clampin (STScI), G. Hartig (STScI), the ACS Science Team, and ESA (tc)
106 NASA: X-ray: NASA / CXC / SAO; Optical: NASA / STScI; Infrared: NASA / JPL-Caltech / Steward / O.Krause et al. (clb)
108 ESA: NASA and Robert A.E. Fosbury (European Space Agency / Space Telescope-European Coordinating Facility, Germany) (tc)
110 NASA: ESA and The Hubble Heritage Team (STScI / AURA) (cl, cb)
112 NASA: ESA, A. Aloisi (STScI / ESA), and The Hubble Heritage (STScI / AURA)-ESA / Hubble Collaboration (br); STScI / R. Gendler (bl)
114 NASA: ESA, S. Beckwith (STScI), and The Hubble Heritage Team (STScI / AURA) (t)
115 NASA: CXC / UMd. / A.Wilson et al. (tc); H. Ford (JHU / STScI), the Faint Object Spectrograph IDT, and NASA (c); ESA, M. Regan and B. Whitmore (STScI),

and R. Chandar (University of Toledo) (b); CXC / Wesleyan Univ. / R.Kilgard, et al; Optical: NASA / STScI (tr)
116 ESA: Hubble & NASA (bl)
118 Adam Block: Mount Lemmon SkyCenter / University of Arizona (adamblockphotos.com) (tr). **NASA:** ESA, S. Baum and C. O'Dea (RIT), R. Perley and W. Cotton (NRAO / AUI / NSF), and the Hubble Heritage Team (STScI / AURA) (clb)
120 Adam Block: Jim Rada / NOAO / AURA/NSF (br). **NASA:** and The Hubble Heritage Team (STScI/AURA) (bc)
122 NASA: ESA, C.R. O'Dell (Vanderbilt University), and D. Thompson (Large Binocular Telescope Observatory) (cb); The Hubble Heritage Team (AURA / STScI) (tl); JPL-Caltech / J. Hora (Harvard-Smithsonian CfA) (bl). **NOAO / AURA / NSF:** C.F.Claver / WIYN / NOAO / NSF (c); Bill Schoening / NOAO / AURA / NSF (tc)
123 Science Photo Library: Robert Gendler
125 NASA: The Hubble Heritage Team (AURA / STScI) (cl); X-ray: NASA / CXC / SAO; Optical: NASA / STScI; Radio: NSF / NRAO / AUI / VLA (c)
126 Adam Block: Mount Lemmon SkyCenter / University of Arizona (adamblockphotos.com) (cl). **Philip Perkins:** (cb)
128 Adam Block: Mount Lemmon SkyCenter / University of Arizona (cr). **ESA:** Hubble & NASA (tr)
129 Jim Thommes www.jthommes.com: (br)
130 Adam Block: Fred Calvert / NOAO / AURA / NSF (clb); Mount Lemmon SkyCenter / University of Arizona (adamblockphotos.com) (bl). **NASA:** X-ray: NASA / CXC / RIKEN / D.Takei et al; Optical: NASA / STScI; Radio: NRAO / VLA (bc)
132 NASA: ESA, W. Keel (University of Alabama), and the Galaxy Zoo Team (bc)
133 Adam Block: Mount Lemmon SkyCenter / University of Arizona (adamblockphotos.com) (bc)
134 ESO: O. Maliy (cb). NASA: ESA and The Hubble Heritage Team (STScI / AURA) (bl)
136 NASA: The Hubble Heritage Team (AURA / STScI) (tl)
138 NASA: and The Hubble Heritage Team (STScI / AURA) (tc)
139 Daniel Verschatse – Observatorio Antilhue – Chile: (tl)
141 NASA: ESA, and the Hubble SM4 ERO Team (cl); The Hubble Heritage Team (AURA / STScI) (c)
142 NASA: and The Hubble Heritage Team (STScI / AURA) (bc, bl); J. English (U. Manitoba), S. Hunsberger,

S. Zonak, J. Charlton, S. Gallagher (PSU), and L. Frattare (STScI) (tc)
144 ESA: Hubble & NASA (cb). **NASA:** and The Hubble Heritage Team (STScI / AURA) (ca)
145 ESO: Y. Beletsky (bl)
146 NASA: and The Hubble Heritage Team (STScI / AURA) (bc)
147 ESO: (cr)
148 ESO
149 ESA: Hubble & NASA (tc)
151 Adam Block: Mount Lemmon SkyCenter / University of Arizona (adamblockphotos.com) (tc)
152 NASA: Bruce Balick (University of Washington), Jason Alexander (University of Washington), Arsen Hajian (U.S. Naval Observatory), Yervant Terzian (Cornell University), Mario Perinotto (University of Florence, Italy), Patrizio Patriarchi (Arcetri Observatory, Italy) (cl)
153 NASA: NOAO, ESA, the Hubble Helix Nebula Team, M. Meixner (STScI), and T.A. Rector (NRAO) (br)
155 NASA: ESA, the Hubble Heritage (STScI / AURA)-ESA / Hubble Collaboration, and B. Whitmore (STScI) (t); ESA (ca)
157 ESO. NASA: ESA, the Hubble Heritage (STScI / AURA)-ESA / Hubble Collaboration, and A. Evans (University of Virginia, Charlottesville / NRAO / Stony Brook University) (c)
158 NASA: ESA, the Hubble Heritage (STScI / AURA)-ESA / Hubble Collaboration, and A. Evans (University of Virginia, Charlottesville / NRAO / Stony Brook University) (tl)
159 ESO
160 NASA: ESA, The Hubble Heritage Team, (STScI / AURA) and A. Riess (STScI) (cl); JPL-Caltech (c)
162 Roberto Colombari and Federico Pelliccia: (r). ESO: IDA / Danish 1.5 m / R.Gendler, J.-E. Ovaldsen, and A. Hornstrup (c)
164 ESO: J. Emerson / VISTA.
165 ESA: NASA / JPL-Caltech / N. Billot (IRAM) (tr); XMM-Newton and NASA's Spitzer Space Telescope / AAAS / Science (b). **NASA:** JPL-Caltech / T. Megeath (University of Toledo, Ohio) (tl)
166 NASA: Andrew Fruchter and the ERO Team [Sylvia Baggett (STScI), Richard Hook (ST-ECF),y (STScI) (c). **NOAO / AURA / NSF:** N.A.Sharp / NOAO / AURA / NSF (clb)
168 Adam Block: Mount Lemmon SkyCenter / University of Arizona (adamblockphotos.com) (clb)
169 ESO: Akira Fujii (clb, cr)
171 Adam Block: Mount Lemmon

SkyCenter / University of Arizona (adamblockphotos.com) (t). **NASA:** ESA, Hans Van Winckel (Catholic University of Leuven, Belgium) and Martin Cohen (University of California, Berkeley) (c)
172 ESO
173 Corbis: (tc)
174 Adam Block: Mount Lemmon SkyCenter / University of Arizona (adamblockphotos.com) (crb). ESO: VLT (cra)
175 NASA: X-ray: NASA / CXC / Univ of Michigan / R.C.Reis et al; Optical: NASA / STScI (crb)
176 NASA: ESA, and the Hubble Heritage Team (STScI / AURA) (clb)
178 ESO: Y. Beletsky (cr)
179 ESO
180 NASA: and The Hubble Heritage Team (STScI / AURA) (cl); CXC / Middlebury College / F.Winkler (bl)
181 ESO. NASA: X-ray: NASA / CXC / UVa / M. Sun, et al; H-alpha / Optical: SOAR (UVa / NOAO / UNC / CNPq-Brazil) / M.Sun et al. (tc)
182 ESA: Hubble & NASA (tc, tr)
183 ESO: Sergey Stepanenko (c). **NASA:** CXC / J. Forbrich (Harvard-Smithsonian CfA), NASA / JPL-Caltech L.Allen (Harvard-Smithsonian CfA) and the IRAC GTO Team (cra)
184 ESA: and Garrelt Mellema (Leiden University, the Netherlands) (cl)
186 NASA: The Hubble Heritage Team (AURA / STScI) (crb)
187 NASA: ESA, and R. Sharples (University of Durham) (tr)
188 ESO
189 ESO
190 ESO
191 ESA: Hubble & NASA (tl). **ESO**
192 ESO
194 ESO: B. Bailleul (bl)
195 NASA: STScI (bl)
196 NASA: ESA, and K. Noll (STScI) (tr)
197 ESA: Hubble & NASA (c). **NASA:** X-ray: NASA / CXC / IAFE / G.Dubner et al & ESA / XMM-Newton (clb)
198 NASA: ESA and The Hubble Heritage Team (STScI / AURA) (br)
199 ESA: Hubble & NASA (tr)
200 ESO. NASA: The Hubble Heritage Team (AURA / STScI) (c, cb)
202 ESO. NASA: ESA, R. O'Connell (University of Virginia), F. Paresce (National Institute for Astrophysics, Bologna, Italy), E. Young (Universities Space Research Association / Ames Research Center), the WFC3 Science Oversight Committee, and the Hubble Heritage Team (STScI / AURA) (bc)
204–205 NASA: ESA, and the Hubble Heritage Project (STScI / AURA)
206 ESO: E. Helder & NASA / Chandra (bl). **NASA:** ESA and The Hubble

Heritage Team (STScI / AURA) (cla)
207 ESA: Hubble & NASA (bl). **NASA:** ESA, the Hubble Heritage (STScI / AURA)-ESA / Hubble Collaboration, and A. Evans (University of Virginia, Charlottesville / NRAO / Stony Brook University) (cl)
208 ESA: Hubble & NASA (br). **NASA:** ESA, the Hubble Heritage (STScI / AURA)-ESA / Hubble Collaboration, and A. Evans (University of Virginia, Charlottesville / NRAO / Stony Brook University) (tc)
209 ESO
211 NASA: ESA, E. Sabbi (STScI) (tl); X-ray: NASA / CXC / U.Mich. / S.Oey, IR: NASA / JPL, Optical: ESO / WFI / 2.2-m (bl). **Eckhard Slawik (e.slawik@gmx. net).** : www.spacetelescope.org / images / heic0411d (br)
212 NASA: X-ray: NASA / CXC / Univ of Hertfordshire / M.Hardcastle et al., Radio: CSIRO / ATNF / ATCA (br)
214 NASA: ESA (cl)
215 NASA: ESA and A. Nota (STScI / ESA) (br)
217 NASA: ESA, and the Hubble Heritage (STScI / AURA)-ESA / Hubble Collaboration (cr)
218 NASA: ESA, and D. Maoz (Tel-Aviv University and Columbia University) (bl). **Daniel Verschatse – Observatorio Antilhue – Chile**
219 NASA: CXC / SAO (c)
222 Kevin Reardon: INAF / Arcetri; AURA / National Solar Observatory
225 ESA: Rosetta / NavCam – CC BY-SA IGO 3.0 (br). **NASA:** Johns Hopkins University Applied Physics Laboratory / Southwest Research Institute (bc); JPL / USGS (bl)
226 NASA: ESA, J. Clarke (Boston University, USA), and Z. Levay (STScI) (bc)
227 NASA: SDO (tr, cra, cr)
228 NASA: Johns Hopkins University Applied Physics Laboratory / Carnegie Institution of Washington (c); JPL (br)
229 NASA: Caltech / MSSS (bc); JPL-Caltech / University of Arizona (br)
230 NASA: JPL (cr, cb); JPL / DLR (br)
231 NASA: JPL / Space Science Institute (cla); JPL (cr)
232 NASA
233 NASA
239 ESA: Hubble, NASA, HST Frontier Fields (bl)
241 NASA: ESA

Endpapers: *Front and back* **NASA:** ESA, and J. Maíz Apellániz (Institute of Astrophysics of Andalusia, Spain)

所有其他图像©Dorling Kindersley
更多信息参见:
www.dkimages.com